东北森林植物与生境丛书 | 韩士杰 总主编

东北主要森林植物及其解剖图谱

王庆贵 王洪峰 韩士杰 编著

科学出版社
北京

内 容 简 介

本书收录东北森林植物 64 科 168 属 196 种，约占东北森林植物的 10%。绝大多数为东北森林野生植物，少量为外来入侵植物和在林区广泛栽培并逸生的植物。其中裸子植物 3 科 4 属 4 种，被子植物中双子叶植物 56 科 140 属 165 种、单子叶植物 5 科 24 属 27 种。本书有植物野外彩色照片 400 多幅，配有科、种描述；解剖图片 1000 多幅，配有解剖结构名称。

本书可供植物学领域的科研人员、学生、植物爱好者阅读和参考。

图书在版编目 (CIP) 数据

东北主要森林植物及其解剖图谱 / 王庆贵，王洪峰，韩士杰编著．—北京：科学出版社，2018.6
（东北森林植物与生境丛书 / 韩士杰总主编）
ISBN 978-7-03-051490-5

Ⅰ．①东…　Ⅱ．①王…　②王…　③韩…　Ⅲ．①森林植物-研究-东北地区　Ⅳ．①S718.3

中国版本图书馆CIP数据核字（2016）第320231号

责任编辑：马　俊　付　聪 / 责任校对：郑金红
责任印制：肖　兴 / 书籍设计：北京美光设计制版有限公司

科学出版社 出版
北京东黄城根北街16号
邮政编码：100717
http://www.sciencep.com

北京汇瑞嘉合文化发展有限公司印刷
科学出版社发行　各地新华书店经销
*
2018年6月第　一　版　开本：889×1194　1/16
2018年6月第一次印刷　印张：29　3/4
字数：846 000

定价：458.00元

东北森林植物与生境丛书

编委会

总 序

我国东北林区是全球同纬度植物群落和物种极其丰富的区域之一，也是我国生态安全战略格局“两屏三带”中一个重要的地带。

长期以来，不合理的采伐和利用导致东北森林资源锐减、生境退化，制约了区域社会经济的持续发展。面对国家重大生态工程建设和自然资源资产管理、自然生态监管等重大需求，系统总结东北森林植物与生境的多年研究成果十分迫切。

国家“十一五”和“十二五”科技基础性工作专项中，列入了“东北森林植物种质资源专项调查”与“东北森林国家级保护区及毗邻区植物群落和土壤生物调查”项目。该项目由中国科学院沈阳应用生态研究所主持，东北林业大学、北华大学、中国科学院东北地理与农业生态研究所、黑龙江大学等多个单位共同承担。近百名科技人员和教师十余年历经艰苦，先后调查了大兴安岭、小兴安岭等九个山区和东北三十八个以森林生态系统为主的国家级自然保护区及其毗邻区。在此基础上最终完成“东北森林植物与生境丛书”。

该丛书包括《东北植物分布图集》《东北森林植物与生境调查方法》《东北森林植物群落结构与动态》《东北森林植被》《东北森林土壤》《东北森林土壤生物多样性》《东北森林植物原色图谱》《东北主要森林植物及其解剖图谱》，以及反映部分自然保护区森林植被与生境的著作。

“东北森林植物与生境丛书”是对东北森林树种与分布、群落结构与动态，以及土壤与土壤生物特征的长期调研资料系统分析和综合研究的成果。相信它将为东北森林资源的可持续利用和生态环境的保护提供重要的科学依据。

中国科学院院士
第三世界科学院院士
孙鸿烈

2017年10月

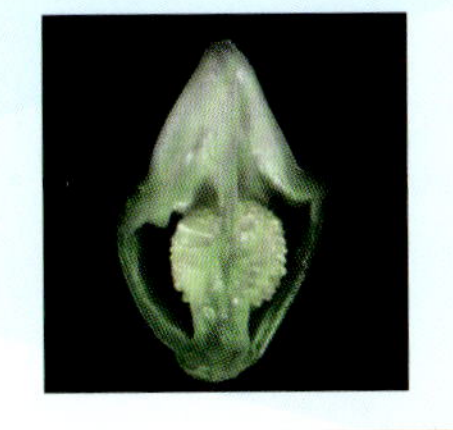

前言

中国东北地处欧亚大陆东缘，包括黑龙江、吉林、辽宁三省，以及内蒙古东北部的呼伦贝尔市、兴安盟、哲理木盟和赤峰市。地理位置大体在北纬 38°40′ ～ 53°30′ 与东经 115°05′ ～ 135°02′ 之间。东北森林集中分布于东部和北部，成分较为复杂和罕见。从地带性上可分为 3 个亚型，即寒温带针叶林、温带针叶阔叶混交林、暖温带落叶阔叶林。从树种组成上可分为 3 个亚型，即针叶林、针叶阔叶混交林及落叶阔叶林。东北林区是我国最大的天然林区，林地面积为 4753.91 万公顷，有林地面积 4096.53 万公顷，林木蓄积量约 343 089.77 万立方米，是我国重要的林区之一。

根据不同专家的研究，东北维管束植物的种类在 2500 种左右，其中分布于森林生态系统的植物超过 2000 种。东北森林属于长白植物区系，具有典型的温带性质，特有现象明显，地理联系广泛，与东亚其他地区，特别是日本的联系较为密切，水平与垂直替代现象也比较明显，在种类组成上主要是以温带性质东亚成分为主体，也包括少量的热带性质成分和一些寒带亚寒带性质成分。东北的森林植物资源丰富，包括北乌头（*Aconitum kusnezoffii*）、五味子（*Schisandra chinensis*）、玉竹（*Polygonatum odoratum*）、朝鲜苍术（*Atractylodes koreana*）、龙胆（*Gentiana scabra*）等著名药用植物；杜香（*Ledum palustre*）、暴马丁香（*Syringa reticulata* subsp. *amurensis*）等芳香植物；紫椴（*Tilia amurensis*）等著名蜜源植物；毛穗藜芦（*Veratrum maackii*）等农用植物。

植物解剖学是一门基础科学，对植物科学的发展至关重要。如果不对这一领域进行全面的了解和掌握，就无法认知植物体内的生理过程和各种植物群体之间的系统发育关系。利用解剖技术对植物构建的元素和组织进行详细研究，能更好地理解植物不同器官对特殊功能的适应性，以及整个植物适应不同环境条件的内在机制。另外，如果没有对植物的解剖和组织结构的全面了解，很多生理和生态现象可能会被错误地解释。此外，在传统外部形态特征研究的基础上，解剖学可以提出对进化趋势或分类学关系的不同见解。因此，有必要通过使用众多的解剖和组织学特征来支持这样的工作。然而，这种进化趋势或分类学差异只能从微观甚至亚显微水平发现。

自从 1914 年 Habel Land 的《植物生理解剖学》出版以来，研究植物解剖和结构就已经成为一门独立的学科，但其重要性一直被忽视。在 1965 年前后生物学飞速发展时期，电子显微镜才刚刚开始对细胞水平的植物研究产生影响。从那时起，新的方法和技术，特别是分子遗传学研究中使用的方法，已经形成了生命科学分子领域的重点和方向。这种“基因革命”和随后的分子遗传技术的霸主地位，威胁到植物解剖学的发展，一度可能使其消失。然而幸运的是，随着及时认识到基因作用位点在细胞内，分子生物学家越来越需要解剖学家将这个“分子工作”放在适当的植物元素或组织中。这促进了植物解剖技术在实践中的复兴。

近些年来，植物结构的研究也从现有的新方法和新技术中受益匪浅，并且已经取得了长足进步。许多植物解剖学家正在有效地参与跨学科的搜索集成增长和形态的概念。同时，植物解剖学家继续借助分子数据和分子分析比较，在植物和植物组织关系及进化上创造新的概念。生态和系统的植物解剖学与分子生物学的集成，使人们更加清楚地认识到植物进化多样性和形成不同器官属性背后的驱动力。同时，将解剖学和分子生物学结合起来，对细胞和组织的结构和发育，以及深入掌握植物功能的真实解释是必不可少的，无论相关功能是光合作用、水分运移、养分运输，还是根对水和矿物质的吸收。再者，也只有了解植物的正常结构，才能完全了解致病微生物对植物体的影响。而解剖数据也已被用于更好地了解植物之间的相互关系，并提供了植物家族的组合分析，以此来帮助分子生物学解决更多关于科、属和种之间可能的关系问题。基于新方法和新技术的创新，随着时间的推移，将新兴学科和旧学科有机结合起来可以对植物生理、生态研究起到重要的推动作用。

然而，就算是在技术发展大爆发的现阶段，植物解剖学依然在日常科学研究中使用，仍是一种强大的工具，无论在教学，还是在解决重要科学问题上，都可以用来帮助解决十分复杂的问题。现阶段，植物解剖学的主题仍然是鲜活、迷人和非常核心的，利用解剖技术可以发现许多植物结构和生理问题的答案。将解剖学数据与植物形态学、花粉、细胞学、生理学、化学或分子生物学和类似学科的研究结果相结合，可以使植物分类的研究产生更多的不同系统和不同分类。因为准确分类和识别植物的种类仍然存在非常重要的经济意义和现实价值，植物种植者、食品生产者、生态学家和分子生物学家都需要为研究对象提供准确的名称。当使用分子技术检查不同物种之间关系时，植物解剖学仍然起着非常重要的作用。

植物解剖学除了和其他学科结合能够解决很多复杂的生物学问题外，其自身也存在独特优势和不可替代的作用。作为生物学家，无论其专业方向如何，如果他的目标是对有机世界的认识，就不能忽视对整个有机体的研究。而植物解剖学是研究植物组织、器官和整个有机体的重要手段之一。除此之外，植物结构模式的规律性和重复性，以及结构和功能惊人的相关性，使植物解剖学成为一个有价值的研究领域和方向。

无论怎样，为了更好地认识和了解植物解剖结构，自 20 世纪五六十年代出版的 Katherine Esau 的精选教科书以来，已经出现了一些技术性很强的解剖相关书籍，如 *An Introduction to Plant Structure and Development: Plant Anatomy for the Twenty-First Century*（Beck，2010）、*Esau's Plant Anatomy: Meristems, Cells, and Tissues of the Plant Body: Their Structure, Function, and Development*（Evert，2006）、*Plant Anatomy:*

an Applied Approach（Cutler et al.，2008）。但所有相关书籍都是利用手绘模式图或简单黑白图介绍植物结构和发育阶段，没有一本包含特定自然植物区系植物解剖显微摄影彩色图谱（《植物显微图解》尽管利用真实显微摄影彩色图片描述植物结构，但其更多的是农作物、油料作物和果树解剖结构）。由于植物解剖彩色图谱有其独特的优势，可以为读者提供最简单直接的视觉引导，可以轻松掌握所有的解剖结构，同时满足读者在未来的野外调查和研究实践中所需要取得的实际解剖知识。另外，植物解剖图谱可以通过简明扼要的文字叙述、大量精美真实的专业显微摄影彩色图片和清晰明了的总结，阐述了初学者或者想进一步了解植物解剖结构的相关学科研究者需要了解的植物局部解剖学知识，方便读者直观且轻松地理解相应的解剖结构。因此，植物解剖图谱，可作为一本有效的入门教材，使更多的初学者了解植物解剖结构。同时，彩色图谱也更能建立起初学者的兴趣，有利于植物解剖学的进一步推广和发展。

植物的解剖特征对我们理解植物的生态、演化及种间关系具有重大意义。例如，达尔文通过兰花的特殊解剖结构（蜜腺与花冠的距离）而推测这里一定有口器达25厘米的蛾类。东北森林植物中，豚草（*Ambrosia artemisiifolia*）的花部解剖显示其已经由菊科典型的虫媒传粉植物转化为风媒传粉植物，这是其成为入侵植物的重要原因；龙胆植物特殊的全面胎座，显示其与众不同的繁殖策略等。然而，植物的解剖结构不易观察，除非分类的专业人士，多数科研工作者很少看到植物花的解剖结构，这对理解植物的竞争、繁殖、进化，以及植物对气候变化的响应等多方面的研究工作造成阻碍。所以，我们出版这本《东北主要森林植物及其解剖图谱》作为植物解剖知识总结和普及的一种初步尝试。

本书解剖图片主要由王洪峰、易照勤、邹春玉提供，部分由鹤岗职业技术学校张静文老师提供。植物照片主要由王庆贵、王洪峰、易照勤提供，部分由东北林业大学穆立蔷教授、哈尔滨师范大学王臣教授、中国科学院沈阳生态研究所于景华研究员、北华大学范春楠老师提供。标本照片由王洪峰摄于中国科学院沈阳应用生态研究所东北生物标本馆。特此致谢！

由于作者水平有限，本书疏漏之处在所难免，希望读者批评指正。

编　者

2017年9月

目 录

1

柏科 Cupressaceae

常绿乔木或灌木。叶交叉对生或 3 ～ 4 片轮生，稀螺旋状着生，鳞形或刺形，或同一树本兼有两型叶。球花单性，雌雄同株或异株，单生枝顶或叶腋；雄球花具 3 ～ 8 对交叉对生的雄蕊，每雄蕊真 2 ～ 6 花药，花粉无气囊；雌球花有 3 ～ 16 交叉对生或 3 ～ 4 轮生的珠鳞，全部或部分珠鳞的腹面基部有 1 至多数直立胚珠，稀胚珠单心生于两珠鳞之间，苞鳞与珠鳞完全合生。球果圆球形、卵圆形或圆柱形。种鳞薄或厚，扁平或盾形，木质或近革质，熟时张开，或肉质合生呈浆果状，熟时不裂或仅顶端微开裂，发育种鳞有 1 至多粒种子；种子周围具窄翅或无翅，或上端有一长一短之翅。

全球 22 属约 150 种，分布于南北半球。我国产 8 属 29 种 7 变种，分布几遍全国，多为优良的用材树种及园林绿化树种。另引入栽培 1 属 15 种。东北地区产 7 属 12 种 8 栽培变种。

1.1 圆柏 *Juniperus chinensis* L.

乔木，高达 20 米，胸径达 3.5 米；树皮深灰色，纵裂，成条片开裂；幼树的枝条通常斜上伸展，形成尖塔形树冠，老则下部大枝平展，形成广圆形的树冠；树皮灰褐色，纵裂，裂成不规则的薄片脱落。小枝通常直或稍成弧状弯曲，生鳞叶的小枝近圆柱形或近四棱形，径 1 ～ 1.2 毫米。叶二型，即刺叶及鳞叶；刺叶生于幼树之上，老龄树则全为鳞叶，壮龄树兼有刺叶与鳞叶；生于一年生小枝的一回分枝的鳞叶三叶轮生，直伸而紧密，近披针形，先端微渐尖，长 2.5 ～ 5 毫米，背面近中部有椭圆形微凹的腺体；刺叶三叶交互轮生，斜展，疏松，披针形，先端渐尖，长 6 ～ 12 毫米，上面微凹，有两条白粉带。雌雄异株，稀同株，雄球花黄色，椭圆形，雄蕊 5 ～ 7 对，常有 3 ～ 4 花药。球果近圆球形，径 6 ～ 8 毫米，两年成熟，熟时暗褐色，被白粉或白粉脱落，有 1 ～ 4 粒种子。种子卵圆形，扁，顶端钝，有棱脊及少数树脂槽；子叶 2，出土，条形，先端锐尖，下面有两条白色气孔带，上面则不明显。

生于中性土、钙质土及微酸性土上，各地亦多栽培。

解剖图

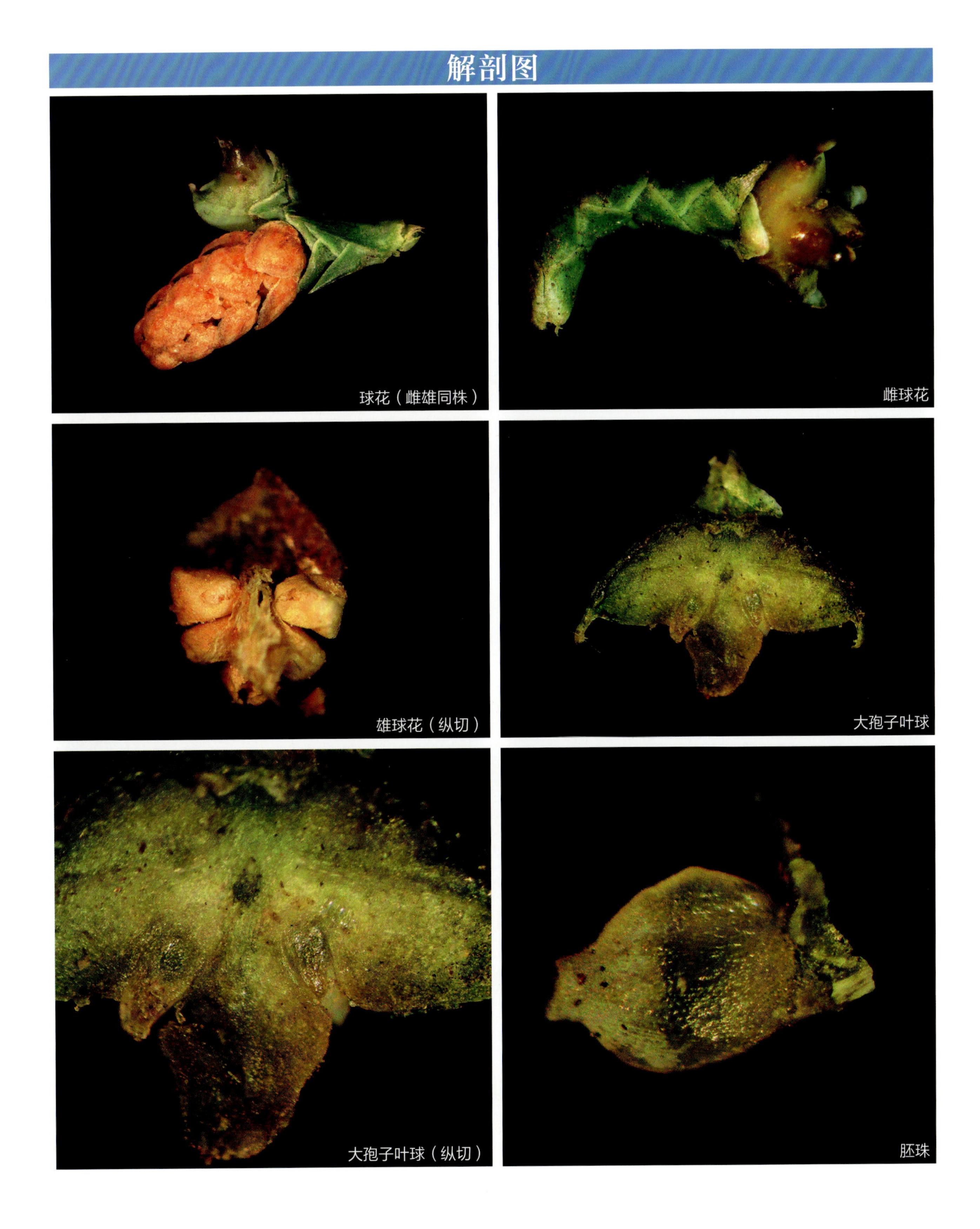

球花（雌雄同株）

雌球花

雄球花（纵切）

大孢子叶球

大孢子叶球（纵切）

胚珠

2

松科 Pinaceae

常绿或落叶乔木，稀为灌木状。枝仅有长枝，或兼有长枝与短枝。叶条形或针形，基部不下延生长；条形叶扁平，稀呈四棱形，在长枝上螺旋状散生，在短枝上呈簇生状；针形叶 2～5 针（稀 1 针或多至 81 针）成一束，着生于极度退化的短枝顶端，基部包有叶鞘。孢子叶球单性，雌雄同株；小孢子叶球具多数螺旋状着生的小孢子叶，每小孢子叶具 2 花药，花粉有气囊或无气囊，或具退化气囊；大孢子叶球由多数螺旋状着生的珠鳞与苞鳞组成，每珠鳞的腹（上）面具 2 倒生胚珠，背（下）面的苞鳞与珠鳞分离（仅基部合生），后期珠鳞增大发育成种鳞。球果直立或下垂，当年或次年稀，第三年成熟，熟时张开，稀不张开。种鳞背腹面扁平，木质或革质，宿存或熟后脱落；苞鳞与种鳞离生（仅基部合生）；种鳞的腹面基部有 2 粒种子，种子通常上端具一膜质之翅，稀无翅或二几无翅；胚具 2～16 子叶，发芽时出土或不出土。

全球 3 亚科 10 属 230 余种，多产于北半球。我国有 10 属 113 种 29 变种（其中引种栽培 24 种 2 变种），分布遍于全国。东北地区产 6 属 30 种 6 变种 2 变型。

2.1 落叶松 Larix gmelinii (Rupr.) Kuzen.

乔木，老树树皮灰色、暗灰色或灰褐色，纵裂成鳞片状剥离，剥落后内皮呈紫红色；枝斜展或近平展，树冠卵状圆锥形；一年生长枝较细，二年生、三年生枝褐色、灰褐色或灰色；冬芽近圆球形，芽鳞暗褐色，边缘具睫毛，基部芽鳞的先端具长尖头。叶倒披针状条形，上面中脉不隆起，有时两侧各有1～2条气孔线，下面沿中脉两侧各有2～3条气孔线。球果种鳞14～30；中部种鳞五角状卵形，先端截形、圆截形或微凹，鳞背无毛，有光泽；苞鳞较短，长为种鳞的1/3～1/2，近三角状长卵形或卵状披针形，先端具中肋延长的急尖头。种子斜卵圆形，灰白色，具淡褐色斑纹，种翅中下部宽，上部斜三角形，先端钝圆；子叶4～7，针形；初生叶窄条形，上面中脉平，下面中脉隆起，先端钝或微尖。花期5～6月，球果9月成熟。

为我国东北林区的主要森林树种，生于大兴安岭、小兴安岭海拔300～1200米地带。喜光性强，对水分要求较高，在各种不同环境均能生长，而以生于土层深厚、肥润、排水良好的北向缓坡及丘陵地带的生长旺盛。

解剖图

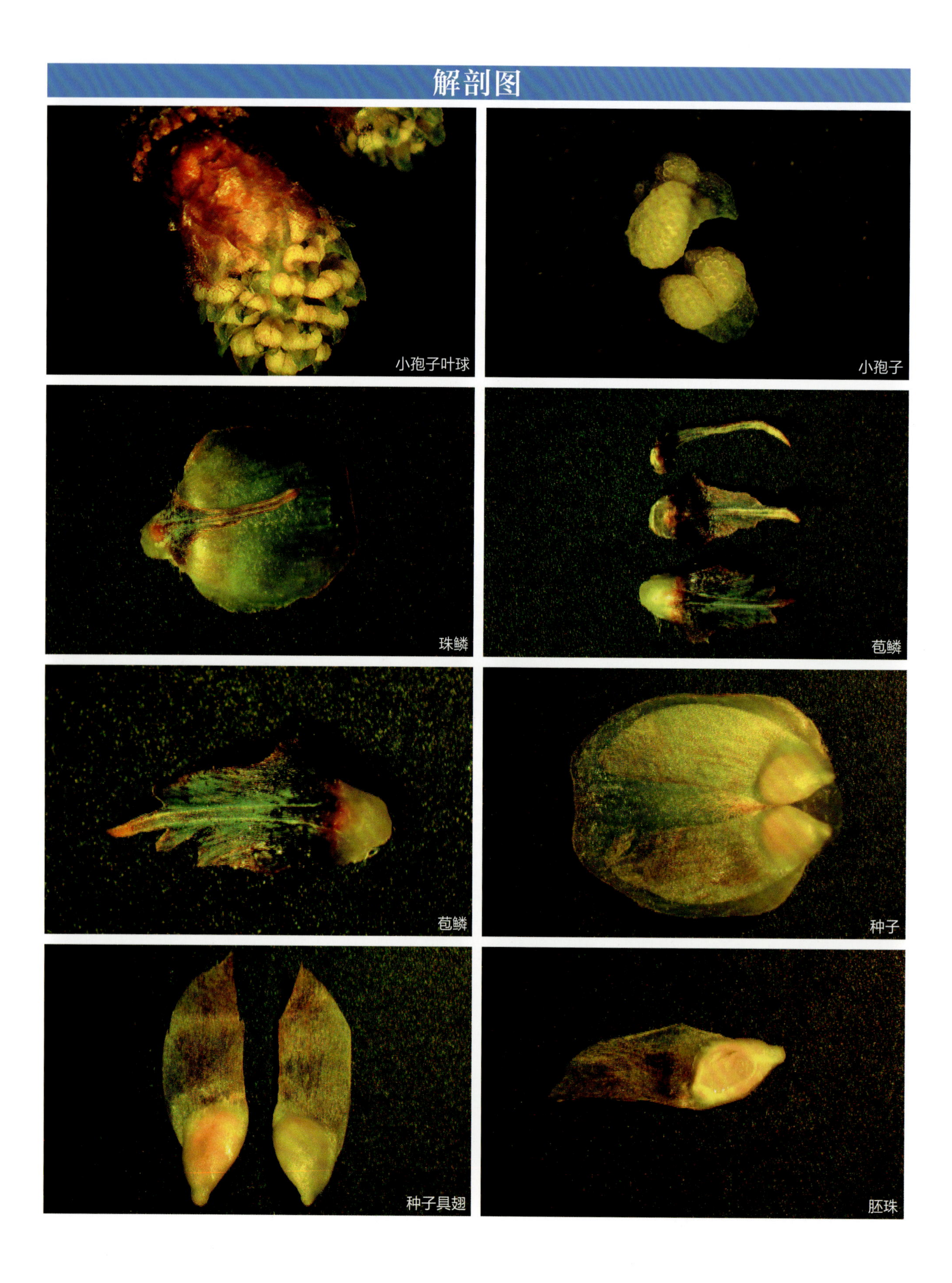

2.2 樟子松 **Pinus sylvestris** L. var. **mongolica** Litv.

乔木，大树上部树皮及枝皮黄色至褐黄色，内侧金黄色，裂成薄片脱落；枝斜展或平展，幼树树冠尖塔形，老则呈圆顶或平顶，树冠稀疏；冬芽褐色或淡黄褐色，长卵圆形，有树脂。针叶 2 针一束，硬直，常扭曲，先端尖，边缘有细锯齿，两面均有气孔线；横切面半圆形，微扁，皮下层细胞单层，维管束鞘呈横茧状，二维管束距离较远，树脂道 6 ～ 11，边生；叶鞘基部宿存，黑褐色。大孢子叶球圆柱状卵圆形，聚生新枝下部；小孢子叶球有短梗，淡紫褐色，当年生小球果下垂。球果卵圆形或长卵圆形，熟后开始脱落；中部种鳞的鳞盾多呈斜方形，纵脊横脊显著，肥厚隆起，多反曲，鳞脐呈瘤状突起，有易脱落的短刺。种子黑褐色，长卵圆形或倒卵圆形，微扁；子叶 6 ～ 7；初生叶条形，上面有凹槽，边缘有较密的细锯齿，叶面上亦有疏生齿毛。花期 5 ～ 6 月，球果第二年 9 ～ 10 月成熟。

生于大兴安岭海拔 400 ～ 900 米的山地，以及呼伦贝尔海拉尔区以西、以南一带沙丘地区。为喜光性强、深根性树种，能适应土壤水分较少的山脊及向阳山坡，以及较干旱的砂地及石砾砂土地区。多成纯林或与落叶松混生。

解剖图

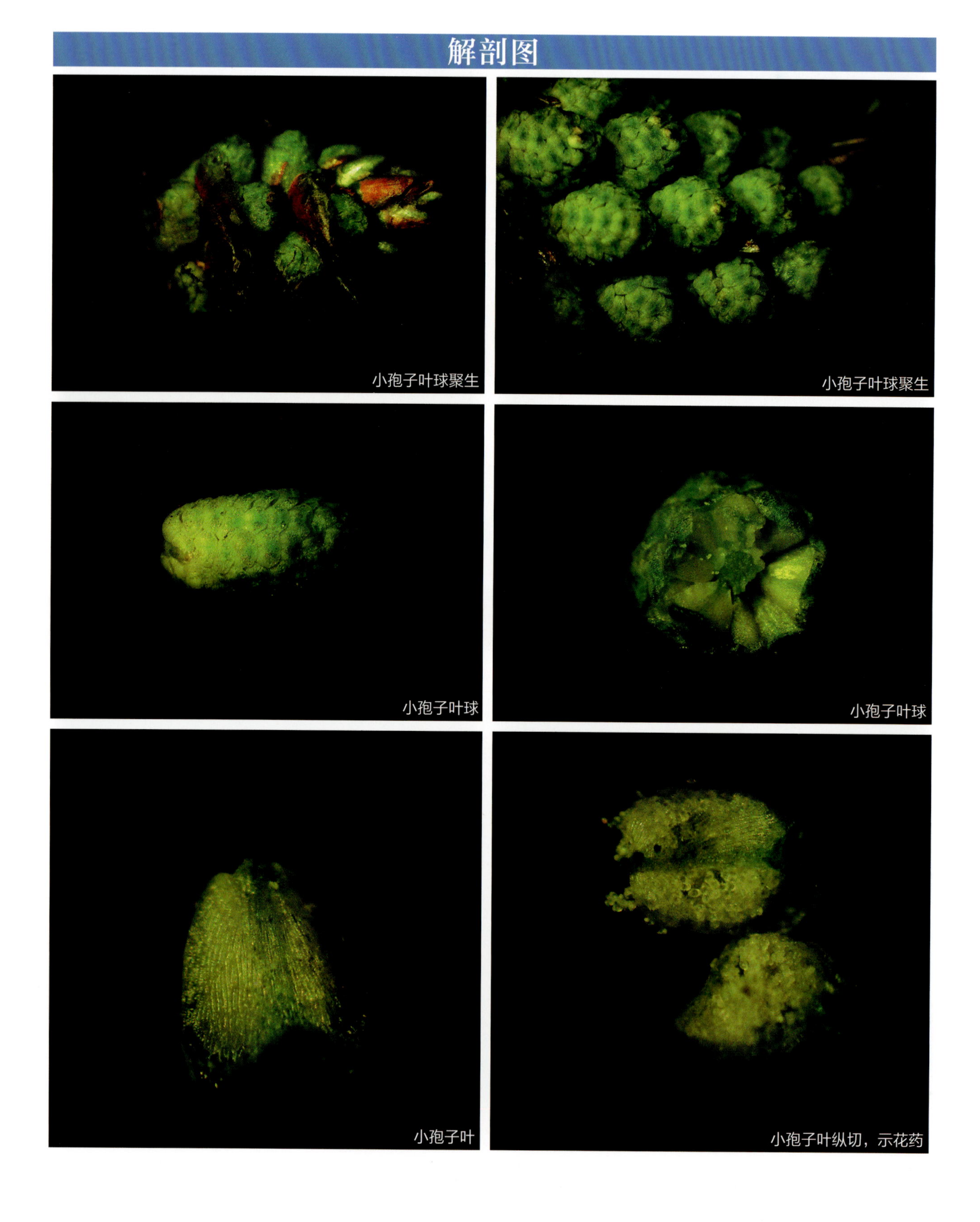

小孢子叶球聚生

小孢子叶球聚生

小孢子叶球

小孢子叶球

小孢子叶

小孢子叶纵切，示花药

红豆杉科 Taxaceae

常绿乔木或灌木。叶条形或披针形，螺旋状排列或交叉对生，上面中脉明显、微明显或不明显，下面沿中脉两侧各有一气孔带，叶内有树脂道或无。孢子叶球单性，雌雄异株，稀同株；大孢子叶球单生叶腋或苞腋，或组成穗状花序集生于枝顶，大孢子叶多数，各有 3～9 辐射排列或向外一边排列有背腹面区别的花药，药室纵裂，花粉无气囊；小孢子叶单生或成对生于叶腋或苞片腋部，有梗或无梗，基部具多数覆瓦状排列或交叉对生的苞片。胚珠 1，直立，生于花轴顶端或侧生于短轴顶端的苞腋，基部具辐射对称的盘状或漏斗状珠托。种子核果状，无梗则全部为肉质假种皮所包，如具长梗则种子包于囊状肉质假种皮中、顶端尖头露出；或种子坚果状，包于杯状肉质假种皮中，有短梗或近于无梗；胚乳丰富；子叶 2。

全球 5 属 21 种，主要分布于北半球。我国有 4 属 11 种，产于东北地区至云南各省（自治区、直辖市）。东北地区产 1 属 1 种 2 变种。

3.1 东北红豆杉 *Taxus cuspidata* Siebold et Zucc.

乔木，树皮红褐色，有浅裂纹。枝条平展或斜上直立，密生；小枝基部有宿存芽鳞，一年生枝绿色，秋后呈淡红褐色，二年生、三年生枝呈红褐色或黄褐色；冬芽淡黄褐色，芽鳞先端渐尖，背面有纵脊。叶排成不规则的两列，条形，基部窄，有短柄，先端通常凸尖，上面深绿色，有光泽，下面两条灰绿色气孔带，气孔带较绿色边带宽两倍，干后呈淡黄褐色，中脉带上无角质乳头状突起点。大孢子叶球有大孢子叶 9 ～ 14，各具 5 ～ 8 花药。种子紫红色，有光泽，卵圆形，上部具 3 ～ 4 钝脊，顶端有小钝尖头，种脐通常三角形或四方形，稀矩圆形。花期 5 ～ 6 月，种子 9 ～ 10 月成熟。

生于吉林老爷岭、张广才岭及长白山海拔 500 ～ 1000 米气候冷湿的酸性土地带，常散生于林中。

解剖图

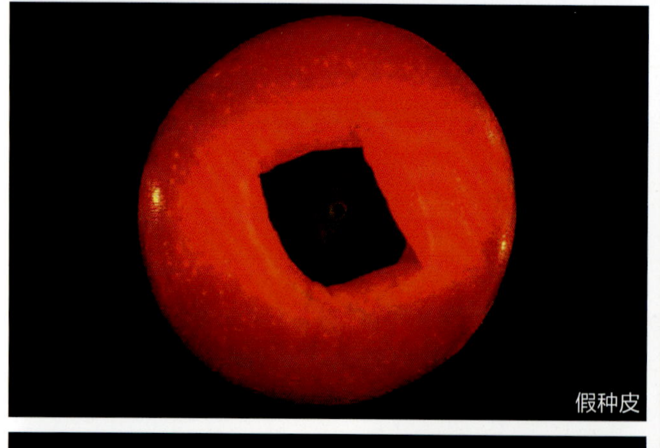

假种皮

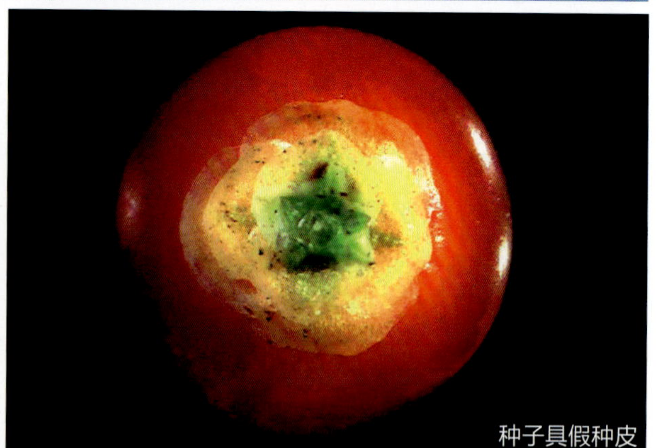

种子具假种皮

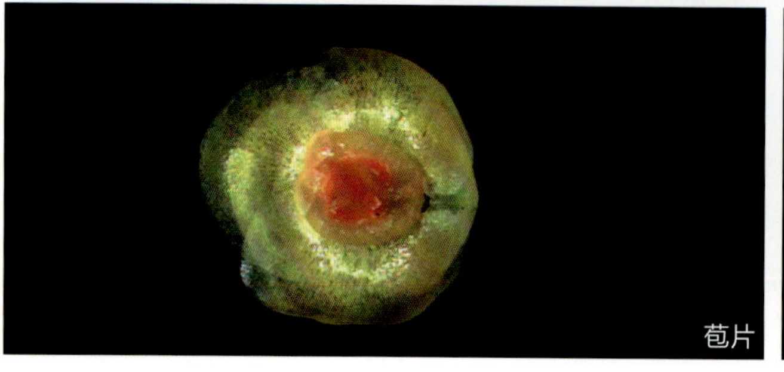

苞片

种子

4

胡桃科 Juglandaceae

落叶或半常绿乔木或小乔木，具树脂，有芳香，芽裸出或具芽鳞。叶互生或稀对生，无托叶，奇数或稀偶数羽状复叶。花单性，雌雄同株，风媒；花序单性或稀两性；雄花序常葇荑花序，单独或数条成束；雄花生于一不分裂或3裂的苞片腋内；小苞片2及花被片1～4，贴生于苞片内的扁平花托周围，或无小苞片及花被片；雄蕊3～40，插生于花托上，1至多轮排列；雌花序穗状，顶生；雌花生于一不分裂或3裂的苞片腋内；花被片2～4，贴生于子房；雌蕊1，由2心皮合生，子房下位，初时1室，后来基部发生1或2不完全隔膜而成不完全2室或4室，花柱极短，柱头2裂或稀4裂；胎座生于子房基底，短柱状，先端有一直立的无珠柄的直生胚珠。果实为核果状的假核果或坚果状；外果皮肉质或革质或膜质；内果皮（果核）由子房本身形成，坚硬，骨质，1室。种子大形，具1层膜质的种皮，无胚乳；胚根向上，子叶肥大，肉质，常成2裂，胚芽小，常被有盾状着生的腺体。

全球8属约60种，大多数分布在北半球热带到温带。我国有7属27种1变种，主要分布在长江以南，少数种类分布到北部。东北地区产2属5种。

4.1 胡桃楸 **Juglans mandshurica** Maxim.

乔木，枝条扩展，树冠扁圆形；幼枝被有短茸毛。奇数羽状复叶生于萌发条上者，小叶 15 ～ 23；生于孕性枝上者集生于枝端，基部膨大，叶柄及叶轴被有短柔毛或星芒状毛，小叶 9 ～ 17，边缘具细锯齿；侧生小叶对生，无柄，先端渐尖，基部歪斜，截形至近于心脏形；顶生小叶基部楔形。雄性葇荑花序花序轴被短柔毛；雄花具短花柄；苞片顶端钝，小苞片 2 枚位于苞片基部，花被片 1 枚位于顶端与苞片重叠、2 枚位于花的基部两侧；雄蕊 12，稀 13 或 14，花药药隔急尖或微凹，被灰黑色细柔毛。雌性穗状花序具 4 ～ 10 雌花，花序轴被茸毛；雌花被茸毛，下端被腺质柔毛，花被片披针形或线状披针形，被柔毛，柱头鲜红色，背面被贴伏的柔毛。果序俯垂，通常具 5 ～ 7 果实，序轴被短柔毛；果实球状、卵状或椭圆状，顶端尖，密被腺质短柔毛；果核表面具 8 纵棱，各棱间具不规则皱曲及凹穴，顶端具尖头；内果皮壁内具多数不规则空隙，隔膜内亦具两空隙。花期 5 月，果期 8 ～ 9 月。

多生于土质肥厚、湿润、排水良好的沟谷两旁或山坡的阔叶林中。

解剖图

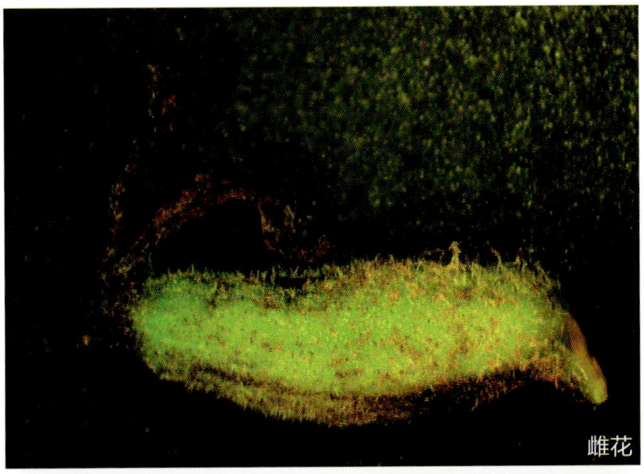

雌花

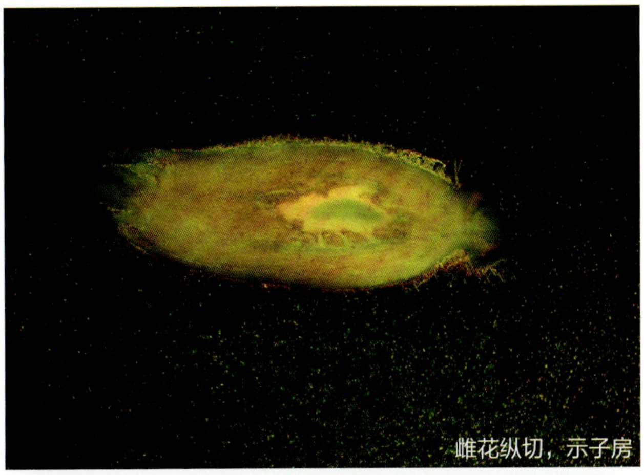

雌花纵切，示子房

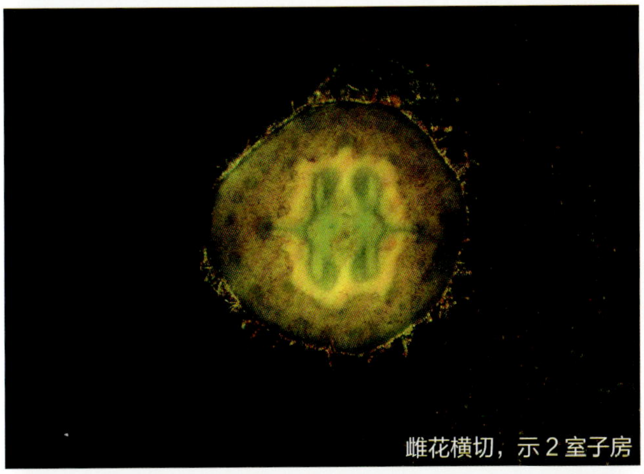

雌花横切，示 2 室子房

雄花

雌花

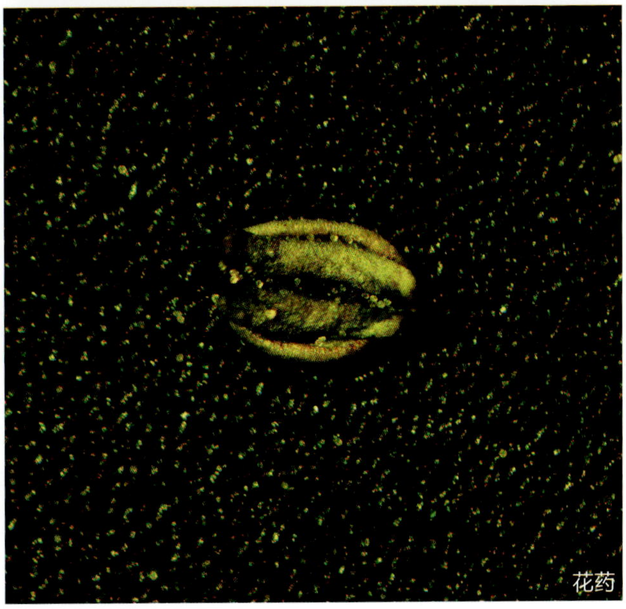

花药

5

杨柳科 Salicaceae

落叶乔木或直立、垫状和匍匐状灌木。树皮光滑或开裂粗糙，通常味苦。有顶芽或无顶芽；芽被1至多数鳞片包被。单叶互生，稀对生，不分裂或浅裂，全缘，锯齿缘或齿牙缘；托叶鳞片状或叶状，早落或宿存。花单性，雌雄异株，罕有杂性；葇荑花序，直立或下垂，先叶开放，或与叶同时开放，稀叶后开放；花着生于苞片与花序轴间；苞片脱落或宿存，基部有杯状花盘或腺体，稀缺如；雄蕊2至多数；花药2室，纵裂；花丝分离至合生；雌花子房无柄或有柄，雌蕊由2～4（～5）心皮合成，子房1室，侧膜胎座，胚珠多数，花柱不明显至很长，柱头2～4裂。蒴果2～4（～5）瓣裂。种子微小，种皮薄，胚直立，无胚乳，或有少量胚乳，基部围有多数白色丝状长毛。

全球3属620多种，分布于寒温带、温带和亚热带。我国有3属320余种，各省（自治区、直辖市）均有分布。东北地区产3属66种27变种12变型10栽培变种。

5.1 北京杨 **Populus × beijingensis** W. Y. Hsu

乔木，高25米，树干通直。树冠卵形或广卵形。树皮灰绿色，渐变绿灰色，光滑；皮孔圆形或长椭圆形，密集。侧枝斜上，嫩枝稍带绿色或呈红色，无棱。芽细圆锥形，先端外曲，淡褐色或暗红色，具黏质。长枝或萌枝叶，广卵圆形或三角状广卵圆形，先端短渐尖或渐尖，基部心形或圆形，边缘具波状皱曲的粗圆锯齿，有半透明边，具疏缘毛，后光滑；苗期枝端初放叶时叶腋内含有白色乳质；短枝叶卵形，长7～9厘米，先端渐尖或长渐尖，基部圆形或广楔形至楔形，边缘有腺锯齿，具窄的半透明边，上面亮绿色，下面青白色；叶柄侧扁，长2～4.5厘米。雄花序长2.5～3厘米，苞片淡褐色，长4毫米，具不整齐的丝状条裂，裂片长于不裂部分，雄蕊18～21。花期4月，果期5月。

东北林区有栽培。

解剖图

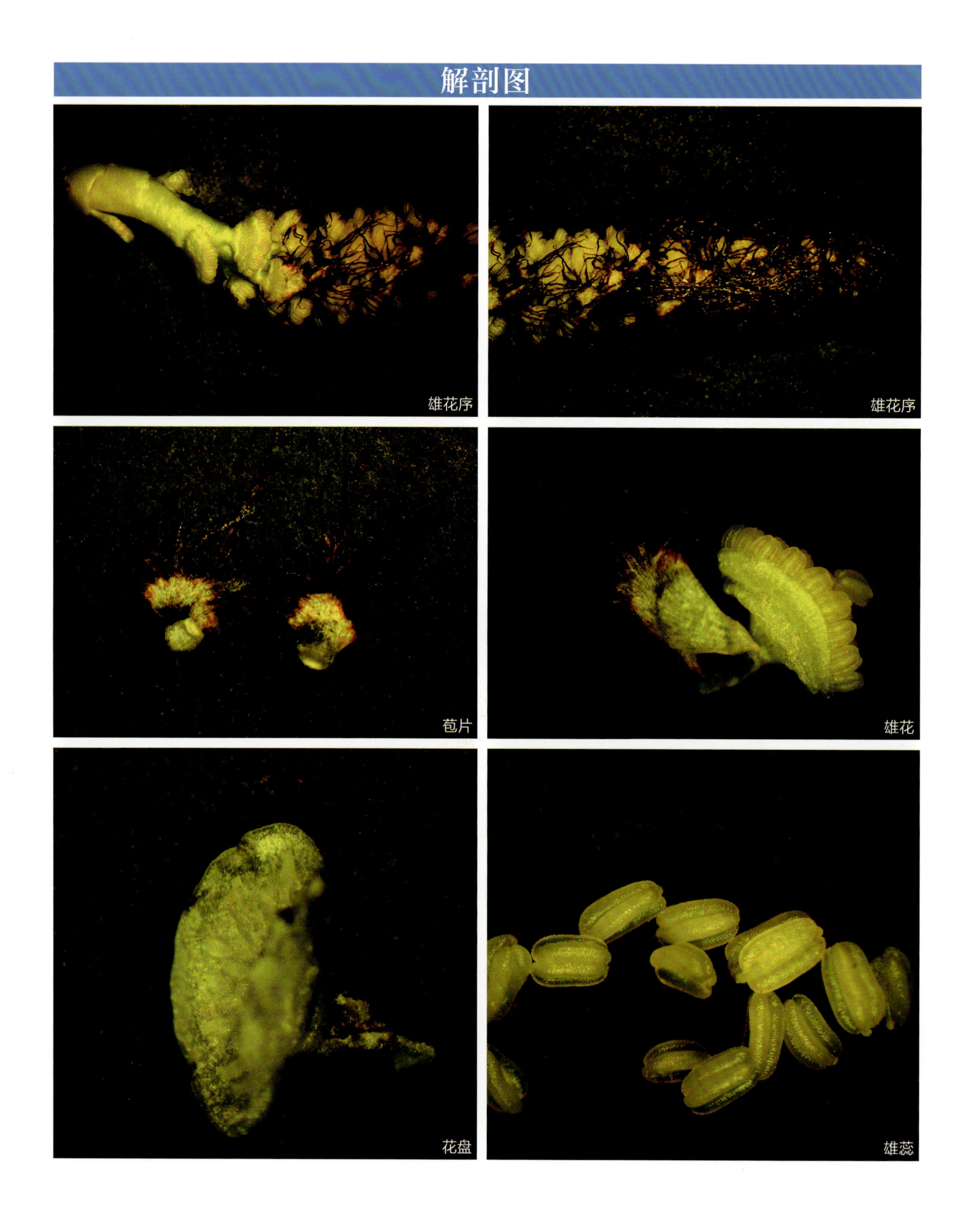

5.2 加杨 Populus × canadensis Moench

大乔木，高 30 多米，干直；雄株多，雌株少。树冠卵形。树皮粗厚，深沟裂，下部暗灰色，上部褐灰色。大枝微向上斜伸；萌枝及苗茎棱角明显，小枝圆柱形，稍有棱角，无毛，稀微被短柔毛。芽大，先端反曲，初为绿色，后变为褐绿色，富黏质。叶三角形或三角状卵形，长 7 ～ 10 厘米，长枝和萌枝叶较大，一般长大于宽，先端渐尖，基部截形或宽楔形，无或有 1 ～ 2 腺体，边缘半透明，有圆锯齿，近基部较疏，具短缘毛，上面暗绿色，下面淡绿色；叶柄侧扁而长，带红色（苗期特明显）。雄花序长 7 ～ 15 厘米，花序轴光滑，每花有雄蕊 15 ～ 25（～ 40）；苞片淡绿褐色，不整齐，丝状深裂，花盘淡黄绿色，全缘，花丝细长，白色，超出花盘；雌花序有花 45 ～ 50 朵，柱头 4 裂。果序长达 27 厘米；蒴果卵圆形，长约 8 毫米，先端锐尖，2 ～ 3 瓣裂。花期 4 月，果期 5 ～ 6 月。

喜温暖湿润气候，耐瘠薄及微碱性土壤；速生，扦插易活。

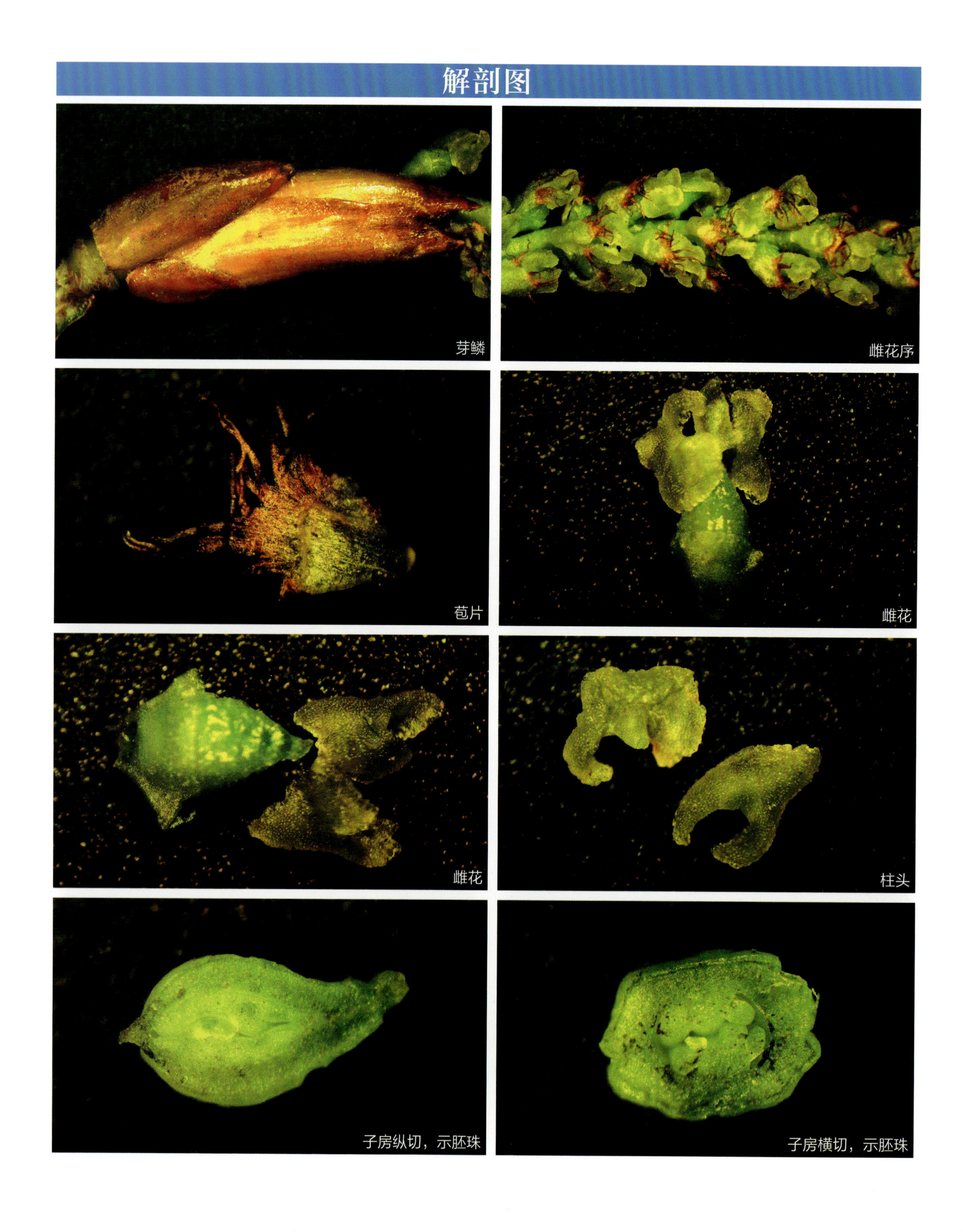
解剖图
芽鳞
雌花序
苞片
雌花
雌花
柱头
子房纵切，示胚珠
子房横切，示胚珠

5.3 香杨 **Populus koreana** Rehder

乔木，高达 30 米，胸径 1 ～ 1.5 米。树冠广圆形。树皮幼时灰绿色，光滑，老时暗灰色，具深沟裂。小枝圆柱形，粗壮，带黄红褐色，初时有黏性树脂，具香气，完全无毛。芽大，长卵形或长圆锥形，先端渐尖，栗色或淡红褐色，富黏性，具香气。短枝叶椭圆形、椭圆状长圆形、椭圆状披针形及倒卵状椭圆形，长 9 ～ 12 厘米，先端钝尖，基部狭圆形或宽楔形，边缘具细的腺圆锯齿，上面暗绿色，有明显皱纹，下面带白色或稍呈粉红色；叶柄长 1.5 ～ 3 厘米，先端有短毛；长枝叶窄卵状椭圆形、椭圆形或倒卵状披针形，基部多为楔形。雄花序长 3.5 ～ 5 厘米；苞片近圆形或肾形，雄蕊 10 ～ 30，花药暗紫色；雌花序长 3.5 厘米，无毛。蒴果绿色，卵圆形，无柄，无毛，（2 ～）4 瓣裂。花期 4 月下旬至 5 月，果期 6 月。

喜光，喜冷湿。多生于海拔 400 ～ 1600 米的河岸、溪边谷地，常与红松混生或生于阔叶树林中。

解剖图

蒴果

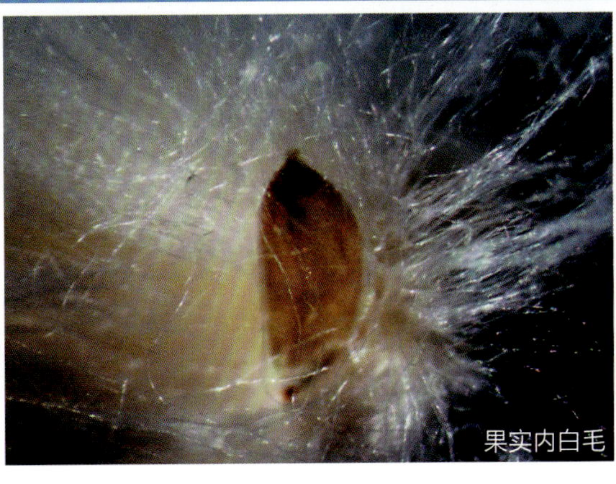

果实内白毛

种子

6

桦木科 Betulaceae

落叶乔木或灌木，小枝及叶有时具树脂腺体或腺点。单叶，互生，叶缘具重锯齿或单齿，较少具浅裂或全缘，叶脉羽状，侧脉直达叶缘或在近叶缘处向上弓曲相互网结成闭锁式；托叶分离，早落，很少宿存。花单性，雌雄同株，风媒；雄花序顶生或侧生，春季或秋季开放；雄花具苞鳞，有花被（桦木族）或无（榛族）；雄蕊2～20（很少1）插生在苞鳞内，花丝短，花药2室，药室分离或合生，纵裂，花粉粒扁球形，具3或4～5孔，很少具2或8孔，外壁光滑；雌花序为球果状、穗状、总状或头状，直立或下垂，具多数苞鳞（果时称果苞），每苞鳞内有雌花2～3朵，每朵雌花下部又具1苞片和1～2小苞片，无花被（桦木族）或具花被并与子房贴生（榛族）；子房2室或不完全2室，每室具1个倒生胚珠或2个倒生胚珠而其中的1个败育；花柱2，分离，宿存。果序球果状、穗状、总状或头状；果苞木质、革质、厚纸质或膜质，宿存或脱落；果为小坚果或坚果；胚直立，子叶扁平或肉质，无胚乳。

全球6属100余种，主要分布于北温带，中美洲和南美洲亦有桤木属（*Alnus* Mill.）植物的分布。我国有6属约70种，其中虎榛子属（*Ostryopsis* Decne.）植物为我国特产。东北地区产5属24种6变种。

6.1 东北桤木 **Alnus mandshurica** (Callier ex C. K. Schneid.) Hand.-Mazz.

灌木或小乔木，高 3 ～ 8（～ 10）米。树皮暗灰色，平滑。枝条灰褐色，无毛；小枝紫褐色，无毛。芽无柄，具 3 ～ 6 芽鳞。叶宽卵形、卵形、椭圆形或宽椭圆形，长 4 ～ 10 厘米，宽 2.5 ～ 8 厘米，顶端锐尖，基部圆形或微心形，有时宽楔形或两侧不对称，边缘具细而密的重锯齿或单锯齿，除下面的脉腋间具簇生的髯毛外，两面均几无毛，侧脉 7 ～ 13 对；叶柄粗壮，长 5 ～ 20 毫米，无毛或多少被短柔毛，有时具腺点。果序 3 ～ 5 呈总状排列，矩圆形或近球形，长 1 ～ 2 厘米；序梗纤细，下垂，长 5 ～ 20（～ 30）毫米，无毛或多少被短柔毛；果苞木质，长 3 ～ 4 毫米，顶端具 5 浅裂片；小坚果卵形，长约 2 毫米，膜质翅与果近等宽。花期 5 ～ 6 月，果期 7 ～ 8 月。

生于海拔 100 ～ 1700 米的林边、河岸或山坡的林中。

解剖图

6.2 毛榛 **Corylus mandshurica** Maxim.

灌木，高 3.1 ～ 4 米。树皮暗灰色或灰褐色。枝条灰褐色，无毛；小枝黄褐色，被长柔毛，下部的毛较密。叶宽卵形、矩圆形或倒卵状矩圆形，长 6 ～ 12 厘米，宽 4 ～ 9 厘米，顶端骤尖或尾状，基部心形，边缘具不规则的粗锯齿，中部以上具浅裂或缺刻，上面疏被毛或几无毛，下面疏被短柔毛，沿脉的毛较密，侧脉约 7 对；叶柄细瘦，长 1 ～ 3 厘米，疏被长柔毛及短柔毛。雄花序 2 ～ 4 排成总状；苞鳞密被白色短柔毛。果单生或 2 ～ 6 簇生，长 3 ～ 6 厘米；果苞管状，在坚果上部缢缩，较果长 2 ～ 3 倍，外面密被黄色刚毛兼有白色短柔毛，上部浅裂，裂片披针形；序梗粗壮，长 1.5 ～ 2 厘米，密被黄色短柔毛；坚果几球形，长约 1.5 厘米，顶端具小突尖，外面密被白色绒毛。花期 4 ～ 5 月，果期 8 ～ 9 月。

生于海拔 400 ～ 1500 米的山坡灌丛中或林下。

解剖图

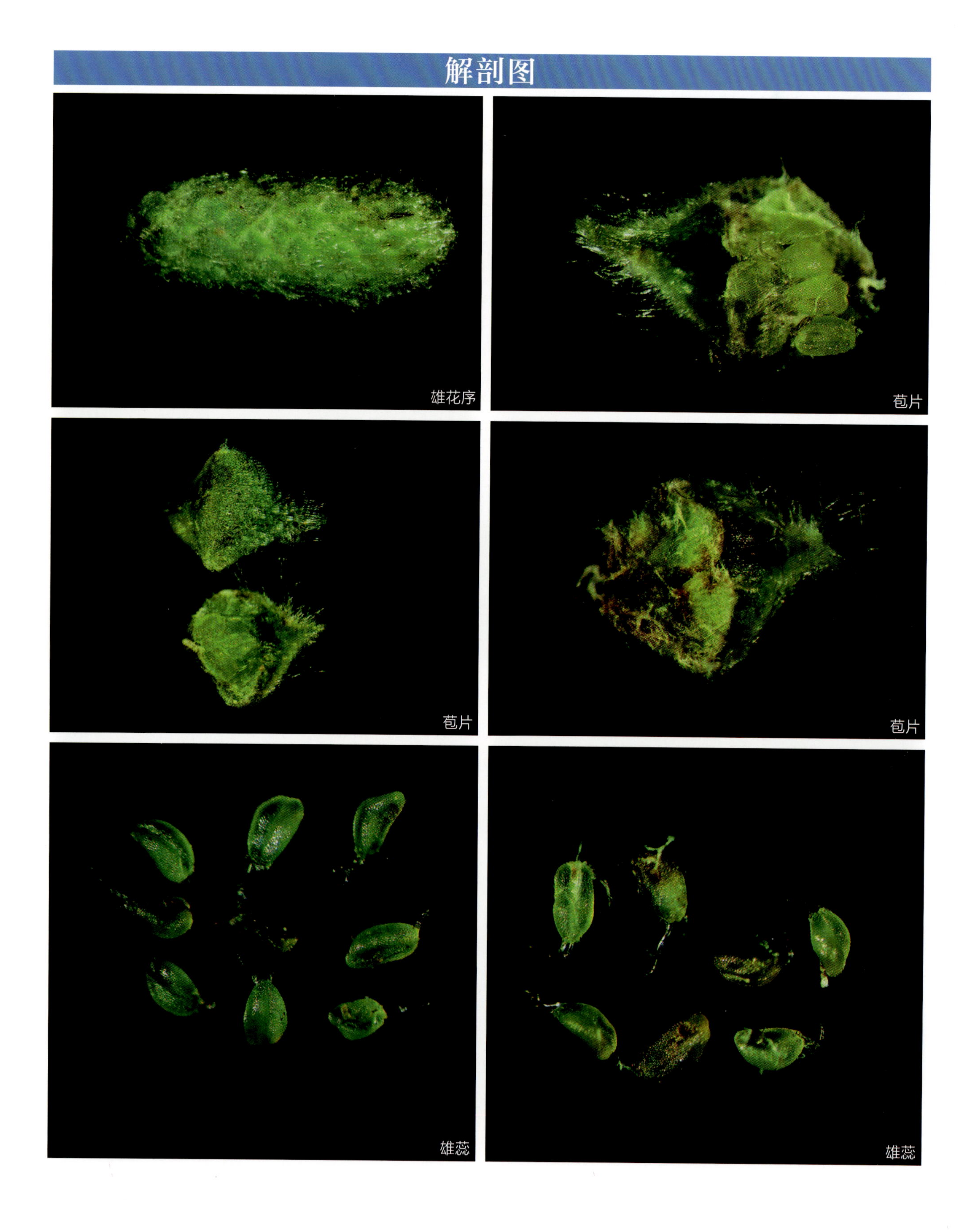

壳斗科 Fagaceae

常绿或落叶乔木，稀灌木。单叶，互生，极少轮生，全缘或齿裂，或不规则的羽状裂；托叶早落。花单性同株，稀异株，或同序，风媒或虫媒；花被1轮，4～6（～8）片，基部合生，干膜质；雄花有雄蕊4～12，花丝纤细，花药基着或背着，2室，纵裂，无退化雌蕊，或有但小且为卷丛毛遮盖；雌花1～3（～5）朵聚生于一壳斗内，子房下位，花柱与子房室同数，子房室与心皮同数，或因隔膜退化而减少，3～6室，中轴胎座；雄花序下垂或直立，整序脱落，由多数单花或小花束簇生于花序轴（或总花梗）的顶部呈球状，或散生于总花序轴上呈穗状，稀呈圆锥花序；雌花序直立，花单朵散生或3数朵聚生成簇，分生于总花序轴上成穗状，有时单或2～3花腋生。由总苞发育而成的壳斗脆壳质，木质，角质，或木栓质，形状多样，包着坚果底部至全包坚果，开裂或不开裂，外壁平滑或有各式姿态的小苞片，每壳斗有坚果1～3（～5）个；坚果有棱角或浑圆，胚直立，无胚乳，子叶2片，平凸，稀脑叶状或镶嵌状，富含淀粉或及鞣质。

据不同学者的观点，全球含7～10属，多至12属，《中国植物志》认可7属900余种。除热带非洲不产之外，几全世界分布，以亚洲的种类最多。我国有7属约320种，南北均产。东北地区产2属13种3变种1变型。

7.1 蒙古栎 **Quercus mongolica** Fisch. ex Ledeb.

落叶乔木，高达 30 米。树皮灰褐色，纵裂。幼枝紫褐色，有棱，无毛。顶芽长卵形，微有棱，芽鳞紫褐色，有缘毛。叶片倒卵形至长倒卵形，顶端短钝尖或短突尖，基部窄圆形或耳形，叶缘 7 ～ 10 对钝齿或粗齿，幼时沿脉有毛，后渐脱落，侧脉每边 7 ～ 11 条。雄花序生于新枝下部，花序轴近无毛；花被 6 ～ 8 裂，雄蕊 8 ～ 10；雌花序生于新枝上端叶腋，长约 1 厘米，有花 4 ～ 5 朵，通常只 1 ～ 2 朵发育，花被 6 裂，花柱短，柱头 3 裂。壳斗杯形，包着坚果 1/3 ～ 1/2，壳斗外壁小苞片三角状卵形，呈半球形瘤状突起，密被灰白色短绒毛，伸出口部边缘呈流苏状；坚果卵形至长卵形，无毛，果脐微突起。花期 4 ～ 5 月，果期 9 月。

生于海拔 200 ～ 2100 米的山地，在东北地区常生于海拔 600 米以下，在华北地区常生于海拔 800 米以上，常在阳坡、半阳坡形成小片纯林或与桦树等组成混交林。

解剖图

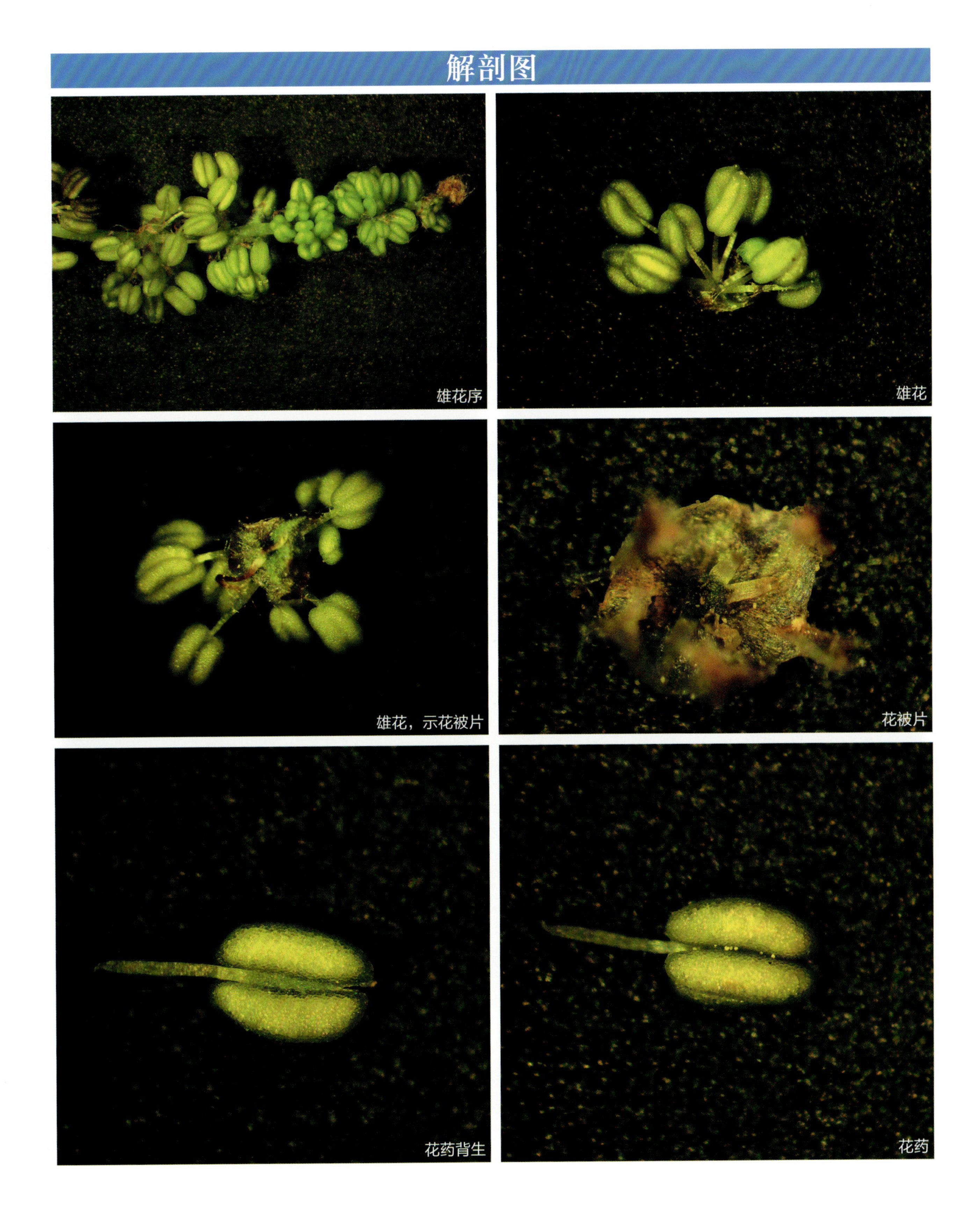

雄花序

雄花

雄花，示花被片

花被片

花药背生

花药

8

榆科 Ulmaceae

乔木或灌木。芽具鳞片，稀裸露，顶芽通常早死，其下的腋芽代替顶芽。单叶，常绿或落叶，互生，稀对生，常二列，有锯齿或全缘，基部偏斜或对称，羽状脉或基部三出脉（即羽状脉的基生 1 对侧脉比较强壮），稀基部五出脉或掌状三出脉，有柄；托叶常呈膜质，侧生或生柄内，分离或联合，或基部合生，早落。单被花两性，稀单性或杂性，雌雄异株或同株，少数或多数排成疏或密的聚伞花序，或因花序轴短缩而似簇生状，或单生，生于当年生枝或去年生枝的叶腋，或生于当年生枝下部或近基部的无叶部分的苞腋；花被浅裂或深裂，花被裂片常 4～8，宿存或脱落；雄蕊着生于花被的基底，在蕾中直立，稀内曲，常与花被裂片同数而对生，稀较多，花丝明显，花药 2 室，纵裂，外向或内向；雌蕊由 2 心皮联合而成，花柱极短，柱头 2，条形，子房上位，通常 1 室，稀 2 室，无柄或有柄，胚珠 1，倒生，珠被 2 层。果为翅果、核果、小坚果或有时具翅或具附属物，顶端常有宿存的柱头；胚直立、弯曲或内卷，胚乳缺或少量，子叶扁平、折叠或弯曲，发芽时出土。

全球 16 属约 230 种，广布于全世界热带至温带。我国有 8 属 46 种 10 变种，分布遍及全国。另引入栽培 3 种。东北地区产 5 属 16 种 6 变种。

8.1 刺榆 **Hemiptelea davidii** (Hance) Planch.

小乔木，高可达 10 米，或呈灌木状。树皮深灰色或褐灰色，不规则的条状深裂。小枝灰褐色或紫褐色，被灰白色短柔毛，具粗而硬的棘刺；刺长 2 ～ 10 厘米。冬芽常 3 个聚生于叶腋，卵圆形。叶椭圆形或椭圆状矩圆形，稀倒卵状椭圆形，先端急尖或钝圆，基部浅心形或圆形，边缘有整齐的粗锯齿，叶面绿色，幼时被毛，后脱落残留有稍隆起的圆点，叶背淡绿色，光滑无毛，或在脉上有稀疏的柔毛，侧脉 8 ～ 12 对，排列整齐，斜直出至齿尖；托叶矩圆形、长矩圆形或披针形，边缘具睫毛。小坚果黄绿色，斜卵圆形，两侧扁，长 5 ～ 7 毫米，在背侧具窄翅，形似鸡头，翅端渐狭呈缘状，果梗纤细，长 2 ～ 4 毫米。花期 4 ～ 5 月，果期 9 ～ 10 月。

常生于海拔 2000 米以下的坡地次生林中，也常见于村落路旁、土堤上、石栎河滩。萌发力强，耐干旱，各种土质易于生长。

解剖图

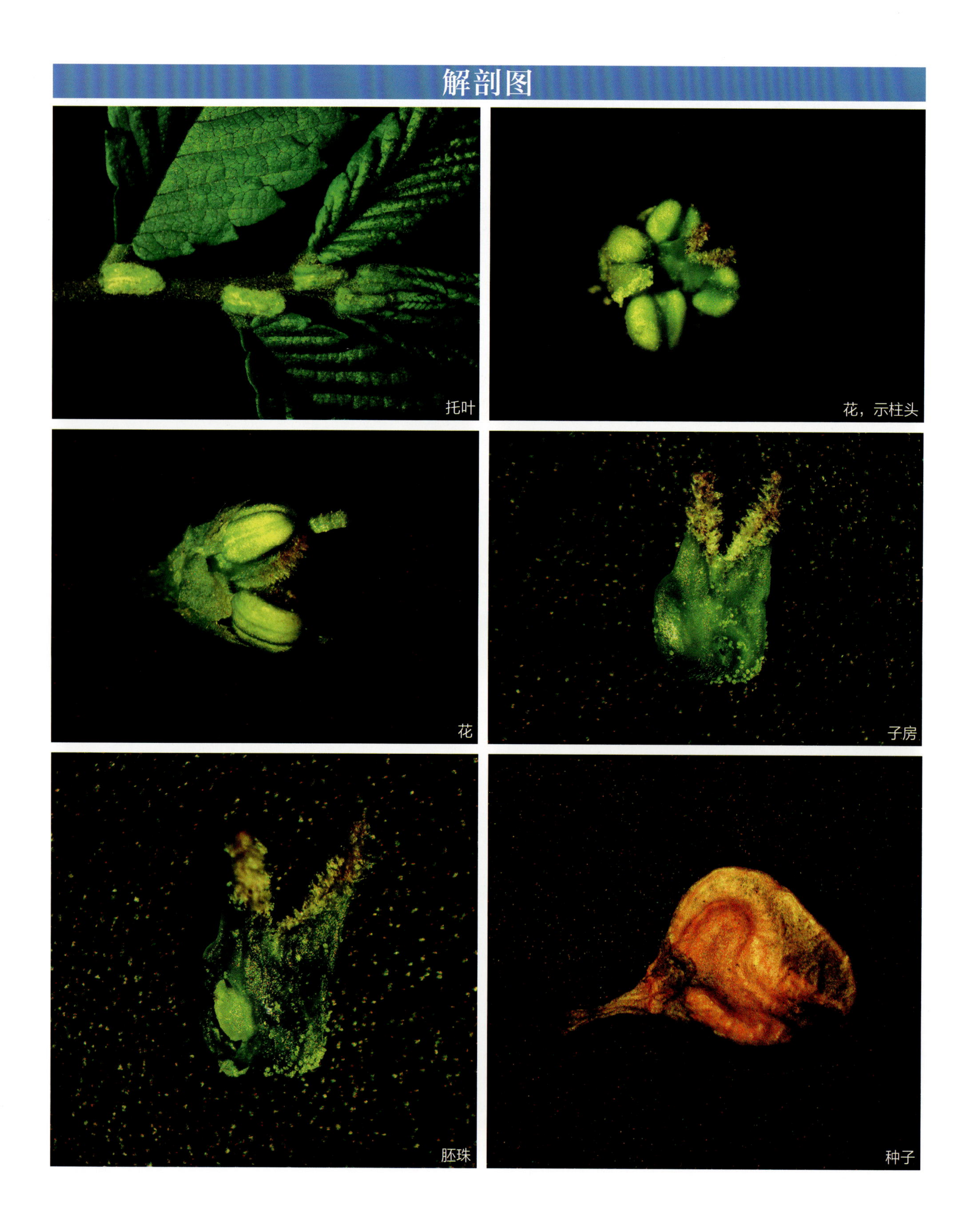

8.2 黑榆 **Ulmus davidiana** Planch.

落叶乔木或灌木状，高达 15 米，胸径 30 厘米。树皮浅灰色或灰色，纵裂成不规则条状。幼枝被或密或疏的柔毛，当年生枝无毛或多少被毛。冬芽卵圆形，芽鳞背面有毛。叶倒卵形或倒卵状椭圆形，稀卵形或椭圆形，先端尾状渐尖或渐尖，基部歪斜，叶面幼时有散生硬毛，后脱落无毛，不粗糙，叶背幼时有密毛，后变无毛，脉腋常有簇生毛，边缘具重锯齿，侧脉每边 12 ～ 22 条，叶柄全被毛或仅上面有毛。花在去年生枝上排成簇状聚伞花序。翅果倒卵形或近倒卵形，长 10 ～ 19 毫米，宽 7 ～ 14 毫米，果翅通常无毛，稀具疏毛，果核部分常被密毛，或被疏毛，位于翅果中上部或上部，上端接近缺口，宿存花被无毛，裂片 4，果梗被毛，长约 2 毫米。花果期 4 ～ 5 月。

生于石灰岩山地及谷地。适应性强，耐干旱抗碱性较强。

解剖图

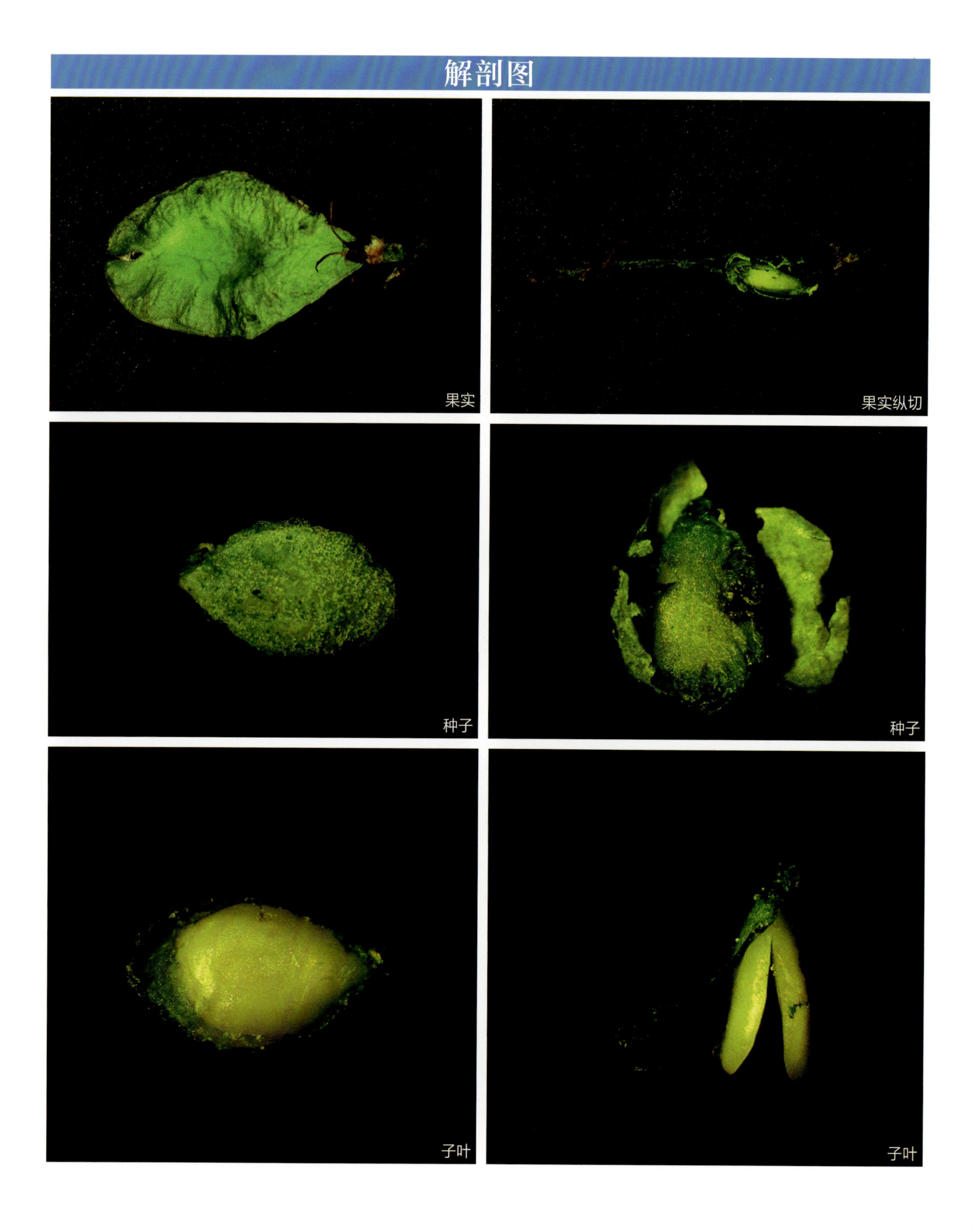

8.3 欧洲白榆 Ulmus laevis Pall.

落叶乔木，在原产地高达30米。树皮淡褐灰色，幼时平滑，后成鳞状，老则不规则纵裂。当年生枝被毛或几无毛。冬芽纺锤形。叶倒卵状宽椭圆形或椭圆形，中上部较宽，先端凸尖，基部明显地偏斜，一边楔形，一边半心脏形，边缘具重锯齿，齿端内曲，叶面无毛或叶脉凹陷处有疏毛，叶背有毛或近基部的主脉及侧脉上有疏毛，叶柄全被毛或仅上面有毛。花常自花芽抽出，稀由混合芽抽出，20余花至30余花排成密集的短聚伞花序，花梗纤细，不等长，花被上部6～9浅裂，裂片不等长。翅果卵形或卵状椭圆形，长约15毫米，边缘具睫毛，两面无毛，顶端缺口常微封闭，果核部分位于翅果近中部，上端微接近缺口，果梗长1～3厘米。花果期4～5月。

东北林区有栽培。

解剖图

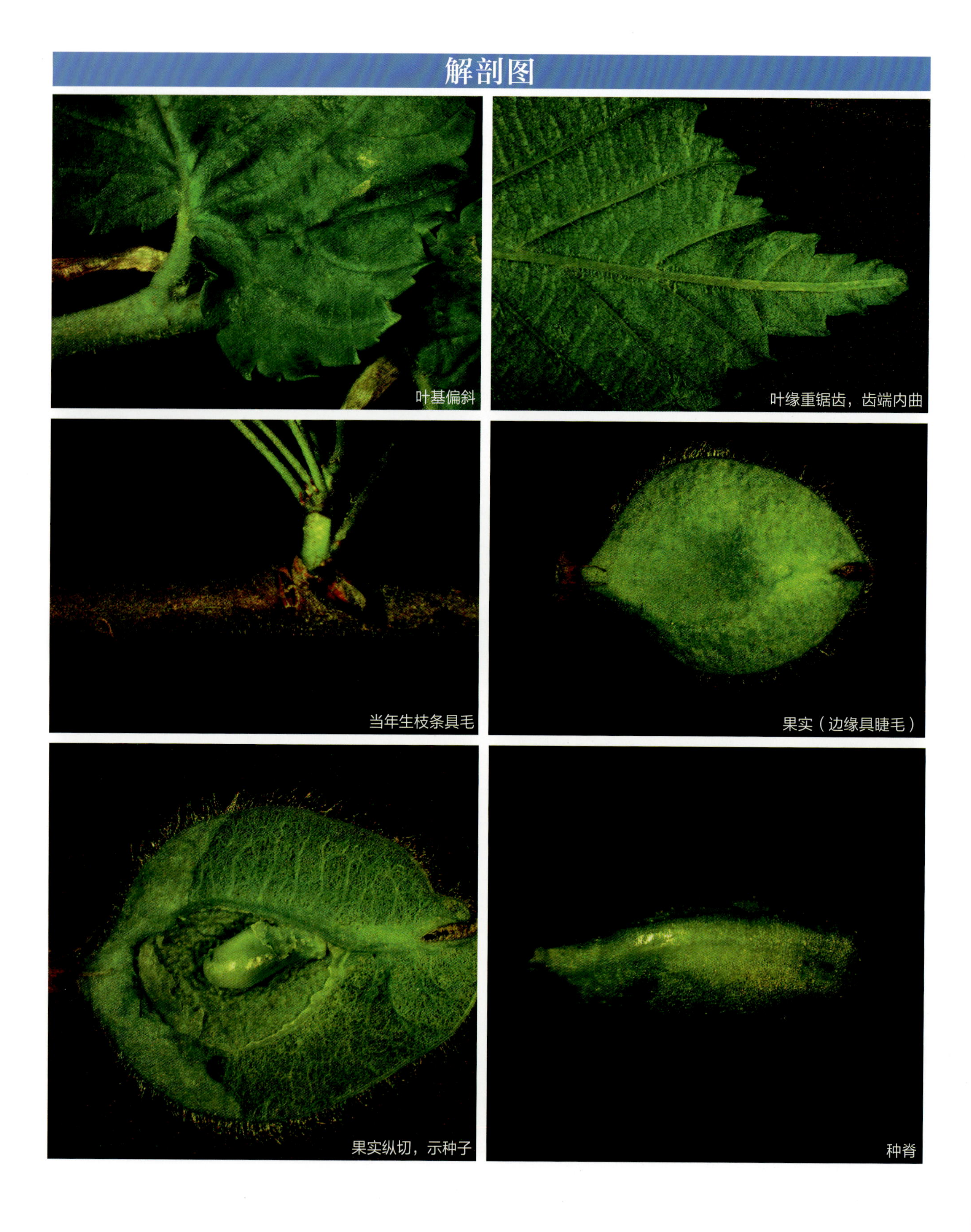

8.4 大果榆 Ulmus macrocarpa Hance

落叶乔木或灌木，高达 20 米，胸径可达 40 厘米。树皮暗灰色或灰黑色，纵裂，粗糙。小枝有时（尤以萌发枝及幼树的小枝）两侧具对生而扁平的木栓翅，间或上下亦有微凸起的木栓翅，稀在较老的小枝上有 4 条几等宽而扁平的木栓翅。冬芽卵圆形或近球形，芽鳞背面多少被短毛或无毛，边缘有毛。叶宽倒卵形，厚革质，大小变异很大，先端短尾状，稀骤凸，基部渐窄至圆，偏斜或近对称，多少心脏形或一边楔形，两面粗糙，叶面密生硬毛或有凸起的毛迹，叶背常有疏毛，脉上较密，脉腋常有簇生毛，侧脉每边 6 ～ 16 条，边缘具大而浅钝的重锯齿，或兼有单锯齿。花自花芽或混合芽抽出，在去年生枝上排成簇状聚伞花序或散生于新枝的基部。翅果宽倒卵状圆形、近圆形或宽椭圆形，长 1.5 ～ 4.7 厘米（常 2.5 ～ 3.5 厘米），宽 1 ～ 3.9 厘米（常 2 ～ 3 厘米），基部多少偏斜或近对称，果核部分位于翅果中部，宿存花被钟形，上部 5 浅裂，裂片边缘有毛，果梗长 2 ～ 4 毫米，被短毛。花果期 4 ～ 5 月。

生于海拔 700 ～ 1800 米的山坡、谷地、台地、黄土丘陵、固定沙丘及岩缝中。阳性树种，耐干旱，能适应碱性、中性及微酸性土壤。

解剖图

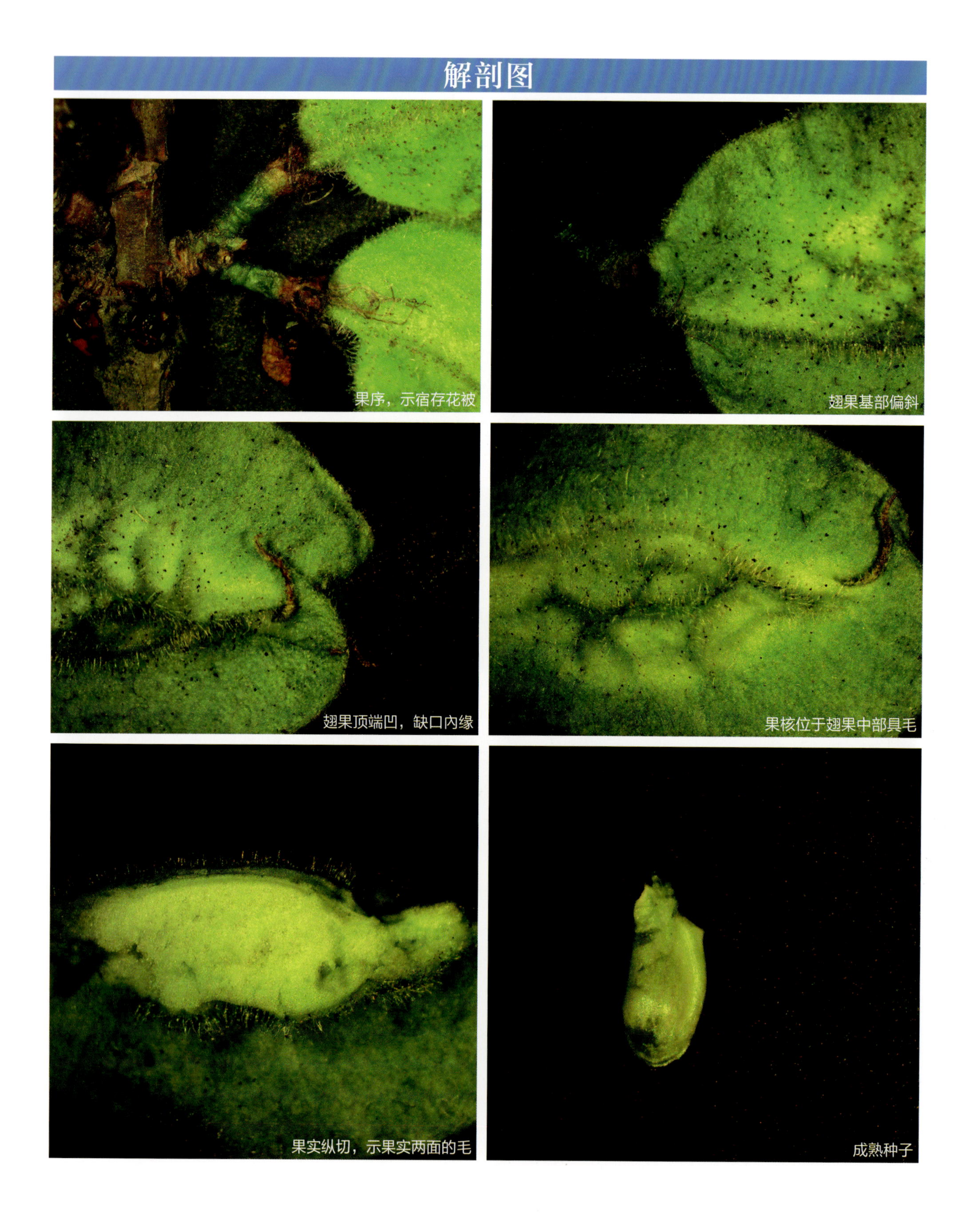

果序，示宿存花被

翅果基部偏斜

翅果顶端凹，缺口内缘

果核位于翅果中部具毛

果实纵切，示果实两面的毛

成熟种子

8.5 榆树 Ulmus pumila L.

落叶乔木，高达25米，胸径1米，在干瘠之地长成灌木状。幼树树皮平滑，灰褐色或浅灰色；大树之皮暗灰色，不规则深纵裂，粗糙。小枝无毛或有毛，淡黄灰色、淡褐灰色或灰色，稀淡褐黄色或黄色，有散生皮孔，无膨大的木栓层及凸起的木栓翅。冬芽近球形或卵圆形，芽鳞背面无毛，内层芽鳞的边缘具白色长柔毛。叶椭圆状卵形、长卵形、椭圆状披针形或卵状披针形，端渐尖或长渐尖，基部偏斜或近对称，边缘具重锯齿或单锯齿，侧脉每边9～16条。花先叶开放，在去年生枝的叶腋成簇生状。翅果近圆形，稀倒卵状圆形，长1.2～2厘米，除顶端缺口柱头面被毛外，余处无毛，果核部分位于翅果的中部，上端不接近或接近缺口，宿存花被无毛，4浅裂，裂片边缘有毛，果梗长1～2毫米，被（或稀无）短柔毛。花果期3～6月（东北地区较晚）。

生于海拔1000～2500米及以下的山坡、山谷、川地、丘陵及沙岗等处。阳性树，生长快，根系发达，适应性强，能耐干冷气候及中度盐碱，但不耐水湿（能耐雨季水涝）。

解剖图

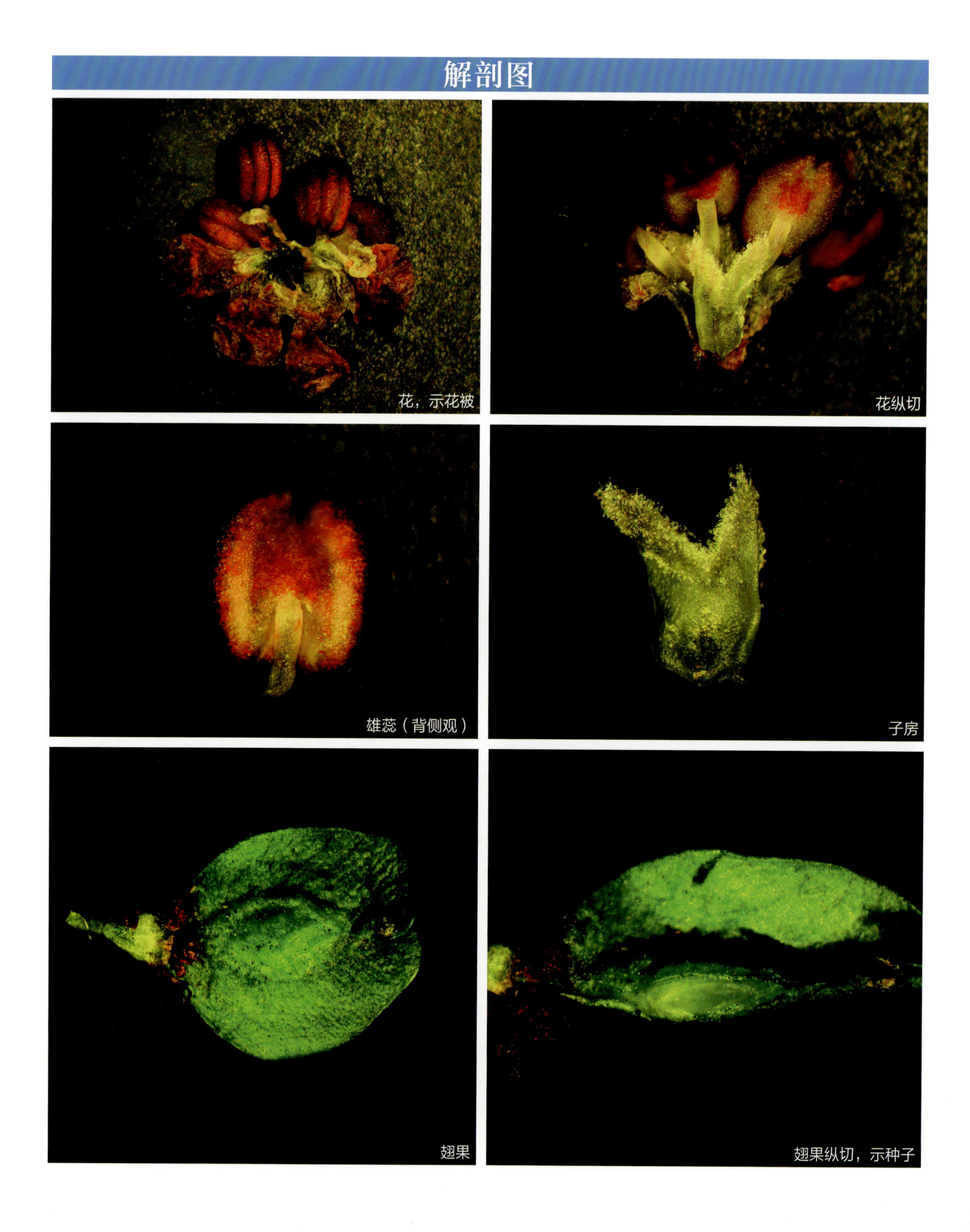

9

桑科 Moraceae

乔木或灌木，藤本，稀为草本，通常具乳液，有刺或无刺。叶互生稀对生，全缘或具锯齿，分裂或不分裂，叶脉掌状或为羽状，有或无钟乳体；托叶2，通常早落。花小，单性，雌雄同株或异株，无花瓣；花序腋生，典型成对，总状，圆锥状，头状，穗状或壶状，稀为聚伞状。雄花：花被片2～4，有时仅为1或更多至8，分离或合生，覆瓦状或镊合状排列，宿存；雄蕊通常与花被片同数而对生，花丝在芽时内折或直立，花药具尖头，或小而2浅裂无尖头，从新月形至陀螺形（具横的赤道裂口），退化雌蕊有或无。雌花：花被片4，稀更多或更少，宿存；子房1，稀为2室，上位，下位或半下位，或埋藏于花序轴上的陷穴中，每室有倒生或弯生胚珠1，着生于子房室的顶部或近顶部；花柱2裂或单一，具2或1柱头臂，柱头非头状或盾形。果为瘦果或核果状，围以肉质变厚的花被，或藏于其内形成聚花果，或隐藏于壶形花序托内壁，形成隐花果，或陷入发达的花序轴内，形成大型的聚花果。种子大或小，包于内果皮中；种皮膜质或不存；胚悬垂，弯或直；幼根长或短，背倚子叶紧贴；子叶褶皱，对折或扁平，叶状或增厚。

全球约53属1400种，多产热带、亚热带，少数分布在温带。我国约有12属153种和亚种59变种及变型，南北均产。东北地区产6属9种2变种，其中3栽培种。

9.1 大麻 Cannabis sativa L.

一年生直立草本，高 1 ～ 3 米。枝具纵沟槽，密生灰白色贴伏毛。叶掌状全裂，裂片披针形或线状披针形，长 7 ～ 15 厘米，中裂片最长，宽 0.5 ～ 2 厘米，先端渐尖，基部狭楔形，表面深绿色，微被糙毛，背面幼时密被灰白色贴状毛后变无毛，边缘具向内弯的粗锯齿，中脉及侧脉在表面微下陷，背面隆起；叶柄长 3 ～ 15 厘米，密被灰白色贴伏毛；托叶线形。雄花序长达 25 厘米；花黄绿色，花被 5，膜质，外面被细伏贴毛，雄蕊 5，花丝极短，花药长圆形；小花柄长 2 ～ 4 毫米；雌花绿色；花被 1，紧包子房，略被小毛；子房近球形，外面包于苞片。瘦果为宿存黄褐色苞片所包，果皮坚脆，表面具细网纹。花期 5 ～ 6 月，果期为 7 月。

我国各地有栽培或沦为野生。

解剖图
雄花
雄花
果实
果实
果实纵切
胚珠

9.2 葎草 Humulus scandens (Lour.) Merr.

缠绕草本，茎、枝、叶柄均具倒钩刺。叶纸质，肾状五角形，掌状5～7深裂稀为3裂，长宽7～10厘米，基部心脏形，表面粗糙，疏生糙伏毛，背面有柔毛和黄色腺体，裂片卵状三角形，边缘具锯齿；叶柄长5～10厘米。雄花小，黄绿色，圆锥花序，长15～25厘米；雌花序球果状，径约5毫米，苞片纸质，三角形，顶端渐尖，具白色绒毛；子房为苞片包围，柱头2，伸出苞片外。瘦果成熟时露出苞片外。花期春夏季，果期秋季。

常生于沟边、荒地、废墟、林缘边。

解剖图

雄花花萼

雄花花萼

雄花雄蕊群

倒钩刺

10

蓼科 Polygonaceae

草本、稀灌木或小乔木。茎直立，平卧、攀援或缠绕，通常具膨大的节，稀膝曲，具沟槽或条棱，有时中空。叶为单叶，互生，稀对生或轮生，边缘通常全缘，有时分裂，具叶柄或近无柄；托叶通常联合成鞘状（托叶鞘），膜质，褐色或白色，顶端偏斜、截形或2裂，宿存或脱落。花序穗状、总状、头状或圆锥状，顶生或腋生；花较小，两性，稀单性，雌雄异株或雌雄同株，辐射对称；花梗通常具关节；花被3～5深裂，覆瓦状或花被片6成2轮，宿存，内花被片有时增大，背部具翅、刺或小瘤；雄蕊6～9，稀较少或较多，花丝离生或基部贴生，花药背着，2室，纵裂；花盘环状，腺状或缺，子房上位，1室，心皮通常3，稀2～4，合生，花柱2～3，稀4，离生或下部合生，柱头头状、盾状或画笔状，胚珠1，直生，极少倒生。瘦果卵形或椭圆形，具3棱或双凸镜状，极少具4棱，有时具翅或刺，包于宿存花被内或外露；胚直立或弯曲，通常偏于一侧，胚乳丰富，粉末状。

全球约50属1150种，世界性分布，但主产于北温带，少数分布于热带。我国有13属235种37变种，产于全国各地。东北地区产2属2种。

10.1 火炭母 Polygonum chinense L.

多年生草本，基部近木质。根状茎粗壮。茎直立，高70～100厘米，通常无毛，具纵棱，多分枝，斜上。叶卵形或长卵形，顶端短渐尖，基部截形或宽心形，边缘全缘，两面无毛，有时下面沿叶脉疏生短柔毛，下部叶具叶柄，叶柄长1～2厘米，通常基部具叶耳，上部叶近无柄或抱茎；托叶鞘膜质，无毛，长1.5～2.5厘米，具脉纹，顶端偏斜，无缘毛。花序头状，通常数个排成圆锥状，顶生或腋生，花序梗被腺毛；苞片宽卵形，每苞内具1～3花；花被5深裂，白色或淡红色，裂片卵形，果时增大，呈肉质，蓝黑色；雄蕊8，比花被短；花柱3，中下部合生。瘦果宽卵形，具3棱，长3～4毫米，黑色，无光泽，包于宿存的花被。花期7～9月，果期8～10月。

生于海拔30～2400米的山谷湿地、山坡草地。

解剖图

10.2 头状蓼 Polygonum nepalense Meisn.

一年生草本。茎外倾或斜上，自基部多分枝，无毛或在节部疏生腺毛，高 20 ～ 40 厘米。茎下部叶卵形或三角状卵形，顶端急尖，基部宽楔形，沿叶柄下延成翅，两面无毛或疏被刺毛，疏生黄色透明腺点，茎上部较小；叶柄长 1 ～ 3 厘米，或近无柄，抱茎；托叶鞘筒状，长 5 ～ 10 毫米，膜质，淡褐色，顶端斜截形，无缘毛，基部具刺毛。花序头状，顶生或腋生，基部常具一叶状总苞片，花序梗细长，上部具腺毛；苞片卵状椭圆形，通常无毛，边缘膜质，每苞内具 1 花；花梗比苞片短；花被通常 4 裂，淡紫红色或白色，花被片长圆形，长 2 ～ 3 毫米，顶端圆钝；雄蕊 5 ～ 6，与花被近等长，花药暗紫色；花柱 2，下部合生，柱头头状。瘦果宽卵形，双凸镜状，长 2 ～ 2.5 毫米，黑色，密生洼点，无光泽，包于宿存花被内。花期 5 ～ 8 月，果期 7 ～ 10 月。

生于山坡草地、山谷路旁。

解剖图

花序

花序

托叶鞘

10.3 东方蓼 Polygonum orientale L.

一年生草本。茎直立，粗壮，高1～2米，上部多分枝，密被开展的长柔毛。叶宽卵形、宽椭圆形或卵状披针形，顶端渐尖，基部圆形或近心形，微下延，边缘全缘，密生缘毛，两面密生短柔毛，叶脉上密生长柔毛；叶柄长2～10厘米，具开展的长柔毛；托叶鞘筒状，膜质，长1～2厘米，被长柔毛，具长缘毛，通常沿顶端具草质、绿色的翅。总状花序呈穗状，顶生或腋生，长3～7厘米，花紧密，微下垂，通常数个再组成圆锥状；苞片宽漏斗状，长3～5毫米，草质，绿色，被短柔毛，边缘具长缘毛，每苞内具3～5花；花梗比苞片长；花被5深裂，淡红色或白色；花被片椭圆形，长3～4毫米；雄蕊7，比花被长；花盘明显；花柱2，中下部合生，比花被长，柱头头状。瘦果近圆形，双凹，直径长3～3.5毫米，黑褐色，有光泽，包于宿存花被内。花期6～9月，果期8～10月。

生于海拔30～2700米的沟边湿地、村边路旁。

解剖图

10.4 桃叶蓼 Polygonum persicaria L.

一年生草本。茎直立或上升，分枝或不分枝，疏生柔毛或近无毛，高 40 ～ 80 厘米。叶披针形或椭圆形，顶端渐尖或急尖，基部狭楔形，两面疏生短硬伏毛，下面中脉上毛较密，上面近中部有时具黑褐色斑点，边缘具粗缘毛；叶柄长 5 ～ 8 毫米，被硬伏毛；托叶鞘筒状，膜质。总状花序呈穗状，顶生或腋生，较紧密，长 2 ～ 6 厘米，通常数个再集成圆锥状，花序梗具腺毛或无毛；苞片漏斗状，紫红色，具缘毛，每苞内含 5 ～ 7 花；花梗长 2.5 ～ 3 毫米，花被通常 5 深裂，紫红色，花被片长圆形，长 2.5 ～ 3 毫米，脉明显；雄蕊 6 ～ 7，花柱 2，偶 3，中下部合生。瘦果近圆形或卵形，双凸镜状，稀具 3 棱，长 2 ～ 2.5 毫米，黑褐色，平滑，有光泽，包于宿存花被内。花期 6 ～ 9 月，果期 7 ～ 10 月。

生于海拔 80 ～ 1800 米的沟边湿地。

解剖图

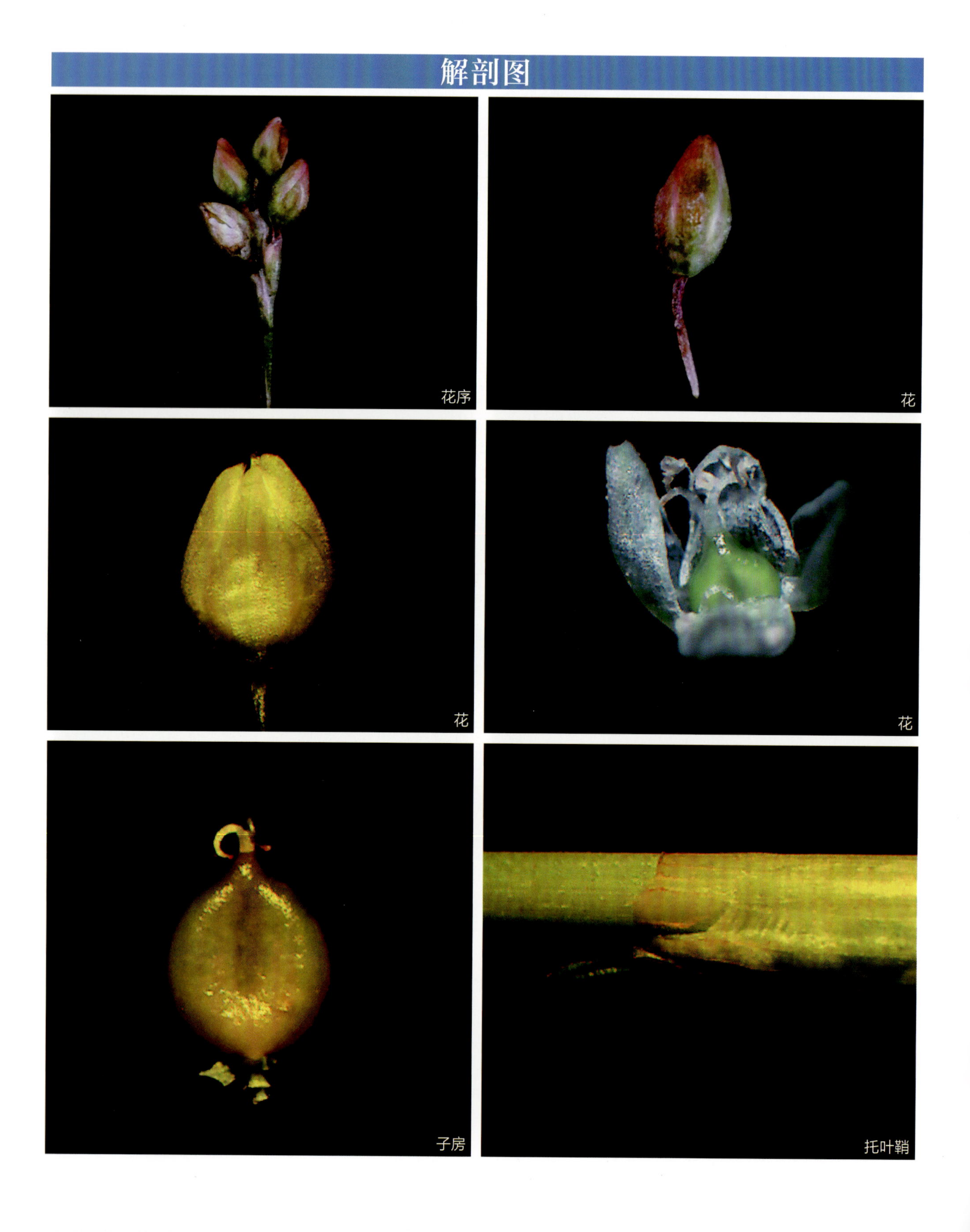

10.5 箭叶蓼 Polygonum sieboldii Meisn.

一年生草本。茎基部外倾，上部近直立，有分枝，无毛，四棱形，沿棱具倒生皮刺。叶宽披针形或长圆形，顶端急尖，基部箭形，上面绿色，下面淡绿色，两面无毛，下面沿中脉具倒生短皮刺，边缘全缘，无缘毛；叶柄长1～2厘米，具倒生皮刺；托叶鞘膜质，偏斜，无缘毛，长0.5～1.3厘米。花序头状，通常成对，顶生或腋生，花序梗细长，疏生短皮刺；苞片椭圆形，顶端急尖，背部绿色，边缘膜质，每苞内具2～3花；花梗短，长1～1.5毫米，比苞片短；花被5深裂，白色或淡紫红色，花被片长圆形，长约3毫米；雄蕊8，比花被短；花柱3，中下部合生。瘦果宽卵形，具3棱，黑色，无光泽，长约2.5毫米，包于宿存花被内。花期6～9月，果期8～10月。

生于海拔90～2200米的山谷、沟旁、水边。

解剖图

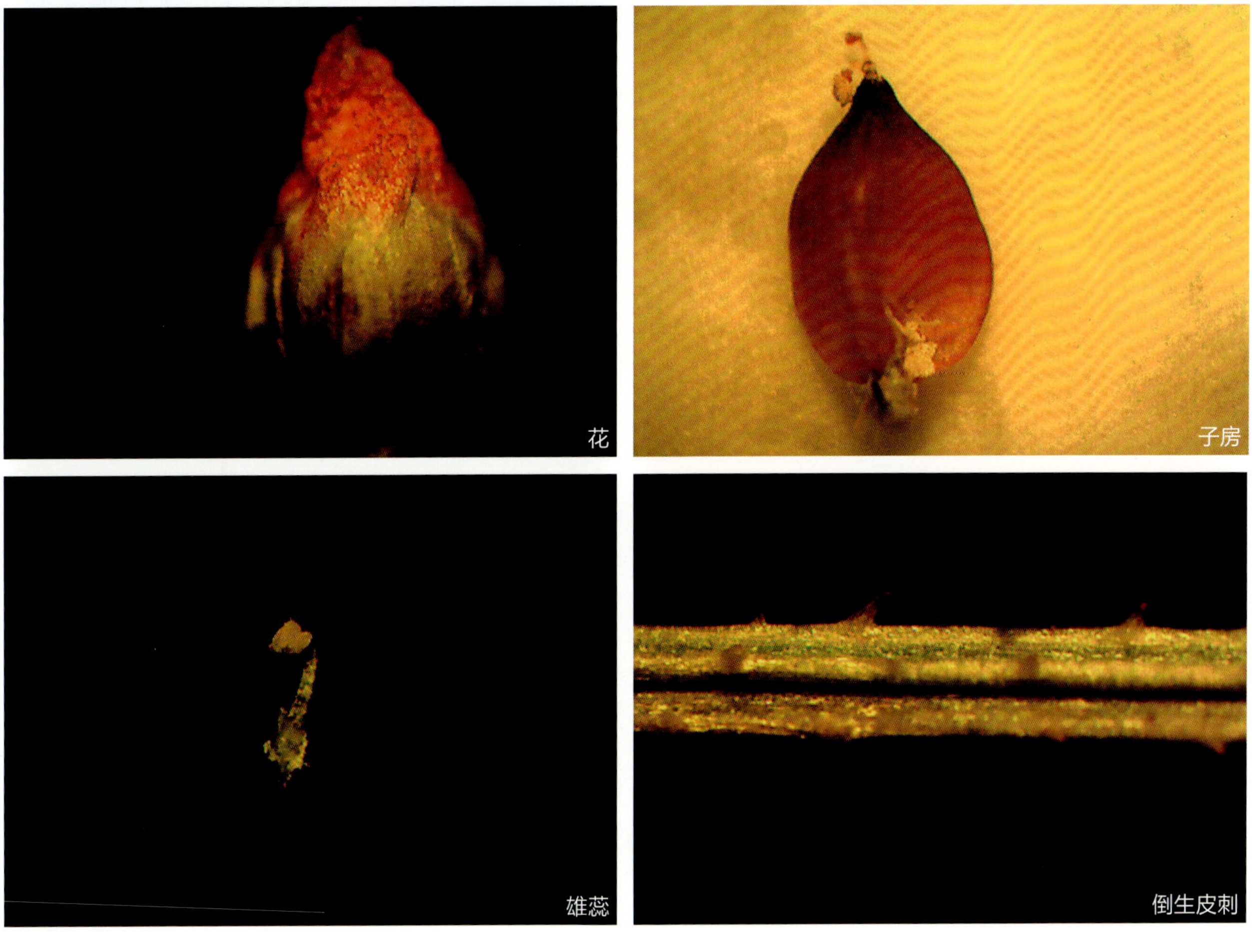

花

子房

雄蕊

倒生皮刺

10.6 戟叶蓼 **Polygonum thunbergii** Siebold et Zucc.

一年生草本。茎直立或上升，具纵棱，沿棱具倒生皮刺，基部外倾，节部生根，高 30 ～ 90 厘米。叶戟形，顶端渐尖，基部截形或近心形，两面疏生刺毛，极少具稀疏的星状毛，边缘具短缘毛，中部裂片卵形或宽卵形，侧生裂片较小，卵形，叶柄长 2 ～ 5 厘米，具倒生皮刺，通常具狭翅；托叶鞘膜质，边缘具叶状翅，翅近全缘，具粗缘毛。花序头状，顶生或腋生，分枝，花序梗具腺毛及短柔毛；苞片披针形，顶端渐尖，边缘具缘毛，每苞内具 2 ～ 3 花；花梗无毛，比苞片短，花被 5 深裂，淡红色或白色，花被片椭圆形，长 3 ～ 4 毫米；雄蕊 8，成 2 轮，比花被短；花柱 3，中下部合生，柱头头状。瘦果宽卵形，具 3 棱，黄褐色，无光泽，长 3 ～ 3.5 毫米，包于宿存花被内。花期 7 ～ 9 月，果期 8 ～ 10 月。

生于海拔 90 ～ 2400 米的山谷湿地、山坡草丛。

解剖图
花序
花（未展开）
花
果实
果实纵切，示种子
未成熟种子

10.7 卷茎蓼 Fallopia convolvulus (L.) A. Löve

一年生草本。茎缠绕，长 1 ～ 1.5 米，具纵棱，自基部分枝，具小突起。叶卵形或心形，长 2 ～ 6 厘米，宽 1.5 ～ 4 厘米，顶端渐尖，基部心形，两面无毛，下面沿叶脉具小突起，边缘全缘，具小突起；叶柄长 1.5 ～ 5 厘米，沿棱具小突起；托叶鞘膜质，长 3 ～ 4 毫米，偏斜，无缘毛。花序总状，腋生或顶生，花稀疏，下部间断，有时成花簇，生于叶腋；苞片长卵形，顶端尖，每苞具 2 ～ 4 花；花梗细弱，比苞片长，中上部具关节；花被 5 深裂，淡绿色，边缘白色，花被片长椭圆形，外面 3 片背部具龙骨状突起或狭翅，被小突起；果时稍增大，雄蕊 8，比花被短；花柱 3，极短，柱头头状。瘦果椭圆形，具 3 棱，长 3 ～ 3.5 毫米，黑色，密被小颗粒，无光泽，包于宿存花被内。花期 5 ～ 8 月，果期 6 ～ 9 月。

生于海拔 100 ～ 3500 米的山坡草地、山谷灌丛、沟边湿地。

解剖图

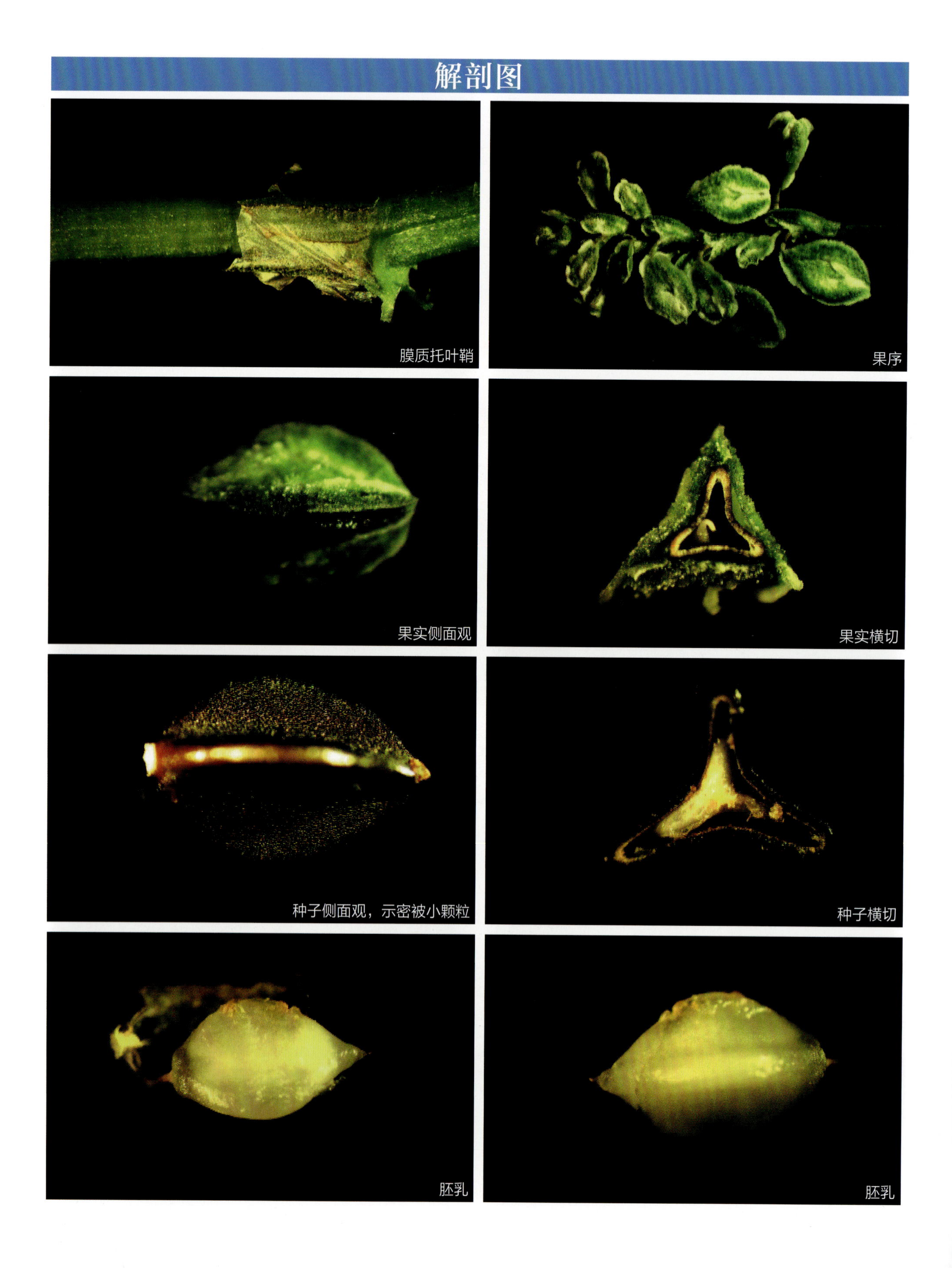

石竹科 Caryophyllaceae

一年生或多年生草本，稀亚灌木；茎节通常膨大，具关节。单叶对生，稀互生或轮生，全缘，基部多少联合；托叶有，膜质，或缺。花辐射对称，两性，稀单性，排列成聚伞花序或聚伞圆锥花序，稀单生，少数呈总状花序、头状花序、假轮伞花序或伞形花序；萼片 5，稀 4，草质或膜质，宿存；花瓣 5，稀 4，无爪或具爪，瓣片全缘或分裂，稀缺花瓣；雄蕊 10，二轮列，稀 5 或 2；雌蕊 1，由 2～5 合生心皮构成，子房上位，3 室或基部 1 室，上部 3～5 室，特立中央胎座或基底胎座，具 1 至多数胚珠；花柱（1～）2～5。果实为蒴果，稀为浆果状、不规则开裂或为瘦果。种子弯生，多数或少数，稀 1 粒；种脐通常位于种子凹陷处，稀盾状着生；种皮纸质，表面具有以种脐为圆心的、整齐排列为数层半环形的颗粒状、短线纹或瘤状凸起，稀表面近平滑或种皮为海绵质；种脊具槽、圆钝或锐，稀具流苏状篦齿或翅；胚环形或半圆形，围绕胚乳或劲直，胚乳偏于一侧；胚乳粉质。

全球约 75（80）属 2000 种，世界广布，但主要在北半球的温带和暖温带，少数在非洲、大洋洲和南美洲。地中海地区为分布中心。我国有 30 属约 388 种 58 变种 8 变型，8 变型分别隶属 3 亚科，几遍布全国，以北部和西部为主要分布区。东北地区产 19 属 68 种 18 变种 9 变型。

11.1 石竹 *Dianthus chinensis* L.

多年生草本，高 30 ～ 50 厘米，全株无毛，带粉绿色。茎由根颈生出，疏丛生，直立，上部分枝。叶片线状披针形，长 3 ～ 5 厘米，宽 2 ～ 4 毫米，顶端渐尖，基部稍狭，全缘或有细小齿，中脉较显。花单生枝端或数花集成聚伞花序；花梗长 1 ～ 3 厘米；苞片 4，卵形，顶端长渐尖，长达花萼 1/2 以上，边缘膜质，有缘毛；花萼圆筒形，长 15 ～ 25 毫米，直径 4 ～ 5 毫米，有纵条纹，萼齿披针形，长约 5 毫米，直伸，顶端尖，有缘毛；花瓣长 16 ～ 18 毫米，瓣片倒卵状三角形，长 13 ～ 15 毫米，紫红色、粉红色、鲜红色或白色，顶缘不整齐齿裂，喉部有斑纹，疏生髯毛；雄蕊露出喉部外，花药蓝色；子房长圆形，花柱线形。蒴果圆筒形，包于宿存萼内，顶端 4 裂。种子黑色，扁圆形。花期 5 ～ 6 月，果期 7 ～ 9 月。

生于草原和山坡草地。

解剖图

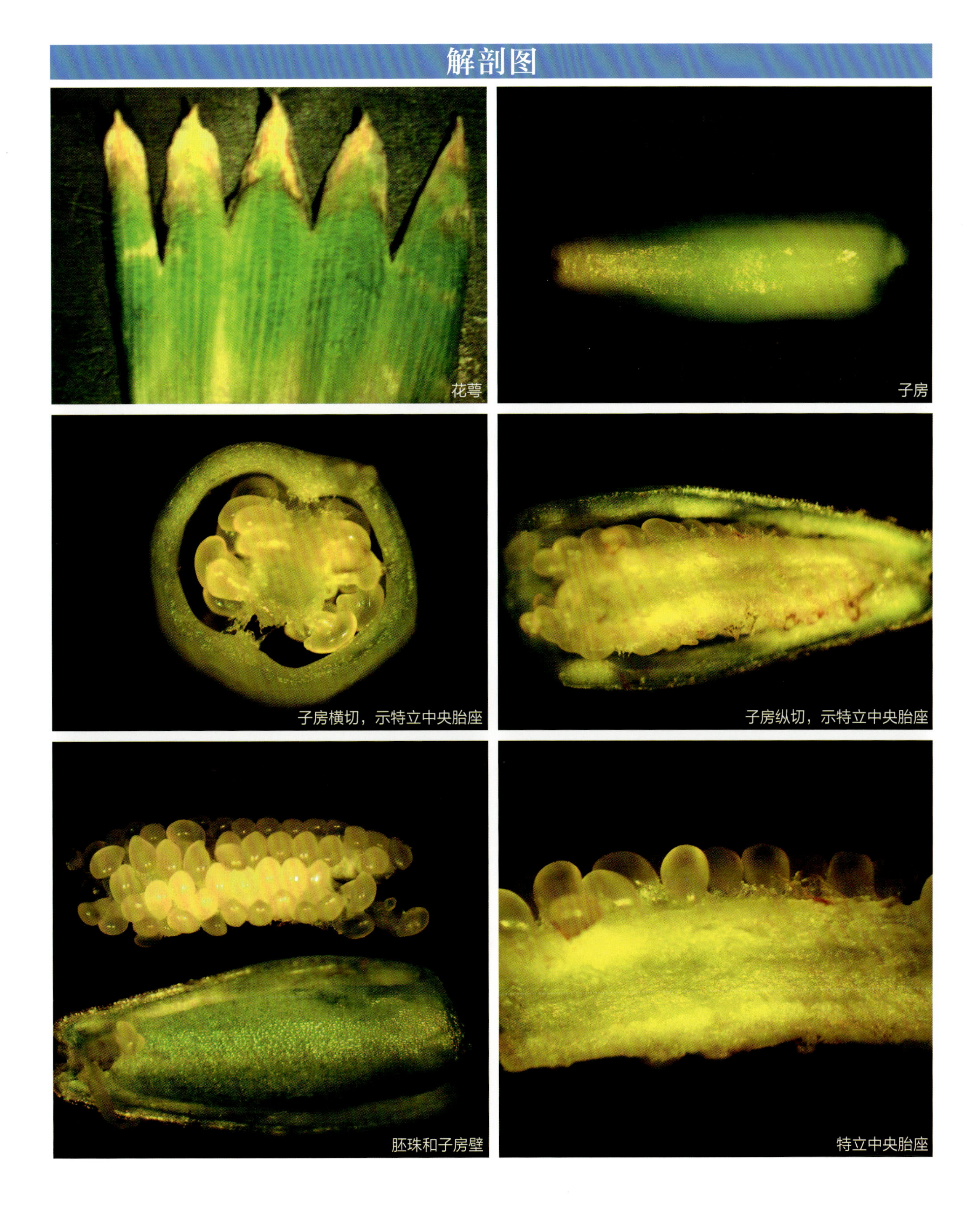

花萼

子房

子房横切，示特立中央胎座

子房纵切，示特立中央胎座

胚珠和子房壁

特立中央胎座

11.2 大花剪秋萝 Lychnis fulgens Fisch.

多年生草本，高 50 ～ 80 厘米，全株被柔毛。根簇生，纺锤形，稍肉质。茎直立，不分枝或上部分枝。叶片卵状长圆形或卵状披针形，基部圆形，稀宽楔形，不呈柄状，顶端渐尖，两面和边缘均被粗毛。二歧聚伞花序具数花，稀多数花，紧缩呈伞房状；苞片卵状披针形，草质，密被长柔毛和缘毛；花萼筒状棒形，后期上部微膨大，被稀疏白色长柔毛，沿脉较密，萼齿三角状，顶端急尖；雌雄蕊柄长约 5 毫米；花瓣深红色，爪不露出花萼，狭披针形，具缘毛，瓣片轮廓倒卵形，深 2 裂达瓣片的 1/2，裂片椭圆状条形，有时顶端具不明显的细齿，瓣片两侧中下部各具一线形小裂片；副花冠片长椭圆形，暗红色，呈流苏状；雄蕊微外露，花丝无毛。蒴果长椭圆状卵形，长 12 ～ 14 毫米。种子肾形，长约 1.2 毫米，肥厚、黑褐色，具乳凸。花期 6 ～ 7 月，果期 8 ～ 9 月。

生于低山疏林下、灌丛草甸阴湿地。

解剖图

子房

胚珠

11.3 石米努草 **Minuartia laricina** (L.) Mattf.

多年生丛生草本，高 10 ～ 30 厘米。茎仰卧，多分枝，分枝上升，无毛或被短柔毛。叶片线状钻形，长 8 ～ 15 毫米，宽 0.5 ～ 1.5 毫米，基部无柄，顶端渐尖，边缘和基部被稀疏的多细胞长缘毛，具 1 条脉，叶腋具不育短枝。花 1 ～ 5（～ 9）朵成聚伞花序，花梗长 1 ～ 2 厘米，被短毛；苞片披针形；萼片长圆状披针形，长 4 ～ 5（～ 6）毫米，顶端钝，边缘膜质，具 3 脉，无毛；花瓣白色，倒卵状长圆形，长为萼的 1.5 倍，全缘或有时微缺；雄蕊花丝下部渐宽。果长圆状锥形，长 7 ～ 10 毫米，3 瓣裂。种子扁圆形，淡褐色，表面具低条纹状凸起，种脊具流苏状齿。花期 7 ～ 8 月，果期 8 ～ 9 月。

生于海拔 430 ～ 1600 米的桦林或针叶林林缘。

解剖图

种子

胚珠

11.4 鹅肠菜 Myosoton aquaticum (L.) Moench

二年生或多年生草本，具须根。茎上升，多分枝，长 50 ～ 80 厘米，上部被腺毛。叶片卵形或宽卵形，长 2.5 ～ 5.5 厘米，宽 1 ～ 3 厘米，顶端急尖，基部稍心形，有时边缘具毛；叶柄长 5 ～ 15 毫米，上部叶常无柄或具短柄，疏生柔毛。顶生二歧聚伞花序；苞片叶状，边缘具腺毛；花梗细，长 1 ～ 2 厘米，花后伸长并向下弯，密被腺毛；萼片卵状披针形或长卵形，长 4 ～ 5 毫米，果期长达 7 毫米，顶端较钝，边缘狭膜质，外面被腺柔毛，脉纹不明显；花瓣白色，2 深裂至基部，裂片线形或披针状线形，长 3 ～ 3.5 毫米，宽约 1 毫米；雄蕊 10，稍短于花瓣；子房长圆形，花柱短，线形。蒴果卵圆形，稍长于宿存萼。种子近肾形，直径约 1 毫米，稍扁，褐色，具小疣。花期 5 ～ 8 月，果期 6 ～ 9 月。

生于海拔 350 ～ 2700 米的河流两旁冲积沙地的低湿处或灌丛林缘和水沟旁。

解剖图

11.5 肥皂草 Saponaria officinalis L.

多年生草本，高 30 ～ 70 厘米。主根肥厚，肉质；根茎细、多分枝。茎直立，不分枝或上部分枝，常无毛。叶片椭圆形或椭圆状披针形，长 5 ～ 10 厘米，宽 2 ～ 4 厘米，基部渐狭成短柄状，微合生，半抱茎，顶端急尖，边缘粗糙，两面均无毛，具 3 或 5 基出脉。聚伞圆锥花序，小聚伞花序有 3 ～ 7 花；苞片披针形，长渐尖，边缘和中脉被稀疏短粗毛；花梗长 3 ～ 8 毫米，被稀疏短毛；花萼筒状，长 18 ～ 20 毫米，直径 2.5 ～ 3.5 毫米，绿色，有时暗紫色，初期被毛，纵脉 20 条，不明显，萼齿宽卵形，具凸尖；雌雄蕊柄长约 1 毫米；花瓣白色或淡红色，爪狭长，无毛，瓣片楔状倒卵形，长 10 ～ 15 毫米，顶端微凹缺；副花冠片线形；雄蕊和花柱外露。蒴果长圆状卵形，长约 15 毫米。种子圆肾形，长 1.8 ～ 2 毫米，黑褐色，具小瘤。$2n = 28$。花期 6 ～ 9 月，果期 9 月。

东北林区有栽培。

解剖图

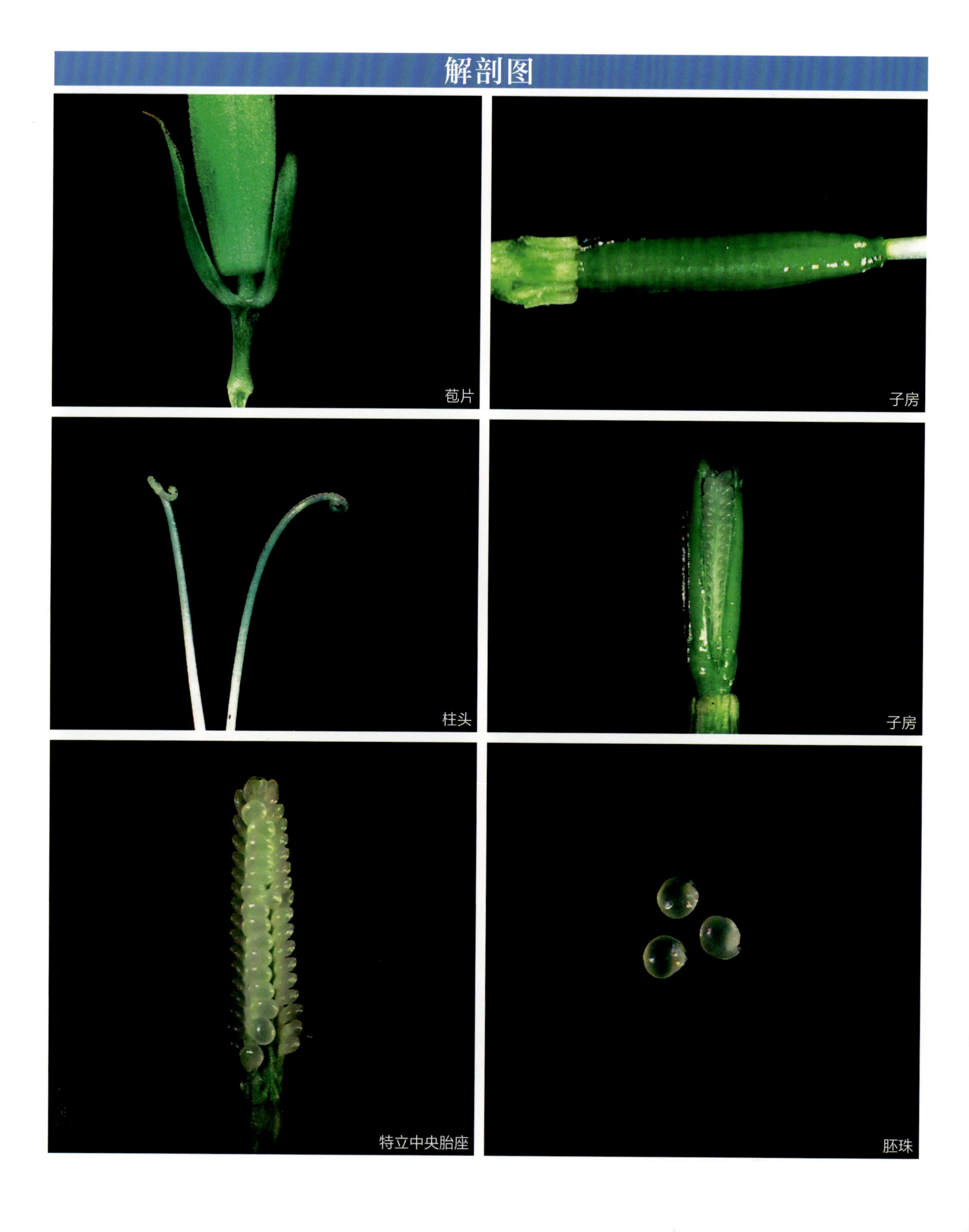

11.6 繁缕 **Stellaria media** (L.) Vill.

一年生或二年生草本，高 10 ～ 30 厘米。茎俯仰或上升，基部多少分枝，常带淡紫红色，被 1（～2）列毛。叶片宽卵形或卵形，顶端渐尖或急尖，基部渐狭或近心形，全缘；基生叶具长柄，上部叶常无柄或具短柄。疏聚伞花序顶生；花梗细弱，具 1 列短毛，花后伸长，下垂，长 7 ～ 14 毫米；萼片 5，卵状披针形，长约 4 毫米，顶端稍钝或近圆形，边缘宽膜质，外面被短腺毛；花瓣白色，长椭圆形，比萼片短，深 2 裂达基部，裂片近线形；雄蕊 3 ～ 5，短于花瓣；花柱 3，线形。蒴果卵形，稍长于宿存萼，顶端 6 裂，具多数种子。种子卵圆形至近圆形，稍扁，红褐色，直径 1 ～ 1.2 毫米，表面具半球形瘤状凸起，脊较显著。$2n$ = 40 ～ 42（～ 44）。花期 6 ～ 7 月，果期 7 ～ 8 月。

常见田间杂草，世界广布种。

解剖图

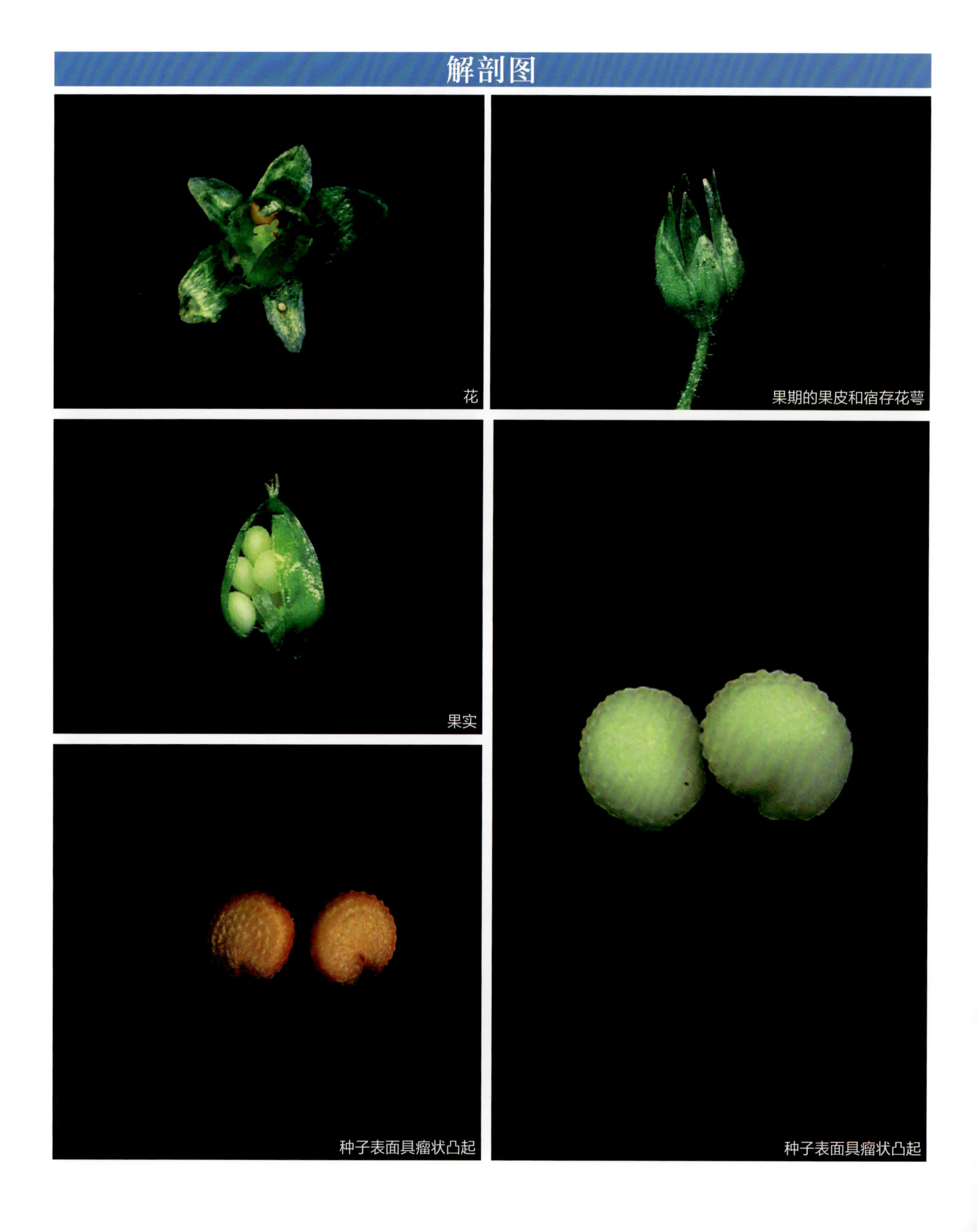

花

果期的果皮和宿存花萼

果实

种子表面具瘤状凸起

种子表面具瘤状凸起

12

藜科 Chenopodiaceae

一年生草本、半灌木、灌木，较少为多年生草本或小乔木，茎和枝有时具关节。叶互生或对生；无托叶。花为单被花，两性，较少为杂性或单性；有苞片或无苞片，或苞片与叶近同形；小苞片2，舟状至鳞片状，或无小苞片；花被膜质、草质或肉质，3（1～2）～5深裂或全裂，花被片（裂片）覆瓦状，很少排列成2轮，果时常常增大，变硬，或在背面生出翅状、刺状、疣状附属物，较少无显著变化；雄蕊与花被片（裂片）同数对生或较少，花药背着，2室，外向纵裂或侧面纵裂，顶端钝或药隔突出形成附属物；花盘或有或无；子房上位，由2～5心皮合成，离生，极少基部与花被合生，1室；花柱顶生，通常极短；柱头通常2，很少3～5；胚珠1，弯生。果实为胞果，很少为盖果。

全球100余属1400余种，主要分布于非洲（南部）、中亚、南美洲、北美洲及大洋洲的干草原、荒漠、盐碱地，以及地中海、黑海、红海沿岸。我国有39属约186种，主要分布在我国西北、内蒙古及东北，尤以新疆最为丰富。东北地区产14属54种1亚种7变种。

12.1 藜 Chenopodium album L.

一年生草本，高 30 ～ 150 厘米。茎直立，粗壮，具条棱及绿色或紫红色色条，多分枝。枝条斜升或开展。叶片菱状卵形至宽披针形，长 3 ～ 6 厘米，宽 2.5 ～ 5 厘米，先端急尖或微钝，基部楔形至宽楔形，上面通常无粉，有时嫩叶的上面有紫红色粉，下面多少有粉，边缘具不整齐锯齿；叶柄与叶片近等长，或为叶片长度的 1/2。花两性，花簇于枝上部排列成或大或小的穗状圆锥状或圆锥状花序；花被裂片 5，宽卵形至椭圆形，背面具纵隆脊，有粉，先端或微凹，边缘膜质；雄蕊 5，花药伸出花被，柱头 2。果皮与种子贴生。种子横生，双凸镜状，直径 1.2 ～ 1.5 毫米，边缘钝，黑色，有光泽，表面具浅沟纹；胚环形。花果期 5 ～ 10 月。

生于路旁、荒地及田间，为很难除掉的杂草。

解剖图

果序

果实

果实

果实，示种子和宿存花萼

种子

环形胚

13

木兰科 Magnoliaceae

木本。叶互生、簇生或近轮生，单叶不分裂，罕分裂。花顶生、腋生、罕成为2～3朵的聚伞花序；花被片通常花瓣状；雄蕊多数，子房上位，心皮多数，离生，罕合生，虫媒传粉，胚珠着生于腹缝线，胚小、胚乳丰富。

全球3族18属约335种，主要分布于亚洲东南部、南部，北部较少；北美洲（东南部）、中美洲、南美洲（北部和中部）较少。我国有14属约165种，主要分布于我国东南部至西南部，向东北部及西北部渐少。东北地区产2属6种，其中引种栽培5种。

13.1 天女木兰 **Oyama sieboldii** (K. Koch) N. H. Xia et C. Y. Wu

落叶小乔木，高可达 10 米。当年生小枝细长，淡灰褐色。叶膜质，倒卵形或宽倒卵形，先端骤狭急尖或短渐尖，基部阔楔形，上面中脉及侧脉被弯曲柔毛，下面苍白色，通常被褐色及白色多细胞毛，有散生金黄色小点，中脉及侧脉被白色长绢毛，侧脉每边 6 ～ 8 条，叶柄被褐色及白色平伏长毛，托叶痕约为叶柄长的 1/2。花与叶同时开放，白色，芳香，杯状，盛开时碟状；花梗密被褐色及灰白色平伏长柔毛，着生平展或稍垂的花朵；花被片 9，近等大，外轮 3 片长圆状倒卵形或倒卵形，基部被白色毛，顶端宽圆或圆，内两轮 6 片，较狭小，基部渐狭成短爪；雄蕊紫红色，两药室邻接，内向纵裂；雌蕊群椭圆形，绿色，长约 1.5 厘米。聚合果熟时红色，倒卵圆形或长圆体形；蓇葖果狭椭圆体形，沿背缝线二瓣全裂，顶端具长约 2 毫米的喙。种子心形，外种皮红色，内种皮褐色，顶孔细小末端具尖。花期 6 ～ 7 月，果期 8 ～ 9 月。

生于海拔 1600 ～ 2000 米的山地。

解剖图

聚合蓇葖果

外种皮和内种皮

果实横切

果实纵切

种子纵切

种子具喙

种子

外种皮和内种皮

13.2 五味子 **Schisandra chinensis** (Turcz.) Ball.

落叶木质藤本，除幼叶背面被柔毛及芽鳞具缘毛外余无毛。幼枝红褐色，老枝灰褐色，片状剥落。叶膜质，宽椭圆形，卵形或近圆形，先端急尖，基部楔形；叶柄两侧由于叶基下延成极狭的翅。雄花：花梗中部以下具狭卵形的苞片，花被片粉白色或粉红色，6～9，长圆形或椭圆状长圆形；无花丝或外3雄蕊具极短花丝，药隔凹入或稍凸出钝尖头；雄蕊仅5（～6），互相靠贴，直立排列于柱状花托顶端，形成近倒卵圆形的雄蕊群。雌花：花被片和雄花相似；雌蕊群近卵圆形，心皮17～40，子房卵圆形或卵状椭圆体形，柱头鸡冠状，下端下延成1～3毫米的附属体。聚合果，小浆果红色，近球形或倒卵圆形，果皮具不明显腺点。种子1～2粒，肾形，淡褐色，种皮光滑，种脐明显凹入成“U”型。花期5～7月，果期7～10月。

生于海拔1200～1700米的沟谷、溪旁、山坡。

解剖图

14

毛茛科 Ranunculaceae

多年生或一年生草本，少有灌木或木质藤本。叶通常互生或基生，少数对生，单叶或复叶，无托叶；叶脉掌状，偶尔羽状，网状联结，少有开放的两叉状分枝。花两性，少有单性，雌雄同株或雌雄异株，辐射对称，稀为两侧对称，单生或组成各种聚伞花序或总状花序；萼片下位，4～5；花瓣存在或不存在，下位，4～5，或较多，常有蜜腺并常特化成分泌器官，呈杯状、筒状、二唇状，基部常有囊状或筒状的距；雄蕊下位，多数，有时少数，螺旋状排列，花药2室，纵裂；退化雄蕊有时存在；心皮分生，少有合生，多数、少数或1，在多少隆起的花托上螺旋状排列或轮生，沿花柱腹面生柱头组织，柱头不明显或明显；胚珠多数、少数至1，倒生。果实为蓇葖果或瘦果，少数为蒴果或浆果。种子有小的胚和丰富胚乳。

全球约50属2000余种，在世界各洲广布，主要分布在北半球温带和寒温带。我国有42属（包含引种的1个属——黑种草属）约720种，在全国广布，大多数属、种分布于西南部山地。东北地区产18属135种1亚种22变种16变型。

14.1 北乌头 **Aconitum kusnezoffii** Rchb.

多年生草本。块根圆锥形或胡萝卜形，粗 7 ～ 10 厘米。茎无毛，等距离生叶，通常分枝。茎下部叶有长柄，在开花时枯萎；茎中部叶有稍长柄或短柄；叶片纸质或近革质，五角形，基部心形，3 全裂，中央全裂片菱形，渐尖，近羽状分裂，小裂片披针形，侧全裂片斜扇形，不等 2 深裂，表面疏被短曲毛，背面无毛；叶柄长为叶片的 1/3 ～ 2/3，无毛。顶生总状花序具 9 ～ 22 花，通常与其下的腋生花序形成圆锥花序；轴和花梗无毛；下部苞片 3 裂，其他苞片长圆形或线形；小苞片生花梗中部或下部，线形或钻状线形；萼片外面有疏曲柔毛或几无毛，上萼片盔形或高盔形，有短或长喙，下萼片长圆形；花瓣无毛，瓣片宽 3 ～ 4 毫米，唇长 3 ～ 5 毫米，距长 1 ～ 4 毫米，向后弯曲或近拳卷；雄蕊无毛，花丝全缘或有 2 小齿；心皮（4 ～）5，无毛。蓇葖果直。种子扁椭圆球形，沿棱具狭翅，只在一面生横膜翅。7 ～ 9 月开花，果期 7 ～ 9 月。

在内蒙古南部生于海拔 1000 ～ 2400 米的山地草坡或疏林中，在内蒙古北部、吉林及黑龙江等地生于海拔 200 ～ 450 米的山坡或草甸上。

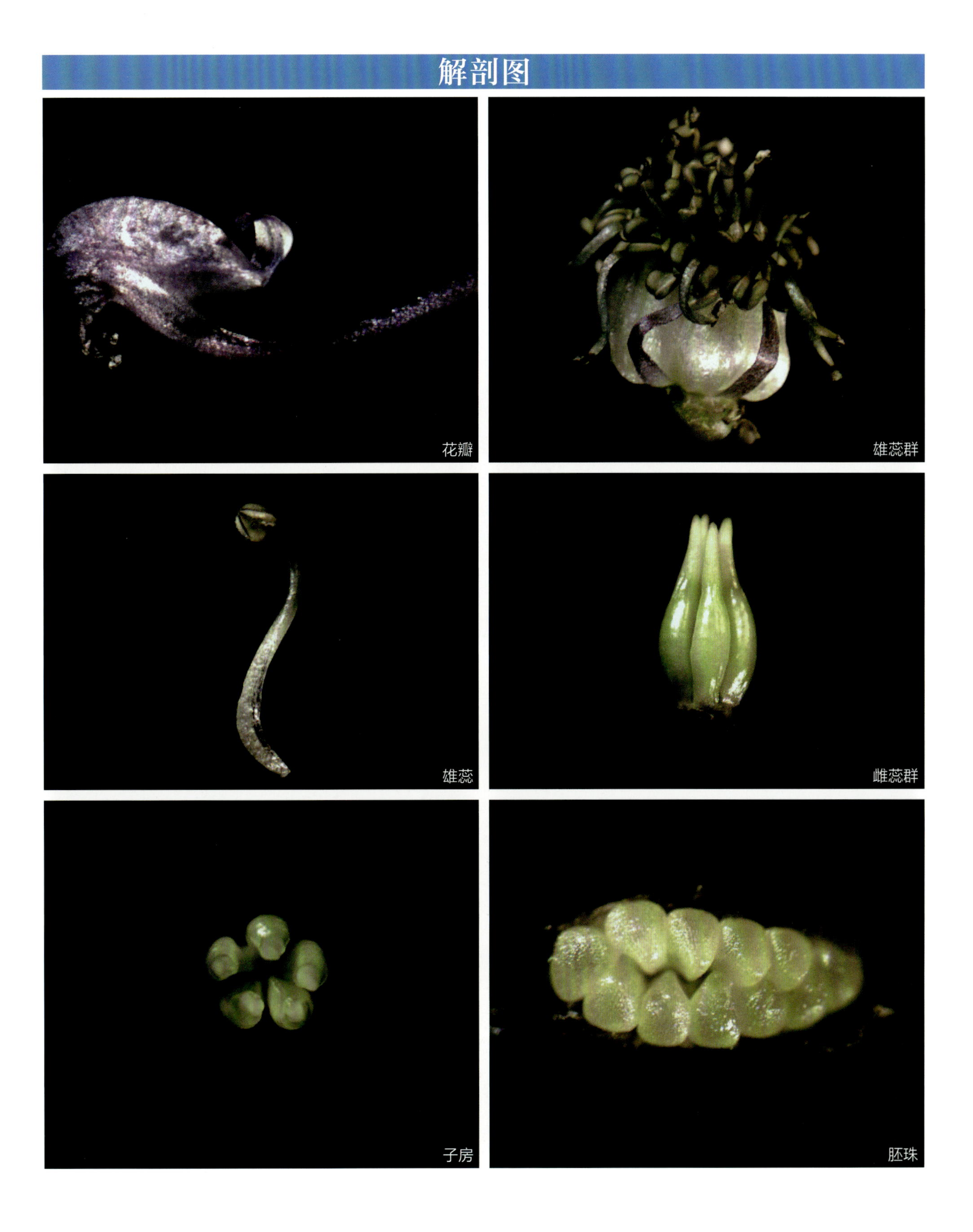
解剖图
花瓣
雄蕊群
雄蕊
雌蕊群
子房
胚珠

14.2 类叶升麻 **Actaea asiatica** H. Hara

多年生草本。根状茎横走，质坚实，外皮黑褐色，生多数细长的根。茎高 30 ～ 80 厘米，圆柱形，微具纵棱，下部无毛，中部以上被白色短柔毛，不分枝。叶 2 ～ 3，茎下部的叶为三回三出近羽状复叶，具长柄；叶片三角形；顶生小叶卵形至宽卵状菱形，三裂边缘有锐锯齿，侧生小叶卵形至斜卵形，表面近无毛，背面变无毛；茎上部叶的形状似茎下部叶，但较小，具短柄。总状花序，轴和花梗密被白色或灰色短柔毛；苞片线状披针形，长约 2 毫米；花梗长 5 ～ 8 毫米；萼片倒卵形，花瓣匙形，下部渐狭成爪；心皮与花瓣近等长。果序与茎上部叶等长或超出上部叶；果实紫黑色，直径约 6 毫米。种子约 6 粒，卵形，有 3 纵棱，长约 3 毫米，宽约 2 毫米，深褐色。5 ～ 6 月开花，7 ～ 9 月结果。

生于海拔 350 ～ 3100 米的山地林下或沟边阴处、河边湿草地。

解剖图

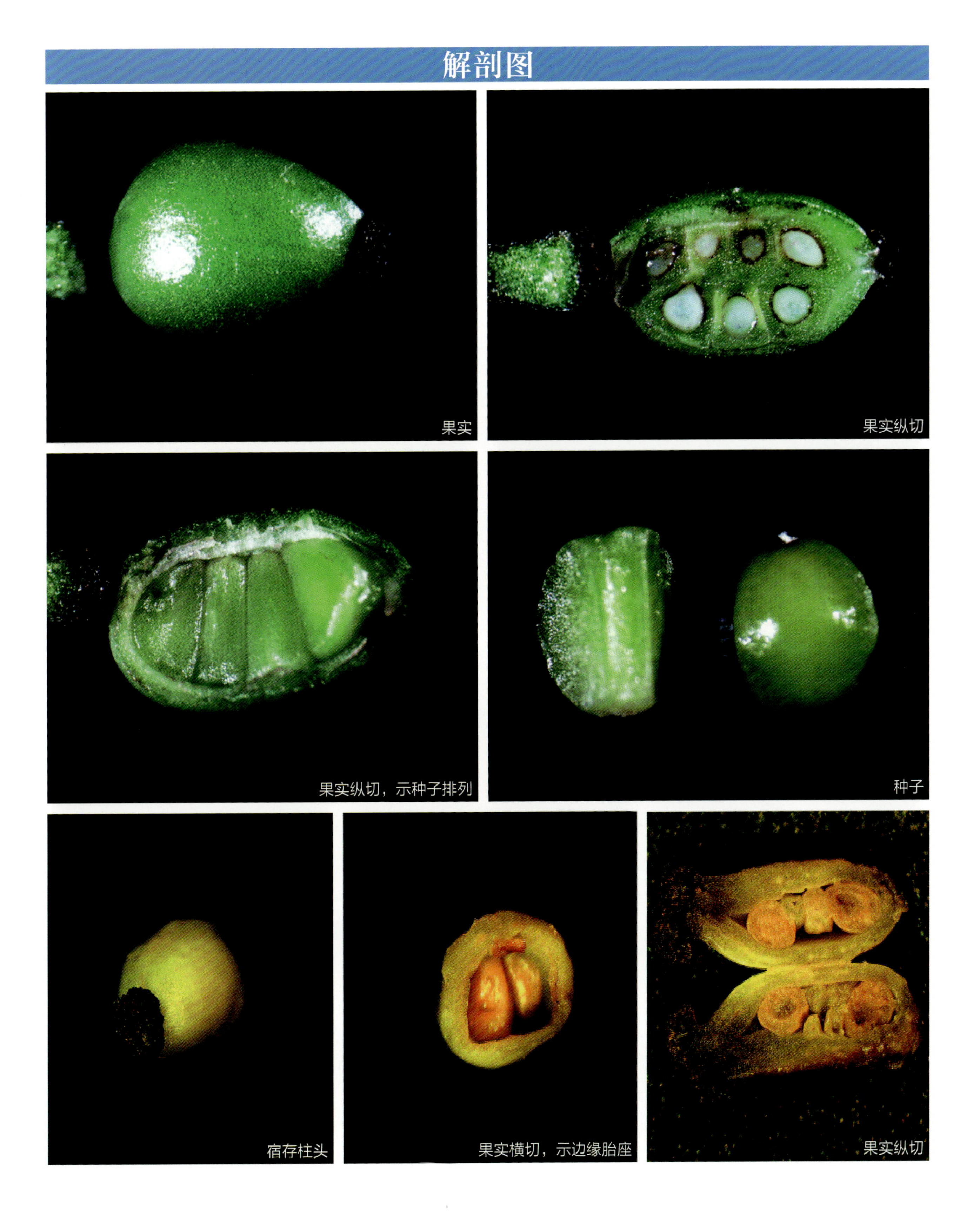

果实

果实纵切

果实纵切，示种子排列

种子

宿存柱头

果实横切，示边缘胎座

果实纵切

14.3 侧金盏花 *Adonis amurensis* Regel et Radde

多年生草本。根状茎短粗，具多数须根；茎近基部具数个淡褐色或白色的膜质鞘。叶在花后长大，下部叶具长柄，无毛；叶片三角形，三回羽状全裂，一回裂片 2～3 对，末回裂片狭卵形至披针形，具短尖。花单个，顶生；萼片约 9，白色或淡紫色，狭倒卵形，与花瓣近等长；花瓣约 10，黄色，矩圆形或倒卵状矩圆形；雄蕊多数，无毛；心皮多数，子房被微柔毛；花柱向外弯曲，柱头小，球形。瘦果倒卵形，被短柔毛，宿存花柱弯曲。花期 3～4 月，果期 4～5 月。

生于山坡、草甸及林下较肥沃处，为早春开花植物。喜半阴、湿润、肥沃土壤，耐寒，忌酷热。以种子及根状茎繁殖。

解剖图

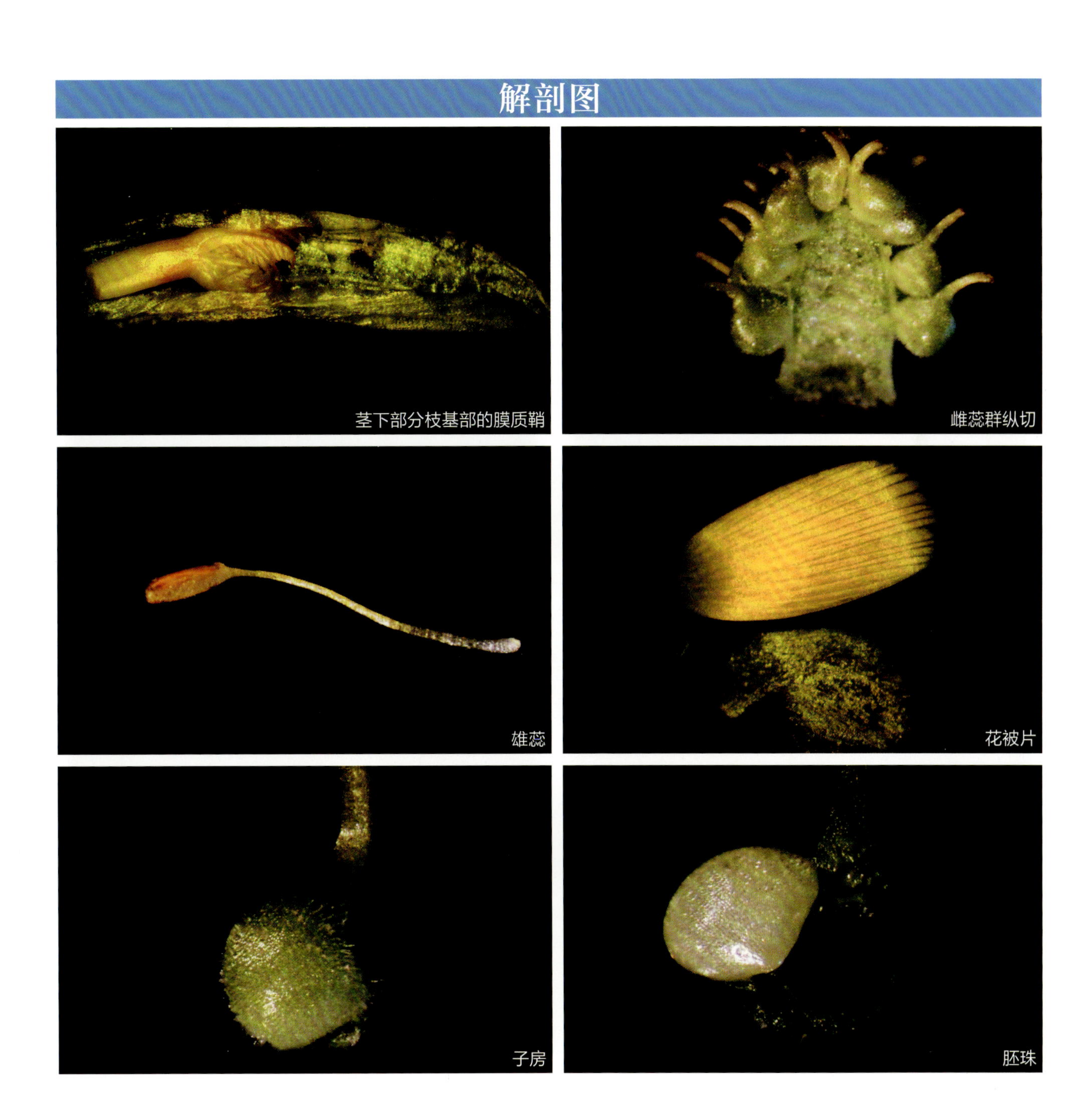

茎下部分枝基部的膜质鞘

雌蕊群纵切

雄蕊

花被片

子房

胚珠

14.4 耧斗菜 Aquilegia viridiflora Pall.

多年生草本。根圆柱形。茎高 15 ～ 50 厘米，上部常分枝，被短柔毛和腺毛。基生叶为二回三出复叶；小叶具 1 ～ 6 毫米的短柄，楔状倒卵形，宽几相等或更宽，3 裂，裂片常具 2 ～ 3 圆齿，表面绿色，无毛，背面淡绿色至粉绿色，下面疏生短柔毛或几无毛；叶柄疏被柔毛或无毛，基部有鞘；茎生叶较小。花序具 3 ～ 7 花，倾斜或微下垂；苞片 3 全裂；花梗长 2 ～ 7 厘米；萼片 5，黄绿色，卵形，顶端微钝，外面被柔毛；花瓣 5，黄绿色，瓣片顶端近截形，距长 1.2 ～ 1.8 厘米，直或稍弯；雄蕊伸出，多数；花药长椭圆形，黄色；退化雄蕊膜质，线状长椭圆形；子房密生腺毛，花柱与子房近等长。种子黑色，狭倒卵形，具微凸起的纵棱。花期 5 ～ 7 月，果期 7 ～ 8 月。

生于海拔 200 ～ 2300 米的山间地旁、河边和潮湿草地。

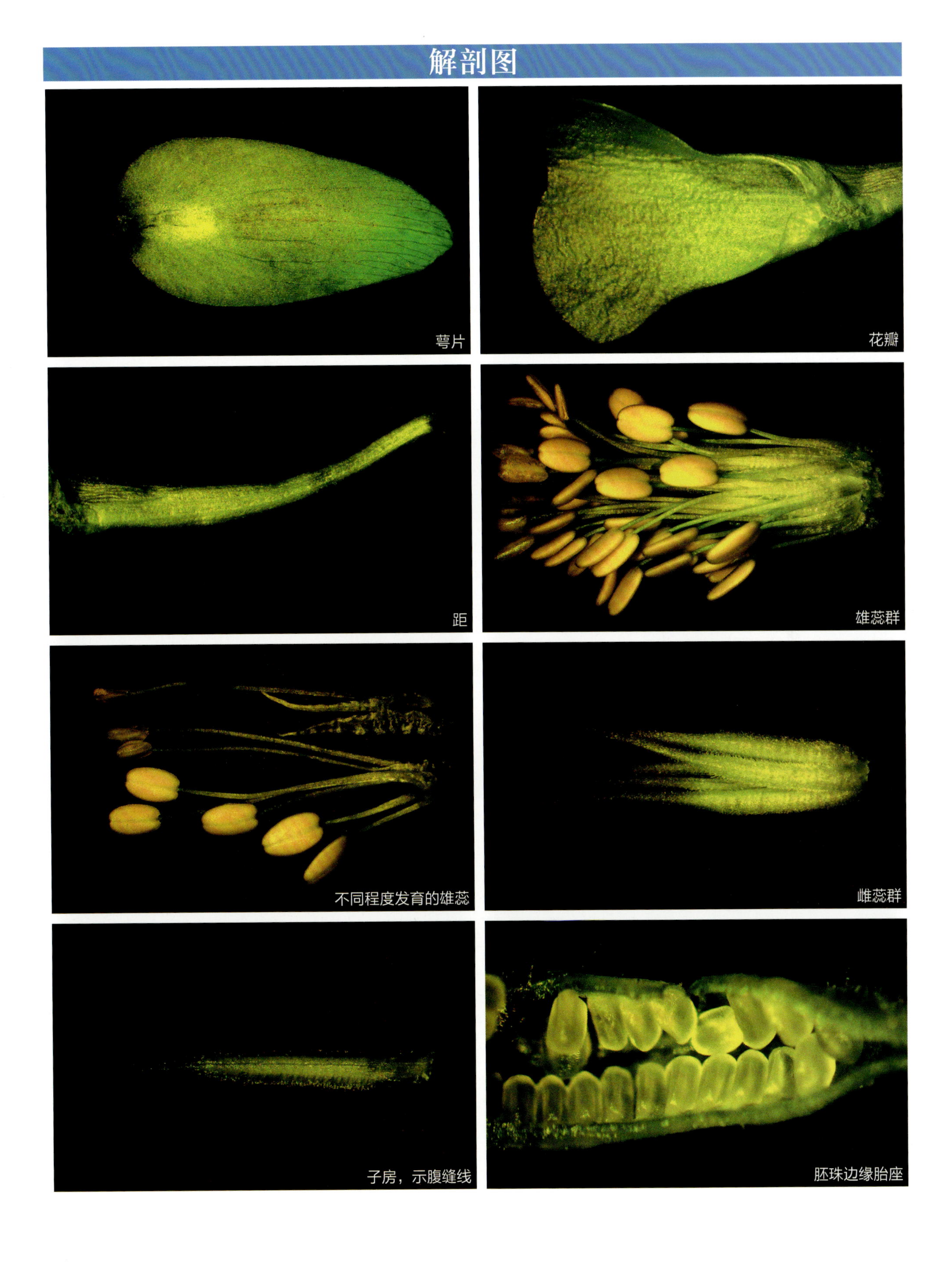
解剖图
萼片
花瓣
距
雄蕊群
不同程度发育的雄蕊
雌蕊群
子房，示腹缝线
胚珠边缘胎座

14.5 大三叶升麻 *Cimicifuga heracleifolia* Kom.

多年生草本。根状茎粗壮，表面黑色，有许多下陷圆洞状的老茎残痕。茎高1米或更高，下部微具槽，无毛。下部的茎生叶为二回三出复叶，无毛；叶片稍带革质，三角状卵形；顶生小叶倒卵形至倒卵状椭圆形，顶端3浅裂，基部圆形、圆楔形或微心形，边缘有粗齿，侧生小叶通常斜卵形，比顶生小叶为小，无毛，或背面沿脉疏被白色柔毛；茎上部叶通常为一回三出复叶。花序具2～9条分枝，分枝和花序轴所成的角度通常小于45°；轴及花梗被灰色腺毛和柔毛；苞片钻形；萼片黄白色，倒卵状圆形至宽椭圆形；退化雄蕊椭圆形，顶部白色，近膜质，通常全缘；花丝丝形；心皮3～5，有短柄，无毛。蓇葖果下部有长约1毫米的细柄。种子通常2粒，四周生膜质的鳞翅。8～9月开花，9～10月结果。

生于山坡草丛或灌木丛中。

解剖图

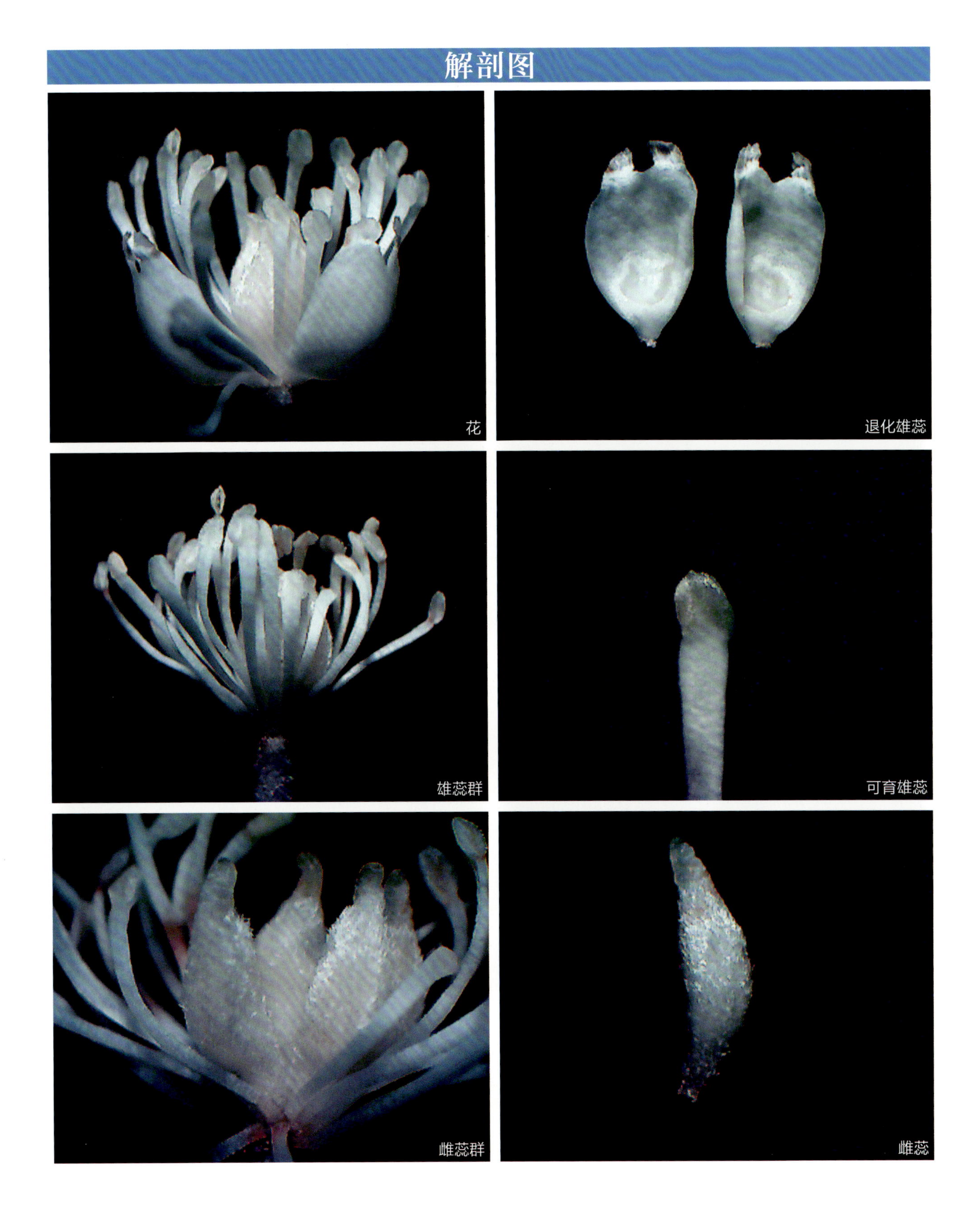

花　退化雄蕊

雄蕊群　可育雄蕊

雌蕊群　雌蕊

14.6 大叶铁线莲 *Clematis heracleifolia* DC.

直立半灌木，高达1米，有粗大的主根，木质化，表面棕黄色。茎粗壮，有明显的纵条纹，有短柔毛。叶对生，为三出复叶；中央小叶具长柄，宽卵形，近无毛，先端急尖，不分裂或3浅裂，边缘有粗锯齿，齿尖有短尖头，上面暗绿色，近于无毛，下面有曲柔毛，尤以叶脉上为多，主脉及侧脉在上面平坦，下面显著隆起；侧生小叶近无柄，较小。花序腋生或顶生；黄更粗壮，有淡白色的糙绒毛；花排列成2～3轮；花萼管状，萼片4，蓝色，上部向外弯曲，外面生白色短柔毛；无花瓣；雄蕊多数，有短柔毛，花丝条形。瘦果倒卵形，扁，花柱羽毛状。花期8～9月，果期10月。

常生于山坡沟谷、林边及路旁的灌丛中。

解剖图

14.7 菟葵 *Eranthis stellata* Maxim.

一年生草本。根状茎球形。基生叶1或不存在，有长柄，无毛；叶片圆肾形，3全裂。花葶高达20厘米，无毛；苞片在开花时尚未完全展开，花谢后深裂成披针形或线状披针形的小裂片，无毛；花梗通常有开展的短柔毛；萼片黄色，狭卵形或长圆形，顶端微钝，无毛；花瓣约10，长3.5～5毫米，漏斗形，基部渐狭成短柄，上部二叉状；雄蕊无毛；心皮6～9，与雄蕊近等长，子房通常有短毛。蓇葖果星状展开，有短柔毛，喙细，心皮柄长约2毫米。种子暗紫色，近球形，种皮表面有皱纹。3～4月开花，5月结果。

生于山地林中或林边草地荫处。

解剖图

花后展开的苞片　除去萼片的花各部　萼片和花瓣

不同发育程度的雄蕊　雄蕊　花药纵裂

特化花瓣　雌蕊群　子房

胚珠着生于腹缝线上　胚珠　倒生胚珠

14.8 蓝堇草 Leptopyrum fumarioides (L.) Rchb.

一年生草本。直根细长，粗径 2 ～ 3.5 毫米，生少数侧根。茎（2 ～）4 ～ 9（～ 17）条，多少斜升，生少数分枝，高 8 ～ 30 厘米。基生叶多数，无毛；叶片轮廓三角状卵形，3 全裂，中全裂片等边菱形，下延成的细柄，常再 3 深裂，深裂片长椭圆状倒卵形至线状狭倒卵形，常具 1 ～ 4 个钝锯齿，侧全裂片通常无柄，不等二深裂；茎生叶 1 ～ 2，小。花小，花梗纤细，萼片椭圆形，淡黄色，具 3 条脉，顶端钝或急尖；花瓣近二唇形，上唇顶端圆，下唇较短；雄蕊通常 10 ～ 15，花药淡黄色；心皮 6 ～ 20，无毛。蓇葖果直立，线状长椭圆形。种子 4 ～ 14 粒，卵球形或狭卵球形。5 ～ 6 月开花，6 ～ 7 月结果。

生于海拔 100 ～ 1440 米的田边、路边或干燥草地上。

解剖图

14.9 长瓣金莲花 Trollius macropetalus (Regel) F. Schmidt

多年生草本。植株全部无毛。茎高 70 ～ 100 厘米，疏生 3 ～ 4 叶。基生叶 2 ～ 4，长 20 ～ 38 厘米，有长柄；叶片长 5.5 ～ 9.2 厘米，宽 11 ～ 16 厘米，与短瓣金莲花及金莲花的叶片均极相似。花直径 3.5 ～ 4.5 厘米；萼片 5 ～ 7，金黄色，干时变橙黄色，宽卵形或倒卵形，顶端圆形，生不明显小齿，长 1.5 ～ 2（～ 2.5）厘米，宽 1.2 ～ 1.5 厘米；花瓣 14 ～ 22，在长度方面稍超过萼片或超出萼片达 8 毫米，有时与萼片近等长，狭线形，顶端渐变狭，常尖锐，长 1.8 ～ 2.6 厘米，宽约 1 毫米；雄蕊长 1 ～ 2 厘米，花药长 3.5 ～ 5 毫米；心皮 20 ～ 40。蓇葖果长约 1.3 厘米，宽约 4 毫米，喙长 3.5 ～ 4 毫米。种子狭倒卵球形，长约 1.5 毫米，黑色，具 4 棱角。7 ～ 9 月开花，7 月开始结果。

生于海拔 450 ～ 600 米的湿草地。

解剖图

雄蕊

花药纵裂

子房

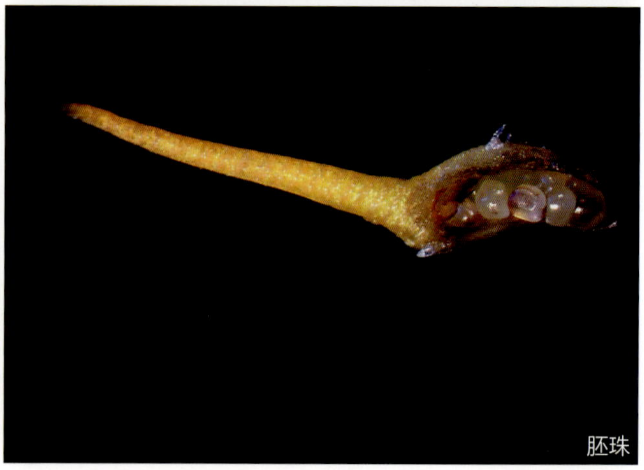

胚珠

15

小檗科 Berberidaceae

灌木或多年生草本，稀小乔木，常绿或落叶，有时具根状茎或块茎。茎具刺或无。叶互生，稀对生或基生，单叶或一至三回羽状复叶；托叶存在或缺；叶脉羽状或掌状。花序顶生或腋生，花单生，簇生或组成总状花序，穗状花序，伞形花序，聚伞花序或圆锥花序；花具花梗或无；花两性，辐射对称，小苞片存在或缺如，花被通常 3 基数，偶 2 基数，稀缺如；萼片 6～9，常花瓣状，离生，2～3 轮；花瓣 6，扁平，盔状或呈距状，或变为蜜腺状，基部有蜜腺或缺；雄蕊与花瓣同数而对生，花药 2 室，瓣裂或纵裂；子房上位，1 室，胚珠多数或少数，稀 1，基生或侧膜胎座，花柱存在或缺，有时结果时缩存。浆果，蒴果，蓇葖果或瘦果。种子 1 至多数，有时具假种皮；富含胚乳；胚大或小。

全球 17 属约 650 种，主要分布于北温带和亚热带高山地区。中国有 11 属约 320 种。全国各地均有分布，但以四川、云南、西藏种类最多。东北地区产 5 属 9 种 1 变型，其中栽培 1 种 1 变型。

15.1 朝鲜淫羊藿 *Epimedium brevicornu* Maxim.

多年生草本，植株高 20 ～ 60 厘米。根状茎粗短，木质化，暗棕褐色。二回三出复叶基生和茎生，具 9 小叶；基生叶 1 ～ 3 丛生，具长柄，茎生叶 2，对生；小叶纸质或厚纸质，卵形或阔卵形，长 3 ～ 7 厘米，宽 2.5 ～ 6 厘米，先端急尖或短渐尖，基部深心形，顶生小叶基部裂片圆形，近等大，侧生小叶基部裂片稍偏斜，急尖或圆形，上面常有光泽，网脉显著，背面苍白色，光滑或疏生少数柔毛，基出 7 脉，叶缘具刺齿。花茎具 2 对生叶，圆锥花序长 10 ～ 35 厘米，具 20 ～ 50 花，序轴及花梗被腺毛；花梗长 5 ～ 20 毫米；花白色或淡黄色；萼片 2 轮，外萼片卵状三角形，暗绿色，长 1 ～ 3 毫米，内萼片披针形，白色或淡黄色，长约 10 毫米，宽约 4 毫米；花瓣远较内萼片短，距呈圆锥状，长仅 2 ～ 3 毫米，瓣片很小；雄蕊长 3 ～ 4 毫米，伸出，花药长约 2 毫米，瓣裂。蒴果长约 1 厘米，宿存花柱喙状，长 2 ～ 3 毫米。花期 5 ～ 6 月，果期 6 ～ 8 月。

生于海拔 650 ～ 3500 米的林下、沟边灌丛中或山坡阴湿处。

解剖图

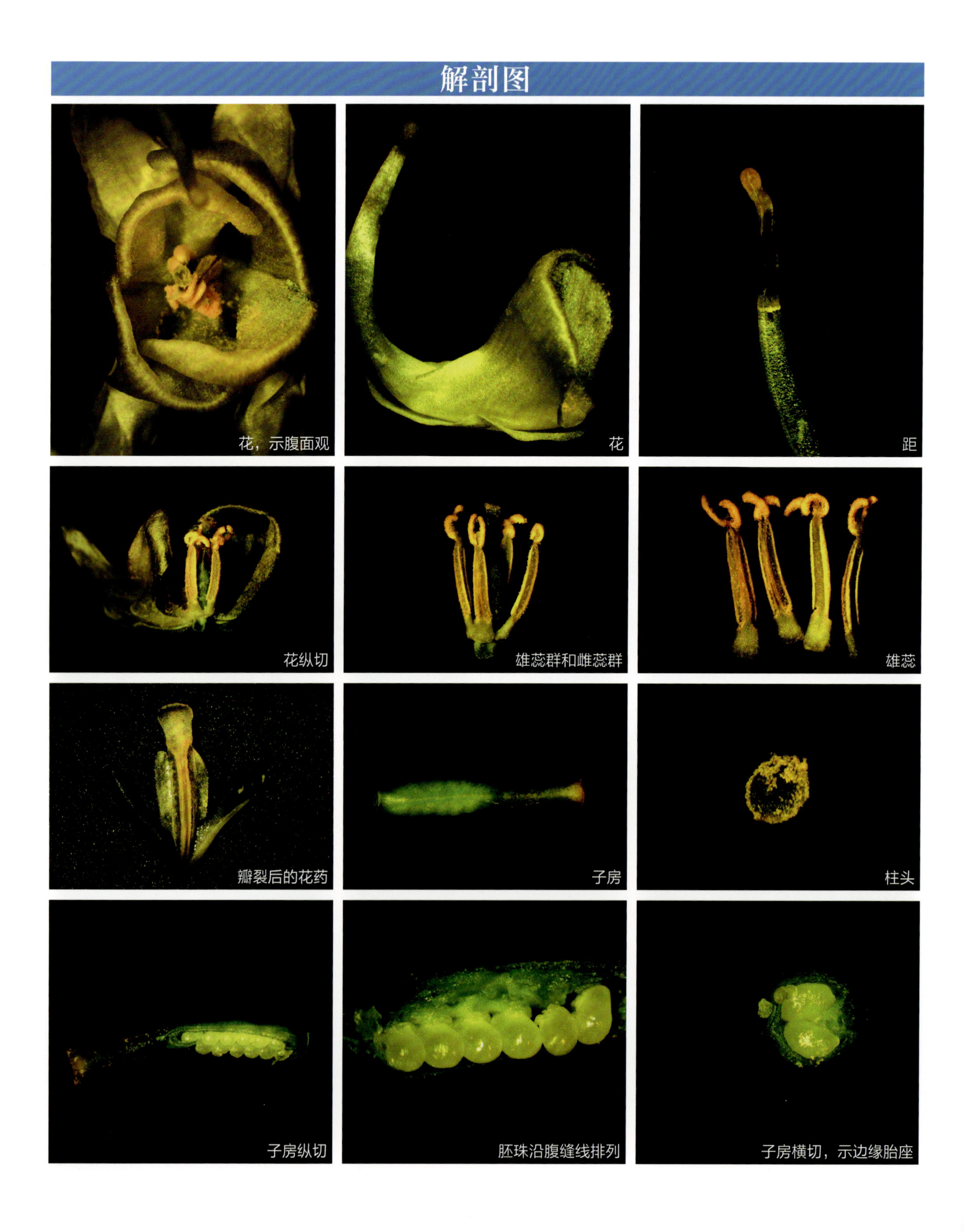
花，示腹面观
花
距
花纵切
雄蕊群和雌蕊群
雄蕊
瓣裂后的花药
子房
柱头
子房纵切
胚珠沿腹缝线排列
子房横切，示边缘胎座

15.2 鲜黄连 **Plagiorhegma dubia** Maxim.

多年生草本，植株高 10 ～ 30 厘米，光滑无毛。根状茎细瘦，密生细而有分枝的须根，横切面鲜黄色，生叶 4 ～ 6；地上茎缺如。单叶，膜质，叶片轮廓近圆形，长 6 ～ 8 厘米，宽 9 ～ 10 厘米，先端凹陷，具一针刺状突尖，基部深心形，边缘微波状或全缘，掌状脉 9 ～ 11，背面灰绿色；叶柄长 10 ～ 30 厘米，无毛。花葶长 15 ～ 20 厘米；花单生，淡紫色；萼片 6，花瓣状，紫红色，长圆状披针形，长约 6 毫米，具条纹，无毛，早落；花瓣 6，倒卵形，基部渐狭，长约 1 厘米，宽约 0.6 厘米；雄蕊 6，长约 6 毫米，花丝扁平，长约 2 毫米，花药长约 4 毫米；雌蕊长约 4 毫米，无毛，花柱长约 2 毫米，柱头浅杯状，边缘皱波状，胚珠多数。蒴果纺锤形，长约 1.5 厘米，黄褐色，自顶部往下纵斜开裂，宿存花柱长约 3 毫米。种子多数，黑色。花期 5 ～ 6 月，果期 9 ～ 10 月。

生于海拔 500 ～ 1040 米的针叶林下、杂木林下、灌丛中或山坡阴湿处。

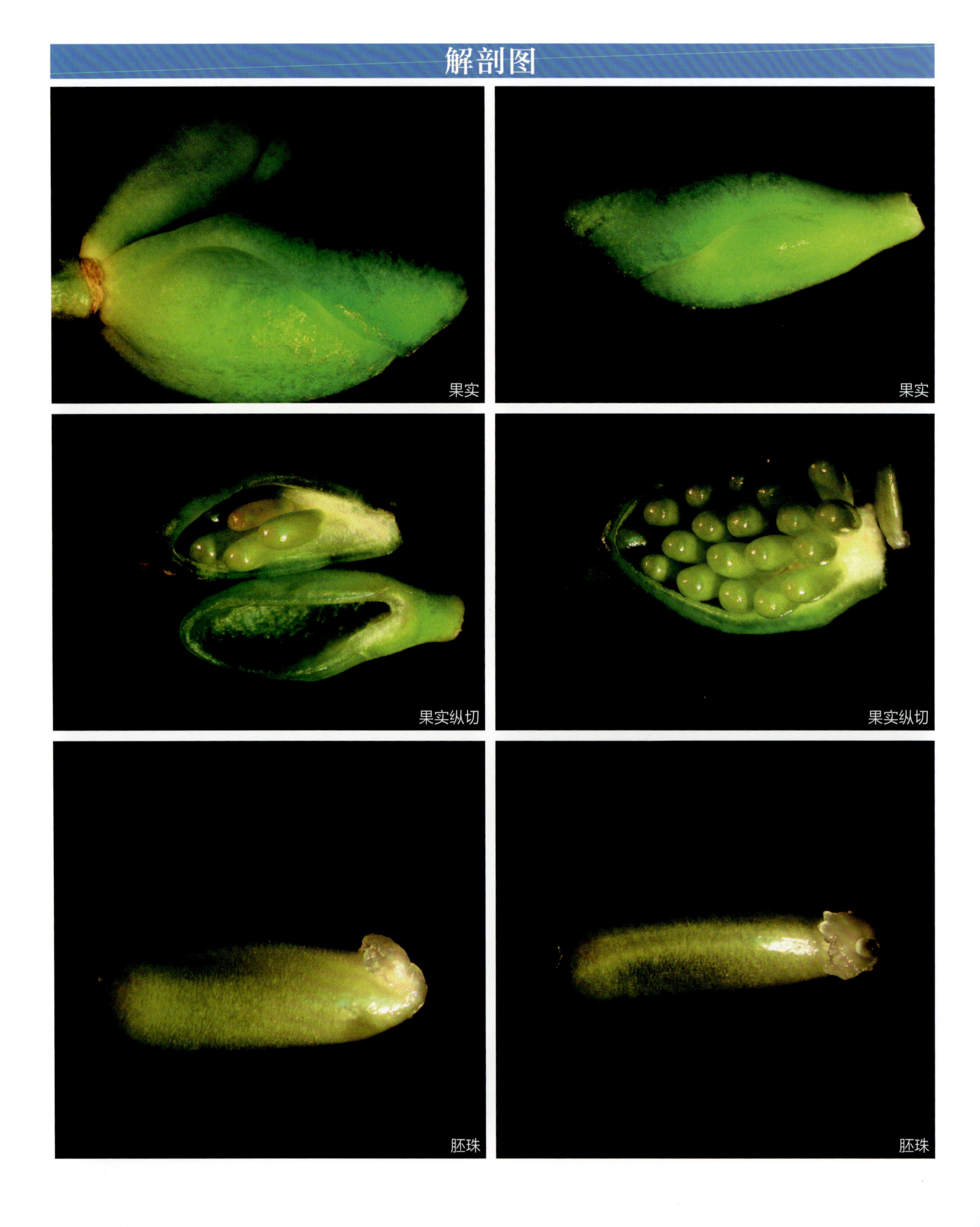
解剖图
果实
果实
果实纵切
果实纵切
胚珠
胚珠

16

金粟兰科 Chloranthaceae

草本、灌木或小乔木。单叶对生，具羽状叶脉，边缘有锯齿；叶柄基部常合生；托叶小。花小，两性或单性，排成穗状花序、头状花序或圆锥花序，无花被或在雌花中有浅杯状3齿裂的花被（萼管）；两性花具雄蕊1或3，着生于子房的一侧，花丝不明显，药隔发达，有3雄蕊时，药隔下部互相结合或仅基部结合或分离，花药2室或1室，纵裂；雌蕊1，由1心皮组成，子房下位，1室，含1粒下垂的直生胚珠，无花柱或有短花柱；单性花其雄花多数，雄蕊1；雌花少数，有与子房贴生的3齿萼状花被。核果卵形或球形，外果皮多少肉质，内果皮硬。种子含丰富的胚乳和微小的胚。

全球5属约70种，分布于热带和亚热带。我国有3属16种5变种，南北均产。东北地区产1属1种。

16.1 银线草 Chloranthus japonicus Siebold

多年生草本，高 20 ～ 49 厘米。根状茎多节，横走，分枝，生多数细长须根，有香气；茎直立，单生或数个丛生，不分枝，下部节上对生 2 片鳞状叶。叶对生，通常 4 片生于茎顶，成假轮生，纸质，宽椭圆形或倒卵形，顶端急尖，基部宽楔形，边缘有齿牙状锐锯齿，齿尖有一腺体，近基部或 1/4 以下全缘，腹面有光泽，两面无毛，侧脉 6 ～ 8 对，网脉明显；叶柄长 8 ～ 18 毫米；鳞状叶膜质，三角形或宽卵形。穗状花序单一，顶生，连总花梗长 3 ～ 5 厘米；苞片三角形或近半圆形；花白色；雄蕊 3，药隔基部联合，着生于子房上部外侧；中央药隔无花药，两侧药隔各有 1 个 1 室的花药；药隔延伸成线形，长约 5 毫米，水平伸展或向上弯，药室在药隔的基部；子房卵形，无花柱，柱头截平。核果近球形或倒卵形，具柄，绿色。花期 4 ～ 5 月，果期 5 ～ 7 月。

生于海拔 500 ～ 2300 米的山坡或山谷杂木林下阴湿处或沟边草丛中。

解剖图

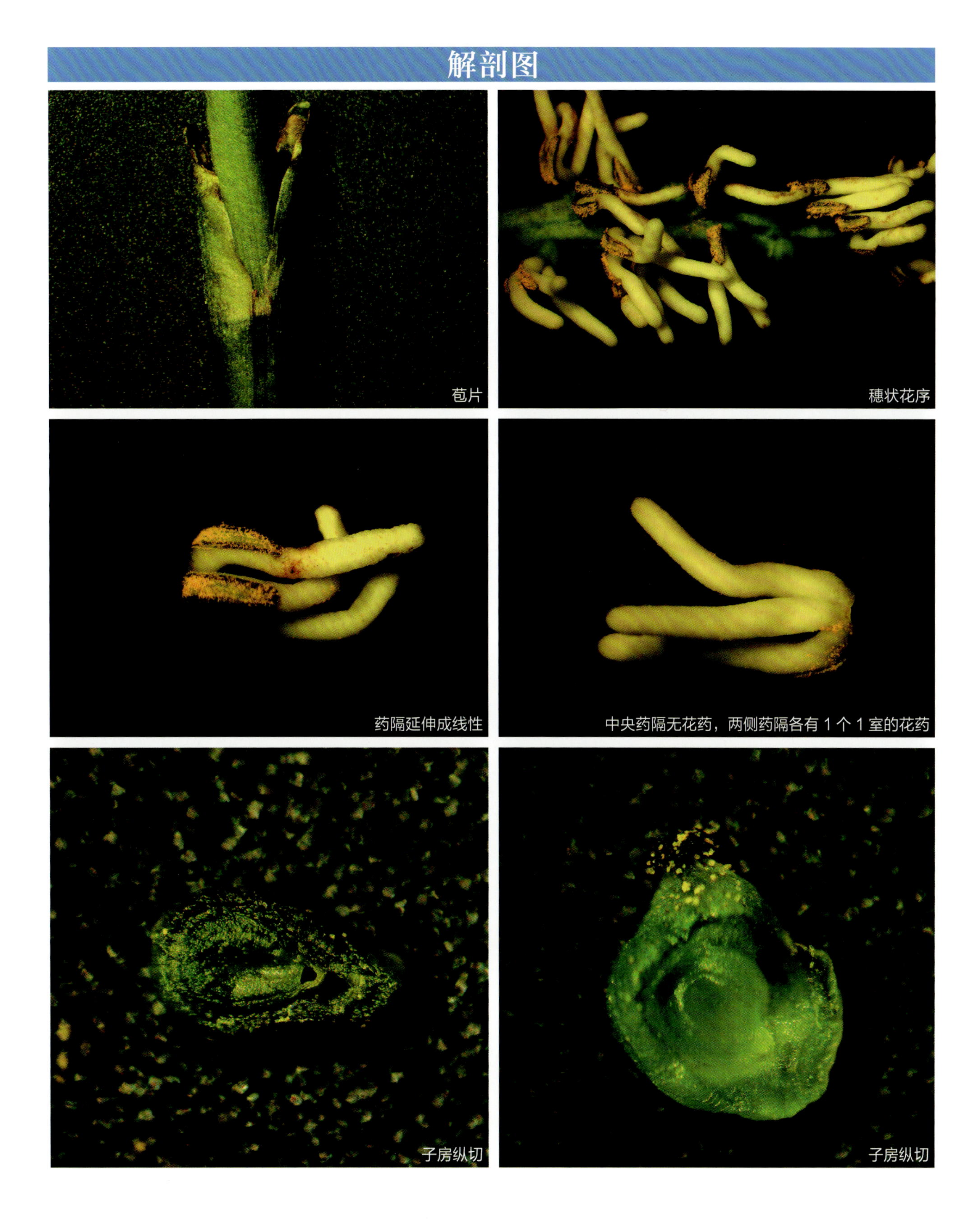

苞片

穗状花序

药隔延伸成线性

中央药隔无花药，两侧药隔各有 1 个 1 室的花药

子房纵切

子房纵切

17

马兜铃科 Aristolochiaceae

草质或木质藤本、灌木或多年生草本，稀乔木；根、茎和叶常有油细胞。单叶、互生，具柄，叶片全缘或3～5裂，基部常心形，无托叶。花两性，有花梗，单生、簇生或排成总状、聚伞状或伞房花序，顶生、腋生或生于老茎上，花色通常艳丽而有腐肉臭味；花被辐射对称或两侧对称，花瓣状，1轮，稀2轮，花被管钟状、瓶状、管状、球状或其他形状；檐部圆盘状、壶状或圆柱状，具整齐或不整齐3裂，或为向一侧延伸成1～2舌片，裂片镊合状排列；雄蕊6至多数，1或2轮；花丝短，离生或与花柱、药隔合生成合蕊柱；花药2室，平行，外向纵裂；子房下位，稀半下位或上位，4～6室或为不完全的子房室，稀心皮离生或仅基部合生；花柱短而粗厚，离生或合生而顶端3～6裂；胚珠每室多颗，倒生，常1～2行叠置，中轴胎座或侧膜胎座内侵。蒴果蓇葖果状、长角果状或为浆果状。种子多数，常藏于内果皮中，通常长圆状倒卵形、倒圆锥形、椭圆形、钝三棱形，扁平或背面凸而腹面凹入，种皮脆骨质或稍坚硬，平滑、具皱纹或疣状突起，种脊海绵状增厚或翅状，胚乳丰富，胚小。

全球约8属600种，主要分布于热带和亚热带，以南美洲较多，温带少数。我国产4属71种6变种4变型，除华北和西北干旱地区外，全国各地均有分布。东北地区产2属4种。

17.1 木通马兜铃 **Aristolochia manshuriensis** Kom.

木质藤本，长达 10 余米。嫩枝深紫色，密生白色长柔毛。茎皮灰色，老茎基部直径 2 ～ 8 厘米，表面散生淡褐色长圆形皮孔，具纵皱纹或老茎具增厚又呈长条状纵裂的木栓层。叶革质，心形或卵状心形，顶端钝圆或短尖，基部心形至深心形；基出脉 5 ～ 7，侧脉每边 2 ～ 3，第三级小脉近横出，彼此平行而明显；叶柄长 6 ～ 8 厘米，略扁。花单朵，稀 2 朵聚生于叶腋；花梗长 1.5 ～ 3 厘米，常向下弯垂，中部具小苞片；小苞片卵状心形或心形，近无柄；花被管中部马蹄形弯曲，下部管状，弯曲之处至檐部与下部近相等，外面粉红色，具绿色纵脉纹；檐部圆盘状，内面暗紫色而有稀疏乳头状小点，外面绿色，有紫色条纹，边缘浅 3 裂，裂片平展，阔三角形，顶端钝而稍尖；喉部圆形并具领状环；花药长圆形，成对贴生于合蕊柱基部，并与其裂片对生；子房圆柱形，具 6 棱，被白色长柔毛；合蕊柱顶端 3 裂；裂片顶端尖，边缘向下延伸并向上翻卷，皱波状。蒴果长圆柱形，暗褐色，有 6 棱，成熟时 6 瓣开裂。种子三角状心形，背面平凸状，具小疣点。花期 6 ～ 7 月，果期 8 ～ 9 月。

生于海拔 100 ～ 2200 米阴湿的阔叶和针叶混交林中。

解剖图

花的喉部

花檐部

合蕊柱

合蕊柱

合蕊柱

合蕊柱横切

猕猴桃科 Actinidiaceae

乔木、灌木或藤本，常绿、落叶或半落叶；毛被发达，多样。叶为单叶，互生，无托叶。花序腋生，聚伞式或总状式，或简化至1花单生。花两性或雌雄异株，辐射对称；萼片5，稀2～3，覆瓦状排列，稀镊合状排列；花瓣5或更多，覆瓦状排列，分离或基部合生；雄蕊10（～13），分2轮排列，或无数，木作轮列式排列，花药背部着生，纵缝开裂或顶孔开裂；心皮无数或少至3，子房多室或3室，花柱分离或合生为一体，胚珠每室无数或少数，中轴胎座。果为浆果或蒴果。种子每室多数至1粒，具肉质假种皮，胚乳丰富。

全球4属370余种，主产亚洲热带及美洲热带，少数散布于亚洲温带和大洋洲。我国有4属96种以上，主要分布于长江流域、珠江流域和西南地区。东北地区产1属3种。

18.1 狗枣猕猴桃 Actinidia kolomikta (Maxim. et Rupr.) Maxim.

解剖图

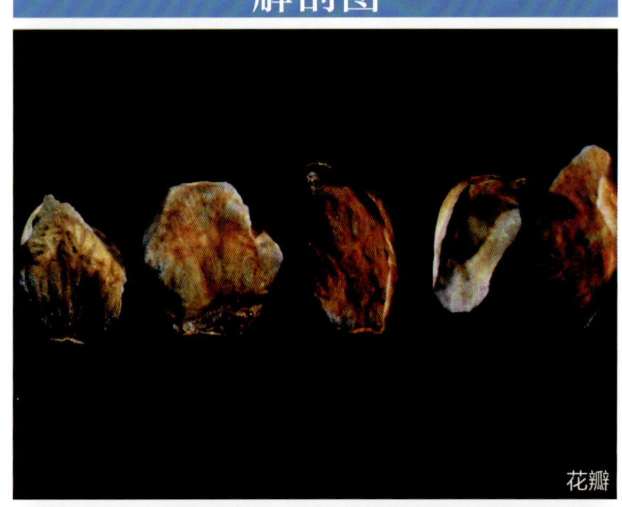
花瓣

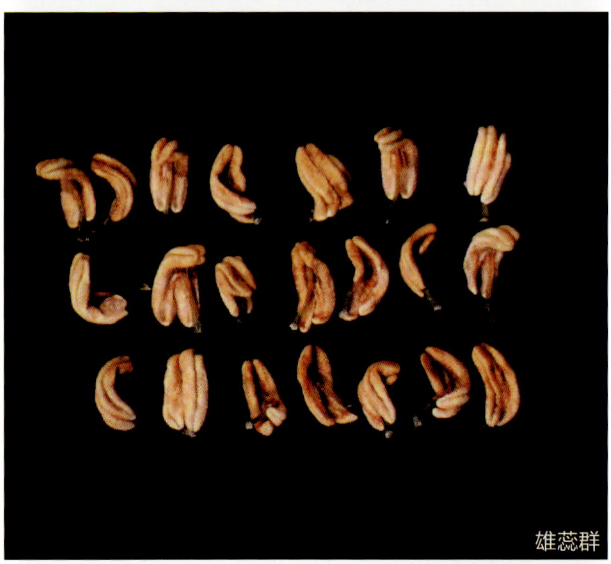
雄蕊群

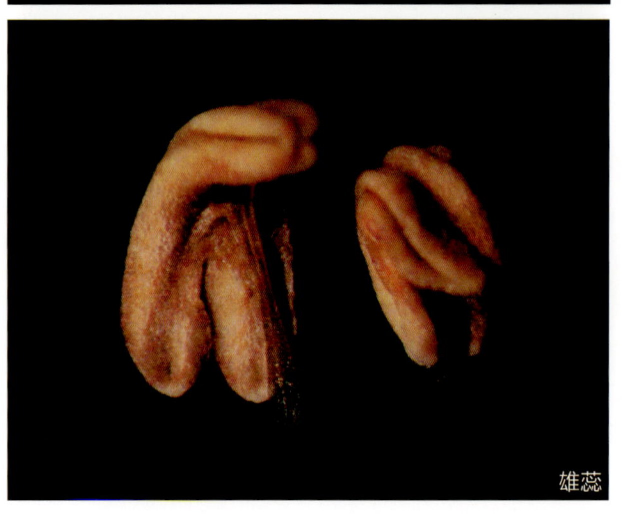
雄蕊

大型落叶藤本。小枝紫褐色，短花枝基本无毛，有较显著的带黄色的皮孔；长花枝幼嫩时顶部薄被短茸毛，有不甚显著的皮孔，隔年枝褐色，有光泽，皮孔相当显著，稍凸起；髓褐色，片层状。叶膜质或薄纸质，阔卵形、长方卵形至长方倒卵形，顶端急尖至短渐尖，基部心形，少数圆形至截形，两侧不对称，边缘有单锯齿或重锯齿，两面近洁净或沿中脉及侧脉略被一些尘埃状柔毛，腹面散生软弱的小刺毛，背面侧脉腋上髯毛有或无，叶脉不发达，近扁平状，侧脉 6 ～ 8 对。聚伞花序，雄性的有 3 花，雌性的通常 1 花单生，花序柄和花柄纤弱，或多或少地被黄褐色微绒毛，苞片小，钻形；花白色或粉红色，芳香；萼片 5，长方卵形，两面被有极微弱的短绒毛，边缘有睫状毛；花瓣 5，长方倒卵形；花丝丝状，花药黄色，长方箭头状；子房圆柱状，无毛。果柱状长圆形、卵形或球形，有时为扁体长圆形，果皮洁净无毛，无斑点，未熟时暗绿色，成熟时淡橘红色，并有深色的纵纹；果熟时花萼脱落。花期 5 月下旬（四川）至 7 月初（东北地区），果熟期 9 ～ 10 月。

生于海拔 800 ～ 1500 米（东北地区）、1600 ～ 2900 米（四川）山地混交林或杂木林中的开旷地。

19

罂粟科 Papaveraceae

草本或稀为亚灌木、小灌木或灌木，极稀乔木状（但木材软），一年生、二年生或多年生，常有乳汁或有色液汁。主根明显，稀纤维状或形成块根，稀有块茎。基生叶通常莲座状，茎生叶互生，稀上部对生或近轮生状，无托叶。花单生或排列成总状花序、聚伞花序或圆锥花序；花两性，规则的辐射对称至极不规则的两侧对称；萼片2或不常为3～4，通常分离，覆瓦状排列，早脱；花瓣通常二倍于花萼，4～8枚排列成2轮，稀无；雄蕊多数，分离，排列成数轮，花丝通常丝状，或稀翅状或披针形或3深裂，花药纵裂；子房上位，2至多数合生心皮组成，标准的为1室，侧膜胎座，胚珠多数，稀少数或1，花柱单生，或短或长，柱头通常与胎座同数。果为蒴果，瓣裂或顶孔开裂，稀成熟心皮分离开裂或不裂或横裂为单种子的小节，稀有蓇葖果或坚果。种子细小，球形、卵圆形或近肾形；种皮平滑、蜂窝状或具网纹；种脊有时具鸡冠状种阜；胚小，胚乳油质，子叶不分裂或分裂。

全世界约38属700多种，主产北温带，尤以地中海地区、西亚、中亚至东亚及北美洲（西南部）为多。我国有18属362种，南北均产，但以西南部最为集中。东北地区产7属20种1亚种8变种9变型。

19.1 白屈菜 Chelidonium majus L.

多年生草本。主根粗壮，圆锥形，侧根多，暗褐色。茎聚伞状多分枝，分枝常被短柔毛，节上较密，后变无毛。基生叶少，早凋落，叶片倒卵状长圆形或宽倒卵形，羽状全裂，全裂片2～4对，倒卵状长圆形，具不规则的深裂或浅裂，裂片边缘圆齿状，表面绿色，无毛，背面具白粉，疏被短柔毛；叶柄被柔毛或无毛，基部扩大成鞘。伞形花序多花；花梗纤细，长2～8厘米，幼时被长柔毛，后变无毛；苞片小，卵形，长1～2毫米；花芽卵圆形，直径5～8毫米；萼片卵圆形，舟状，长5～8毫米，无毛或疏生柔毛，早落；花瓣倒卵形，长约1厘米，全缘，黄色；雄蕊长约8毫米，花丝丝状，黄色，花药长圆形；子房线形，绿色，无毛，花柱长约1毫米，柱头2裂。蒴果狭圆柱形，长2～5厘米，粗2～3毫米，具通常比果短的柄。种子卵形，长约1毫米或更小，暗褐色，具光泽及蜂窝状小格。花果期4～9月。

生于海拔500～2200米的山坡、山谷林缘草地或路旁、石缝。

解剖图

萼片被长柔毛

花蕾，示花各部

雄蕊群和雌蕊

子房

子房横切，示侧膜胎座

19.2 黄紫堇 Corydalis ochotensis Turcz.

无毛草本，高 50 ～ 90 厘米。茎柔弱，通常多曲折，四棱状，常自下部分枝。基生叶少数，具长柄，叶片轮廓宽卵形或三角形，三回三出分裂，第一回全裂片具较长的柄，第二回具较短柄，羽状深裂或浅裂，小裂片具短尖，背面具白粉，二歧状细脉明显；茎生叶多数，下部者具长柄，上部者具短柄，其他与基生叶相同。总状花序生于茎和分枝先端，有 4 ～ 6 花，排列稀疏；苞片宽卵形至卵形，全缘；花梗劲直，纤细，远短于苞片；萼片鳞片状，近肾形，边缘具缺刻状齿；花瓣黄色，上花瓣长 1.8 ～ 2 厘米，花瓣片舟状卵形，先端渐尖，背部鸡冠状突起高 1 ～ 1.5 毫米，超出瓣片先端并延伸至其中部，距圆筒形，与花瓣片近等长或稍长，末端略下弯，下花瓣长 1 ～ 1.2 厘米，鸡冠同上瓣，中部稍缢缩，下部呈浅囊状，花瓣片倒卵形，具 1 侧生囊，爪线形，略长于花瓣片；花药极小，花丝披针形，蜜腺体贯穿距的 2/5 ～ 1/2；子房狭倒卵形，具 2 列胚珠，花柱细，比子房短，柱头扁长方形，上端具 4 乳突。蒴果狭倒卵形，有 6 ～ 10 粒种子，排成 2 列。种子近圆形，黑色，具光泽。花果期 6 ～ 9 月。

生于杂木林下或水沟边。

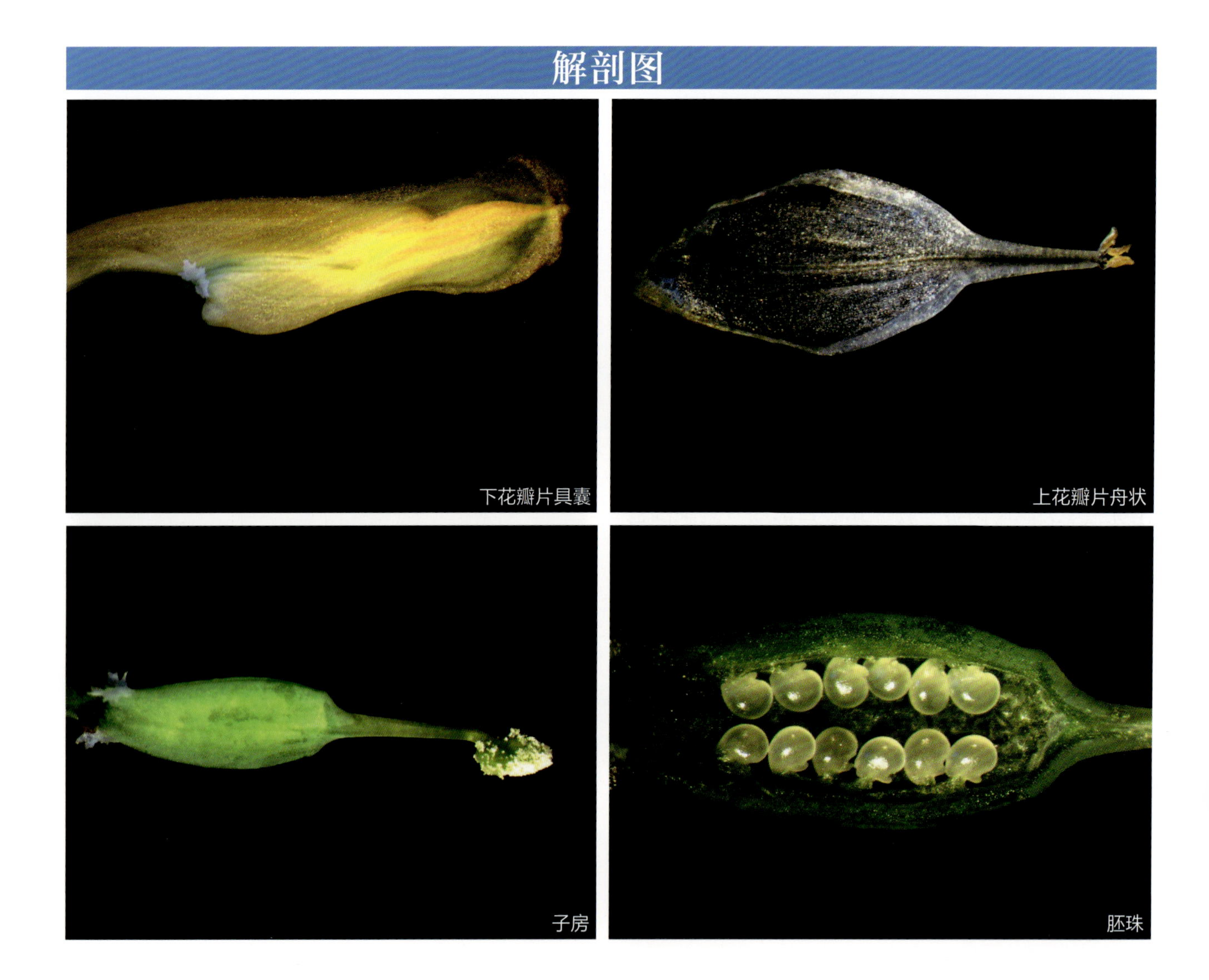
解剖图
下花瓣片具囊
上花瓣片舟状
子房
胚珠

19.3 荷包牡丹 **Lamprocapnos spectabilis** (L.) Fukuhara

直立草本，高 30 ～ 60 厘米或更高。茎圆柱形，带紫红色。叶片轮廓三角形，二回三出全裂，第一回裂片具长柄，中裂片的柄较侧裂片的长，第二回裂片近无柄，2 或 3 裂，小裂片通常全缘，表面绿色，背面具白粉，两面叶脉明显。总状花序有（5 ～）8 ～ 11（～ 15）花，于花序轴的一侧下垂；花梗长 1 ～ 1.5 厘米；苞片钻形或线状长圆形；花优美，长为宽的 1 ～ 1.5 倍，基部心形；萼片披针形，长 3 ～ 4 毫米，玫瑰色，于花开前脱落；外花瓣紫红色至粉红色，稀白色，下部囊状，囊长约 1.5 厘米，宽约 1 厘米，具数条脉纹，上部变狭并向下反曲，内花瓣长约 2.2 厘米，花瓣片略呈匙形，先端圆形部分紫色，背部鸡冠状突起自先端延伸至瓣片基部，爪长圆形至倒卵形，白色；雄蕊束弧曲上升，花药长圆形；子房狭长圆形，胚珠数枚，2 行排列于子房的下半部，花柱细，每边具 1 沟槽，柱头狭长方形，顶端 2 裂，基部近箭形。果未见。花期 4 ～ 6 月，果期 7 ～ 8 月。

生于海拔 780 ～ 2800 米的湿润草地和山坡。

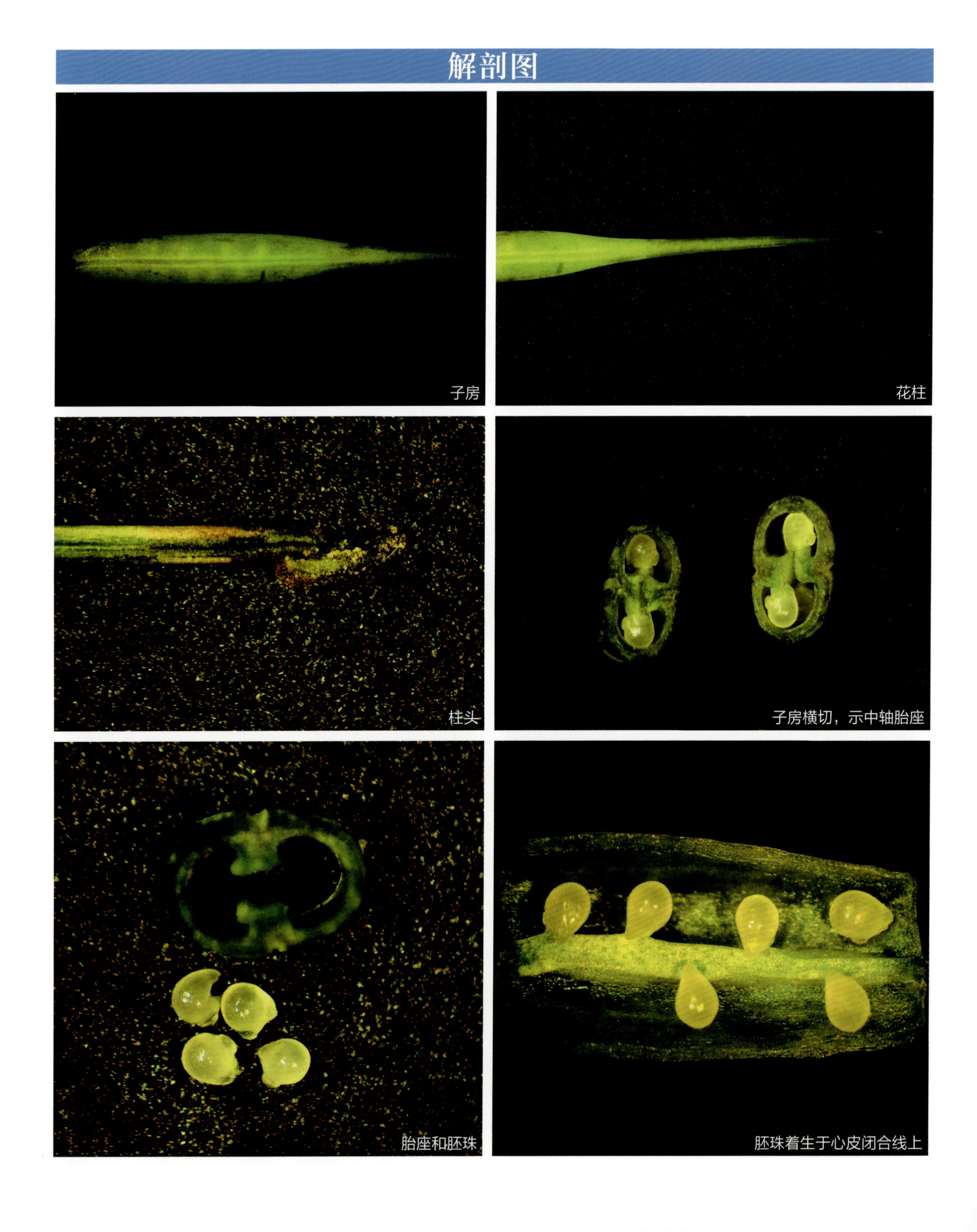
解剖图
子房
花柱
柱头
子房横切，示中轴胎座
胎座和胚珠
胚珠着生于心皮闭合线上

19.4 荷青花 **Hylomecon japonica** (Thunb.) Prantl et Kündig

多年生草本，具黄色液汁。根茎斜生，白色，果时橙黄色，肉质，盖以褐色、膜质的鳞片，鳞片圆形。茎直立，不分枝，具条纹，无毛，草质，绿色转红色至紫色。基生叶少数，叶片长 10 ～ 15（～ 20）厘米，羽状全裂，裂片 2 ～ 3 对；具长柄；茎生叶通常 2，稀 3，叶片同基生叶，具短柄。花 1 ～ 2（～ 3）朵排列成伞房状，顶生；花梗直立，纤细。萼片卵形，外面散生卷毛或无毛，芽时覆瓦状排列，花期脱落；花瓣倒卵圆形或近圆形，芽时覆瓦状排列，花期增大，基部具短爪；子房长约 7 毫米，花柱极短，柱头 2 裂。蒴果 2 瓣裂，具长达 1 厘米的宿存花柱。种子卵形。花期 4 ～ 7 月，果期 5 ～ 8 月。

生于海拔 300 ～ 1800（～ 2400）米的林下、林缘或沟边。

解剖图

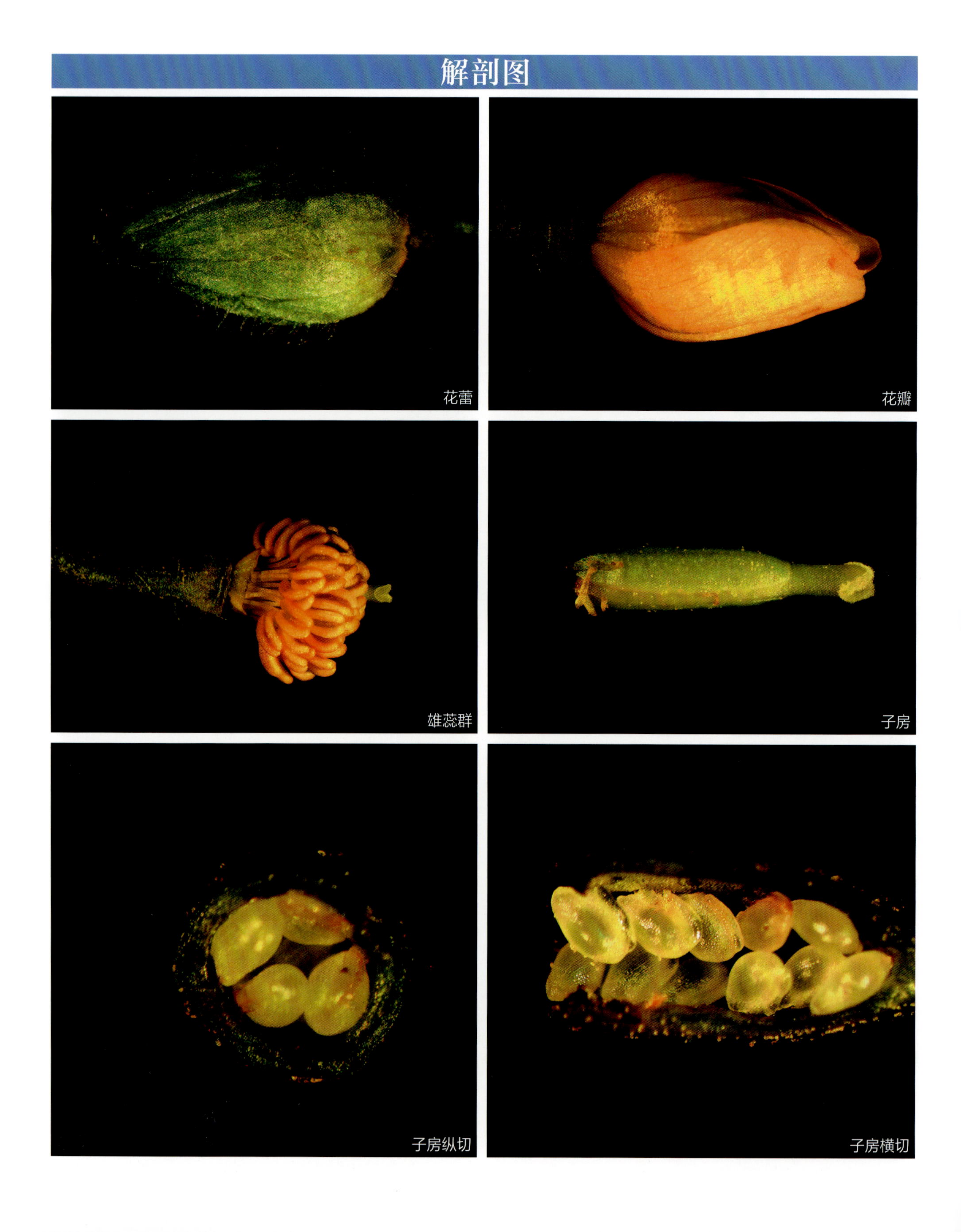

十字花科 Brassicaceae

一年生、二年生或多年生植物，多数是草本，很少呈亚灌木状。根有时膨大成肥厚的块根。茎直立或铺散。叶有二型，基生叶呈旋叠状或莲座状；茎生叶通常互生，有柄或无柄，单叶或羽状复叶；通常无托叶。花整齐，两性；花多数总状花序，顶生或腋生，每花下无苞或有苞；萼片 4，分离，排成 2 轮；花瓣 4，分离，成十字形排列；雄蕊通常 6，也排列成 2 轮，外轮 2，具较短的花丝，内轮 4，花丝有时成对联合，有时向基部加宽或扩大呈翅状；在花丝基部常具蜜腺；雌蕊 1，子房上位，由于假隔膜的形成，子房 2 室，少数无假隔膜时，子房 1 室，每室有胚珠 1 至多数，排列成 1 或 2 行，生在胎座框上，形成侧膜胎座。果实为长角果或短角果。种子一般较小，无胚乳；子叶与胚根的排列方式，常见的有 3 种。

全球 300 属以上约 3200 种，主要产地为北温带，尤以地中海区域分布较多。我国有 95 属 425 种 124 变种 9 变型，全国各地均有分布，以西南、西北、东北地区高山区及丘陵地带为多，平原及沿海地区较少。东北地区产 36 属 95 种 12 变种 1 变型（包括栽培和外来的）。

20.1 荠 **Capsella bursa-pastoris** (L.) Medik.

一年生或二年生草本，高 20 ～ 50 厘米，无毛，稍有分枝毛或单毛。茎直立，有分枝。基生叶丛生，大头羽状分裂，长可达 10 厘米，宽可达 2.5 厘米。顶生裂片较大，侧生裂片较小，狭长，先端渐尖，浅裂或有不规则粗锯齿，具长叶柄，长 5 ～ 40 毫米；茎生叶狭披针形，长 1 ～ 2 厘米，宽 2 毫米，基部箭形，抱茎，边缘有缺刻或锯齿，两面有细毛或无毛。总状花序顶生和腋生，果期延长达 20 厘米，花梗长 3 ～ 8 毫米，萼片长圆形，长 1.5 ～ 2 毫米；花白色，直径 2 毫米。短角果倒三角形或倒心形，长 5 ～ 8 毫米，宽 4 ～ 7 毫米，扁平，先端微凹，有极短的宿存花柱。种子 2 行，长椭圆形，长 1 毫米，淡褐色。花果期 4 ～ 6 月。

生于田边或路旁。

解剖图

花

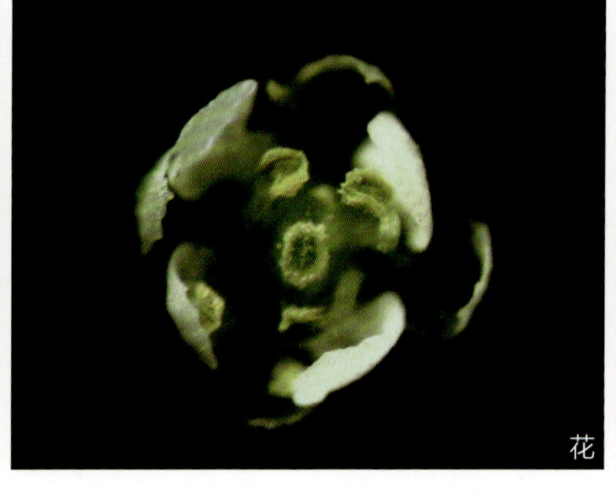

花

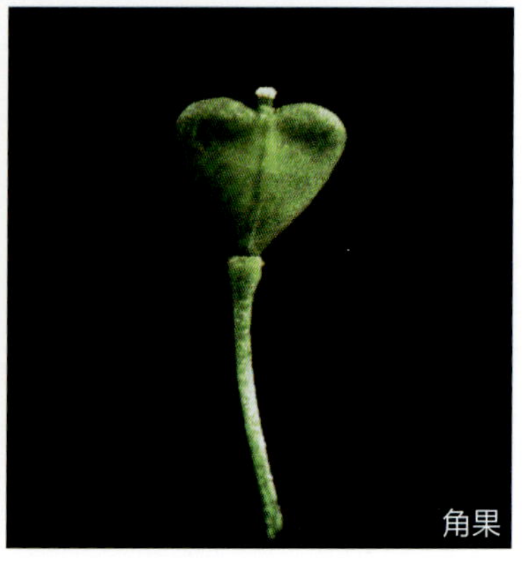

角果

20.2 白花碎米荠 **Cardamine leucantha** (Tausch) O. E. Schulz

多年生草本，高 30 ～ 75 厘米。根状茎短而匍匐，着生多数粗线状、长短不一的匍匐茎，其上生有须根。茎单一，不分枝，有时上部有少数分枝，表面有沟棱、密被短绵毛或柔毛。基生叶有长叶柄，小叶 2 ～ 3 对，顶生小叶卵形至长卵状披针形，长 3.5 ～ 5 厘米，宽 1 ～ 2 厘米，顶端渐尖，边缘有不整齐的钝齿或锯齿，基部楔形或阔楔形，小叶柄长 5 ～ 13 毫米，侧生小叶的大小、形态和顶生相似，但基部不等、有或无小叶柄；茎中部叶有较长的叶柄，通常有小叶 2 对；茎上部叶有小叶 1 ～ 2 对，小叶阔披针形，较小；全部小叶干后带膜质而半透明，两面均有柔毛，尤以下面较多。总状花序顶生，分枝或不分枝，花后伸长；花梗细弱，长约 6 毫米；萼片长椭圆形，长 2.5 ～ 3.5 毫米，边缘膜质，外面有毛；花瓣白色，长圆状楔形，长 5 ～ 8 毫米；花丝稍扩大；雌蕊细长；子房有长柔毛，柱头扁球形。长角果线形，长 1 ～ 2 厘米，宽约 1 毫米，花柱长约 5 毫米；果瓣散生柔毛，毛易脱落；果梗直立开展，长 1 ～ 2 厘米。种子长圆形，长约 2 毫米，栗褐色，边缘具窄翅或无。花期 4 ～ 7 月，果期 6 ～ 8 月。

生于海拔 200 ～ 2000 米的路边、山坡湿草地、杂木林下及山谷沟边阴湿处。

解剖图

20.3 葶苈 Draba nemorosa L.

一年生或二年生草本。茎直立，高 5 ～ 45 厘米，单一或分枝，疏生叶片或无叶，但分枝茎有叶片；下部密生单毛、叉状毛和星状毛，上部渐稀至无毛。基生叶莲座状，长倒卵形，顶端稍钝，边缘有疏细齿或近于全缘；茎生叶长卵形或卵形，顶端尖，基部楔形或渐圆，边缘有细齿，无柄，上面被单毛和叉状毛，下面以星状毛为多。总状花序有花 25 ～ 90 朵，密集成伞房状，花后显著伸长，疏松，小花梗细，长 5 ～ 10 毫米；萼片椭圆形，背面略有毛；花瓣黄色，花期后成白色，倒楔形，长约 2 毫米，顶端凹；雄蕊长 1.8 ～ 2 毫米；花药短心形；雌蕊椭圆形，密生短单毛，花柱几乎不发育，柱头小。短角果长圆形或长椭圆形，长 4 ～ 10 毫米，宽 1.1 ～ 2.5 毫米，被短单毛；果梗长 8 ～ 25 毫米，与果序轴成直角开展，或近于直角向上开展。种子椭圆形，褐色，种皮有小疣。花期 3 月至 4 月上旬，果期 5 ～ 6 月。

生于田边路旁、山坡草地及河谷湿地。

解剖图

花

花瓣

雄蕊群

花药

花

子房纵切，示假隔膜

20.4 独行菜 Lepidium apetalum Willd.

一年生或二年生草本，高 5 ～ 30 厘米。茎直立，有分枝，无毛或具微小头状毛。基生叶窄匙形，一回羽状浅裂或深裂，长 3 ～ 5 厘米，宽 1 ～ 1.5 厘米；叶柄长 1 ～ 2 厘米；茎上部叶线形，有疏齿或全缘。总状花序在果期可延长至 5 厘米；萼片早落，卵形，长约 0.8 毫米，外面有柔毛；花瓣不存或退化成丝状，比萼片短；雄蕊 2 或 4。短角果近圆形或宽椭圆形，扁平，长 2 ～ 3 毫米，宽约 2 毫米，顶端微缺，上部有短翅，隔膜宽不到 1 毫米；果梗弧形，长约 3 毫米。种子椭圆形，长约 1 毫米，平滑，棕红色。花果期 5 ～ 7 月。

生于海拔 400 ～ 2000 米的山坡、山沟、路旁及村庄附近。

解剖图

花

花，示雄蕊

子房纵切，示胚珠

腺毛

20.5 诸葛菜 **Orychophragmus violaceus** (L.) O. E. Schulz

一年生或二年生草本，高 10 ～ 50 厘米，无毛。茎单一，直立，基部或上部稍有分枝，浅绿色或带紫色。基生叶及下部茎生叶大头羽状全裂，顶裂片近圆形或短卵形，长 3 ～ 7 厘米，宽 2 ～ 3.5 厘米，顶端钝，基部心形，有钝齿，侧裂片 2 ～ 6 对，卵形或三角状卵形，长 3 ～ 10 毫米，越向下越小，偶在叶轴上杂有极小裂片，全缘或有牙齿，叶柄长 2 ～ 4 厘米，疏生细柔毛；上部叶长圆形或窄卵形，长 4 ～ 9 厘米，顶端急尖，基部耳状，抱茎，边缘有不整齐牙齿。花紫色、浅红色或褪成白色，直径 2 ～ 4 厘米；花梗长 5 ～ 10 毫米；花萼筒状，紫色，萼片长约 3 毫米；花瓣宽倒卵形，长 1 ～ 1.5 厘米，宽 7 ～ 15 毫米，密生细脉纹，爪长 3 ～ 6 毫米。长角果线形，长 7 ～ 10 厘米，具 4 棱，裂瓣有 1 凸出中脊，喙长 1.5 ～ 2.5 厘米；果梗长 8 ～ 15 毫米。种子卵形至长圆形，长约 2 毫米，稍扁平，黑棕色，有纵条纹。花期 4 ～ 5 月，果期 5 ～ 6 月。

生于平原、山地、路旁或地边。

解剖图

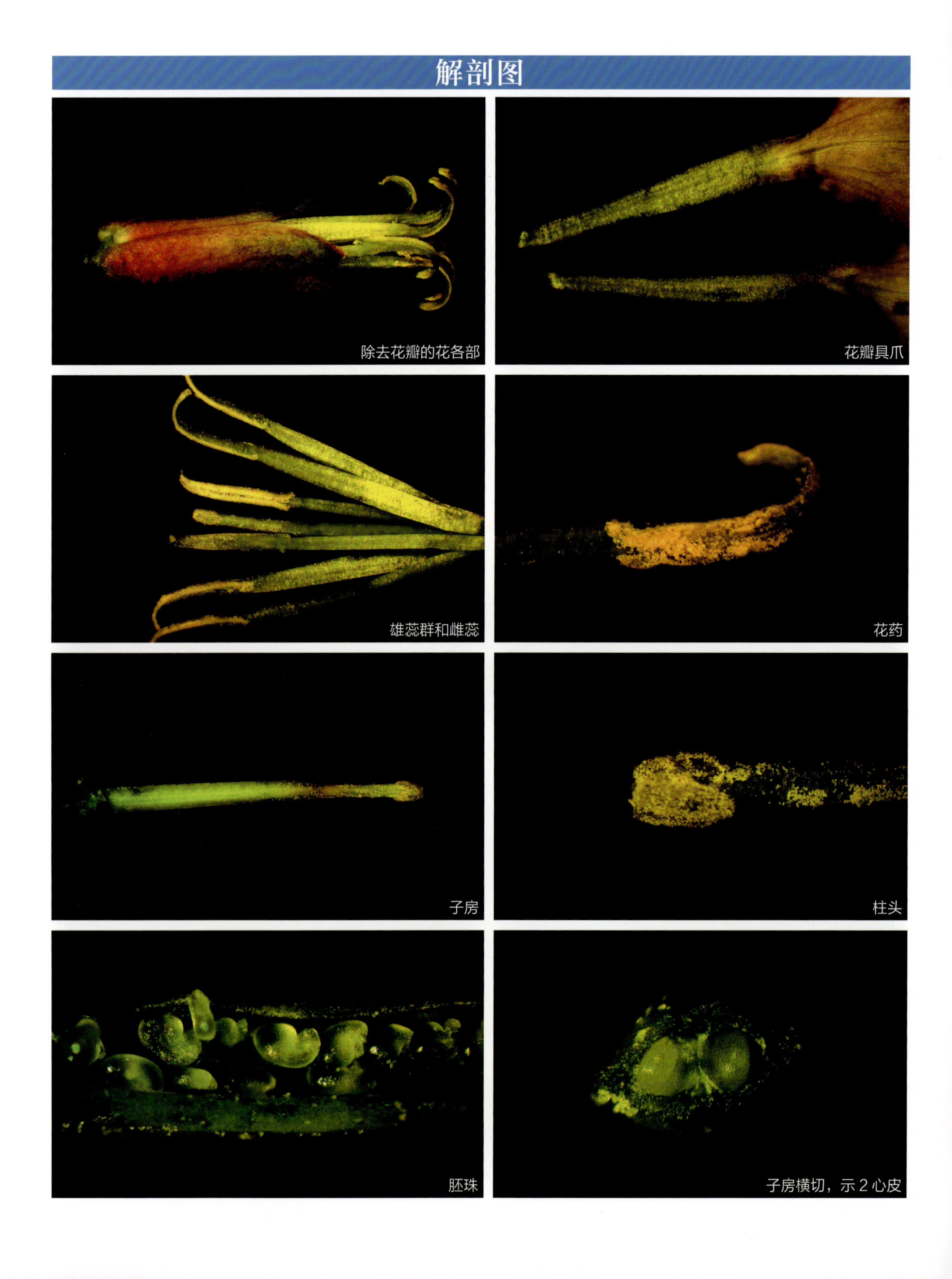

除去花瓣的花各部

花瓣具爪

雄蕊群和雌蕊

花药

子房

柱头

胚珠

子房横切，示 2 心皮

20.6 沼生蔊菜 Rorippa palustris (L.) Bess.

一年生或二年生草本，高（10～）20～50厘米，光滑无毛或稀有单毛。茎直立，单一成分枝，下部常带紫色，具棱。基生叶多数，具柄；叶片羽状深裂或大头羽裂，长圆形至狭长圆形，长5～10厘米，宽1～3厘米，裂片3～7对，边缘不规则浅裂或呈深波状，顶端裂片较大，基部耳状抱茎；茎生叶向上渐小，近无柄，叶片羽状深裂或具齿，基部耳状抱茎。总状花序顶生或腋生，果期伸长，花小，多数，黄色或淡黄色，具纤细花梗，长3～5毫米；萼片长椭圆形，长1.2～2毫米，宽约0.5毫米；花瓣长倒卵形至楔形，等于或稍短于萼片；雄蕊6，近等长，花丝线状。短角果椭圆形或近圆柱形，有时稍弯曲，长3～8毫米，宽1～3毫米，果瓣肿胀。种子每室2行，多数，褐色，细小，近卵形而扁，一端微凹，表面具细网纹；子叶缘倚胚根。花期4～7月，果期6～8月。

生于潮湿环境或近水处、溪岸、路旁、田边、山坡草地及草场。

解剖图

20.7 钻果大蒜芥 Sisymbrium officinale (L.) Scop.

一年生或二年生草本，高 20 ～ 90 厘米。茎直立，上部分枝。枝展开。叶具柄，茎下部的叶柄长 1.5 ～ 3.5 厘米，向上渐短或无柄；下部的叶片大头羽状深裂，长 3 ～ 9 厘米，宽 2 ～ 5 厘米，向上渐小，顶端裂片下部的宽长圆形，有不规则的大齿，向上渐窄，成条状或披针形，基部常与侧裂片汇合；侧裂片 1 ～ 2 对，顶端有不规则锯齿，基部全缘；叶下面有长而硬单毛，尤以叶脉上为多。花序呈伞房状，果期极伸长；花梗长约 2 毫米，具毛；萼片直立，卵状长圆形，长约 2 毫米，顶端钝；花瓣黄色，倒卵形至窄倒卵状楔形，长 2 ～ 4 毫米。长角果钻形，长 10 ～ 15 毫米，基部宽约 1.5 毫米，花柱长 2 ～ 4 毫米；果梗长 1.5 ～ 2 毫米，贴近花序轴，长角果与果梗均具短单毛。花期 5 ～ 6 月，果期 7 ～ 8 月。

生于林缘杂草地。

解剖图

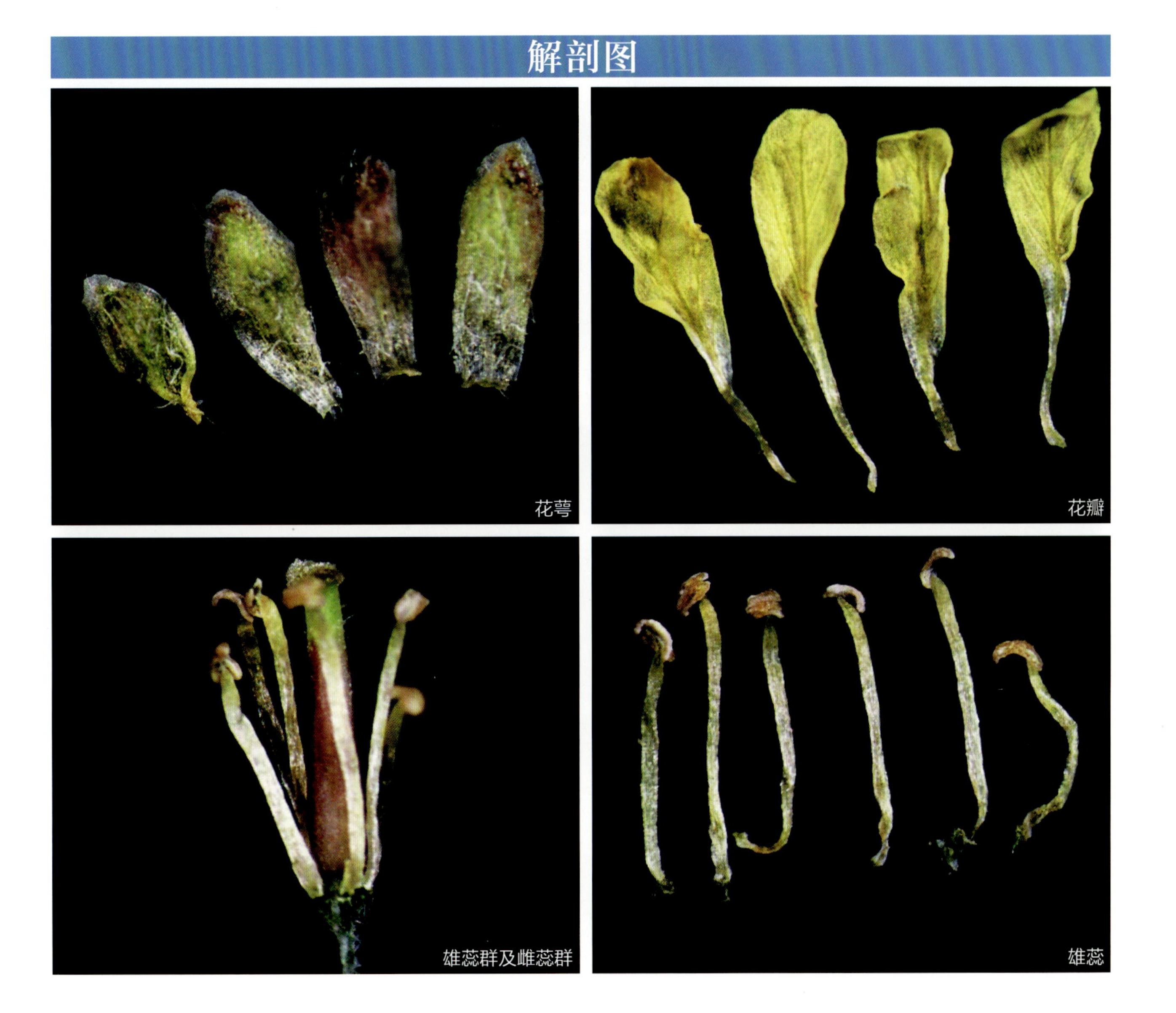

21

景天科 Crassulaceae

草本、半灌木或灌木，常有肥厚、肉质的茎、叶，无毛或有毛。叶不具托叶，互生、对生或轮生，常为单叶。聚伞花序，或伞房状、穗状、总状或圆锥状花序；花两性，或为单性而雌雄异株，辐射对称，花各部常为5数或其倍数；萼片自基部分离，少有在基部以上合生，宿存；花瓣分离，或多少合生；雄蕊1轮或2轮，与萼片或花瓣同数或为其二倍，分离，或与花瓣或花冠筒部多少合生，花丝丝状或钻形，少有变宽的，花药基生，少有为背着，内向开裂；心皮常与萼片或花瓣同数，分离或基部合生，常在基部外侧有腺状鳞片1，花柱钻形，柱头头状或不显著，胚珠倒生，有两层珠被，常多数，排成两行沿腹缝线排列，稀少数或1。蓇葖果有膜质或革质的皮，稀为蒴果。种子小，长椭圆形，种皮有皱纹或微乳头状突起，或有沟槽，胚乳不发达或缺。

全球34属1500种以上，分布于非洲、亚洲、欧洲、美洲，以中国（西南部）、非洲（南部）及墨西哥种类较多。我国有10属242种，南北均产。东北地区产5属26种2变种。

21.1 白八宝 **Hylotelephium pallescens** (Freyn) H. Ohba

多年生草本。根状茎短，直立。根束生。茎直立，高 20 ～ 60（～ 100）厘米。叶互生，有时对生，长圆状卵形或椭圆状披针形，长 3 ～ 7（～ 10）厘米，宽 7 ～ 25（～ 40）毫米，先端圆，基部楔形，几无柄，全缘或上部有不整齐的波状疏锯齿，叶面有多数红褐色斑点。复伞房花序，顶生，长达 10 厘米，宽达 13 厘米，分枝密；花梗长 2 ～ 4 毫米；萼片 5，披针状三角形，长 1 ～ 2 毫米，先端急尖；花瓣 5，白色至浅红色，直立，披针状椭圆形，长 4 ～ 8 毫米，宽 1.8 毫米，先端急尖；雄蕊 10，对瓣的稍短，对萼的与花瓣同长或稍长；鳞片 5，长方状楔形，长 1 毫米，先端有微缺。蓇葖果直立，披针状椭圆形，长约 5 毫米，基部渐狭，分离，喙短，线形。种子狭长圆形，长 1 ～ 1.2 毫米，褐色。花期 7 ～ 9 月，果期 8 ～ 9 月。

生于河边石砾滩及林下草地上。

解剖图

花
花
对萼雄蕊
对瓣雄蕊
子房
子房纵切，示胚珠
胚珠
胚珠

虎耳草科 Saxifragaceae

草本（通常为多年生），灌木，小乔木或藤本。单叶或复叶，互生或对生，一般无托叶。通常为聚伞状、圆锥状或总状花序，稀单花；花两性，稀单性，下位或多少上位，稀周位，一般为双被，稀单被；花被片4～5基数，稀6～10基数，覆瓦状、镊合状或旋转状排列；萼片有时花瓣状；花冠辐射对称，稀两侧对称，花瓣一般离生；雄蕊（4～）5～10，或多数，一般外轮对瓣，或为单轮，花丝离生，花药2室，有时具退化雄蕊；心皮2，稀3～5（～10），通常多少合生；子房上位、半下位至下位，多室而具中轴胎座，或1室且具侧膜胎座，稀具顶生胎座，胚珠具厚珠心或薄珠心，通常多数，2列至多列，稀1粒；花柱离生或多少合生。蒴果，浆果，小蓇葖果或核果。种子具丰富胚乳，稀无胚乳；胚乳为细胞型，稀核型；胚小。导管在木本植物中，通常具梯状穿孔板；而在草本植物中则通常具单穿孔板。

全球约17亚科80属1200余种，分布极广，几遍全球，主产温带。我国有7亚科28属约500种，南北均产，主产西南地区，其中独根草属（*Oresitrophe* Bunge）为我国特有。东北地区产14属61种6变种。

22.1 落新妇 **Astilbe chinensis** (Maxim.) Franch. et Sav.

多年生草本，高 50 ～ 100 厘米。根状茎暗褐色，粗壮，须根多数。茎无毛。基生叶为二至三回三出羽状复叶；顶生小叶片菱状椭圆形，侧生小叶片卵形至椭圆形，长 1.8 ～ 8 厘米，宽 1.1 ～ 4 厘米，先端短渐尖至急尖，边缘有重锯齿，基部楔形、浅心形至圆形，腹面沿脉生硬毛，背面沿脉疏生硬毛和小腺毛；叶轴仅于叶腋部具褐色柔毛；茎生叶 2 ～ 3，较小。圆锥花序长 8 ～ 37 厘米，宽 3 ～ 4（～ 12）厘米；下部第一回分枝长 4 ～ 11.5 厘米，通常与花序轴成 15 ～ 30 度角斜上；花序轴密被褐色卷曲长柔毛；苞片卵形，几无花梗；花密集；萼片 5，卵形，长 1 ～ 1.5 毫米，宽约 0.7 毫米，两面无毛，边缘中部以上生微腺毛；花瓣 5，淡紫色至紫红色，线形，长 4.5 ～ 5 毫米，宽 0.5 ～ 1 毫米，单脉；雄蕊 10，长 2 ～ 2.5 毫米；心皮 2，仅基部合生，长约 1.6 毫米。蒴果长约 3 毫米。种子褐色，长约 1.5 毫米。$2n = 14$。花果期 6 ～ 9 月。

生于海拔 390 ～ 3600 米的山谷、溪边、林下、林缘和草甸等处。

解剖图

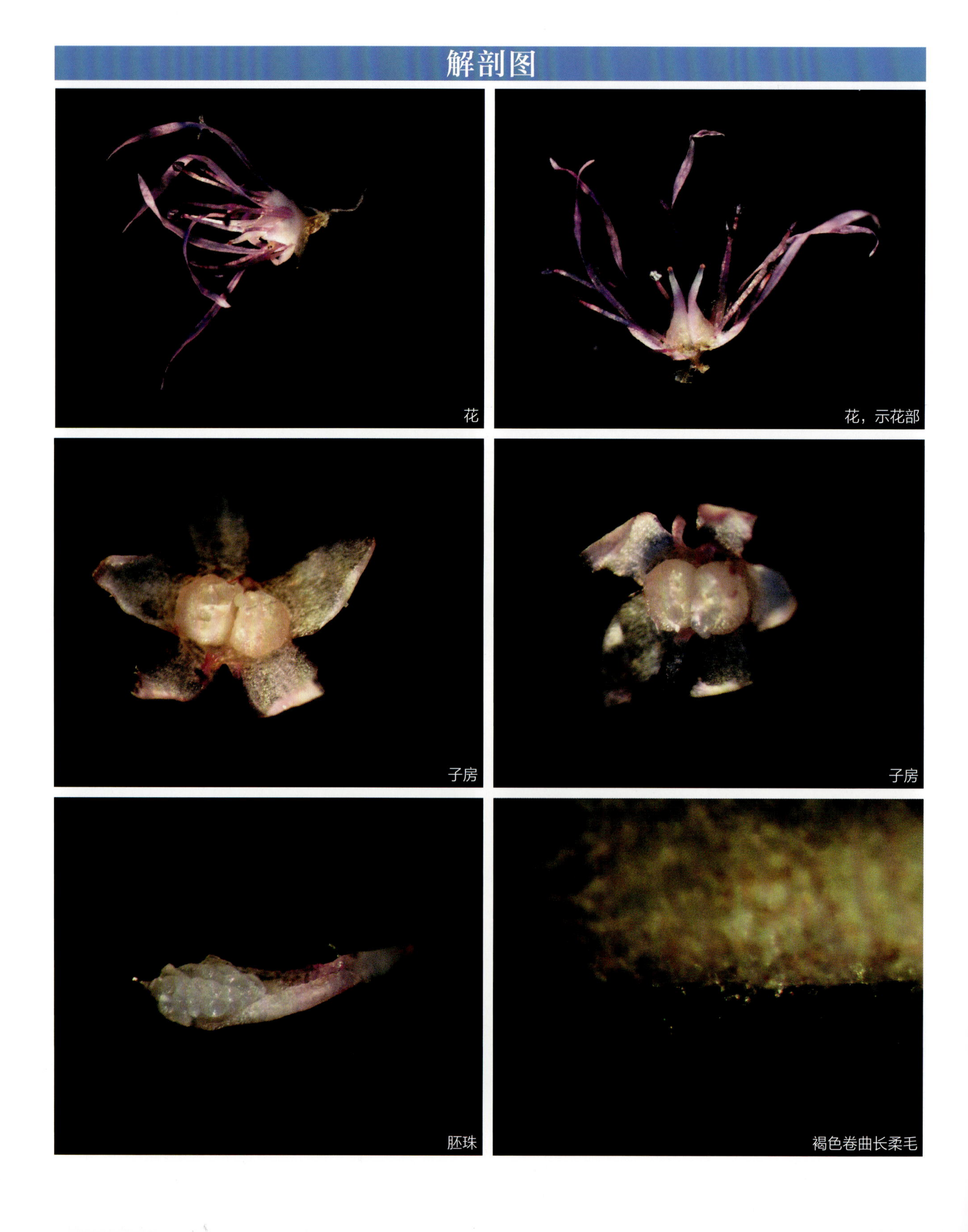

花

花，示花部

子房

子房

胚珠

褐色卷曲长柔毛

22.2 林金腰 **Chrysosplenium lectus-cochleae** Kitag.

多年生草本，高 11 ～ 15 厘米。不育枝出自茎基部叶腋，被褐色卷曲柔毛。其叶对生，近扇形，先端钝，边缘具 5 ～ 8 圆齿，基部楔形，两面无毛或多少具褐色柔毛，边缘具褐色睫毛，顶生者近阔卵形、近圆形至倒阔卵形，边缘具 7 ～ 11 圆齿（不明显），基部圆形至宽楔形，腹面无毛或于边缘具褐色柔毛，背面无毛。花茎疏生褐色柔毛。茎生叶对生，近扇形，先端钝圆至近截形，边缘具 5 ～ 9 圆齿，基部楔形，两面无毛，但具褐色斑点，边缘具褐色睫毛；叶柄长 3 ～ 8 毫米，疏生褐色柔毛。聚伞花序；花序分枝疏生柔毛；苞叶近阔卵形、倒阔卵形至扇形，边缘具 5 ～ 7 浅齿，基部偏斜形、楔形至圆形，两面无毛，但具褐色斑点，边缘疏生睫毛，柄长 4 ～ 6 毫米，苞腋具褐色乳头突起；花梗疏生柔毛；花黄绿色；萼片在花期直立，近阔卵形，先端钝；雄蕊 8；子房近上位；无花盘。蒴果，2 果瓣明显不等大，具喙。种子黑褐色，近卵球形，具微乳头突起。花果期 5 ～ 8 月。

生于海拔 450 ～ 1800 米的林下、林缘阴湿处或石隙。

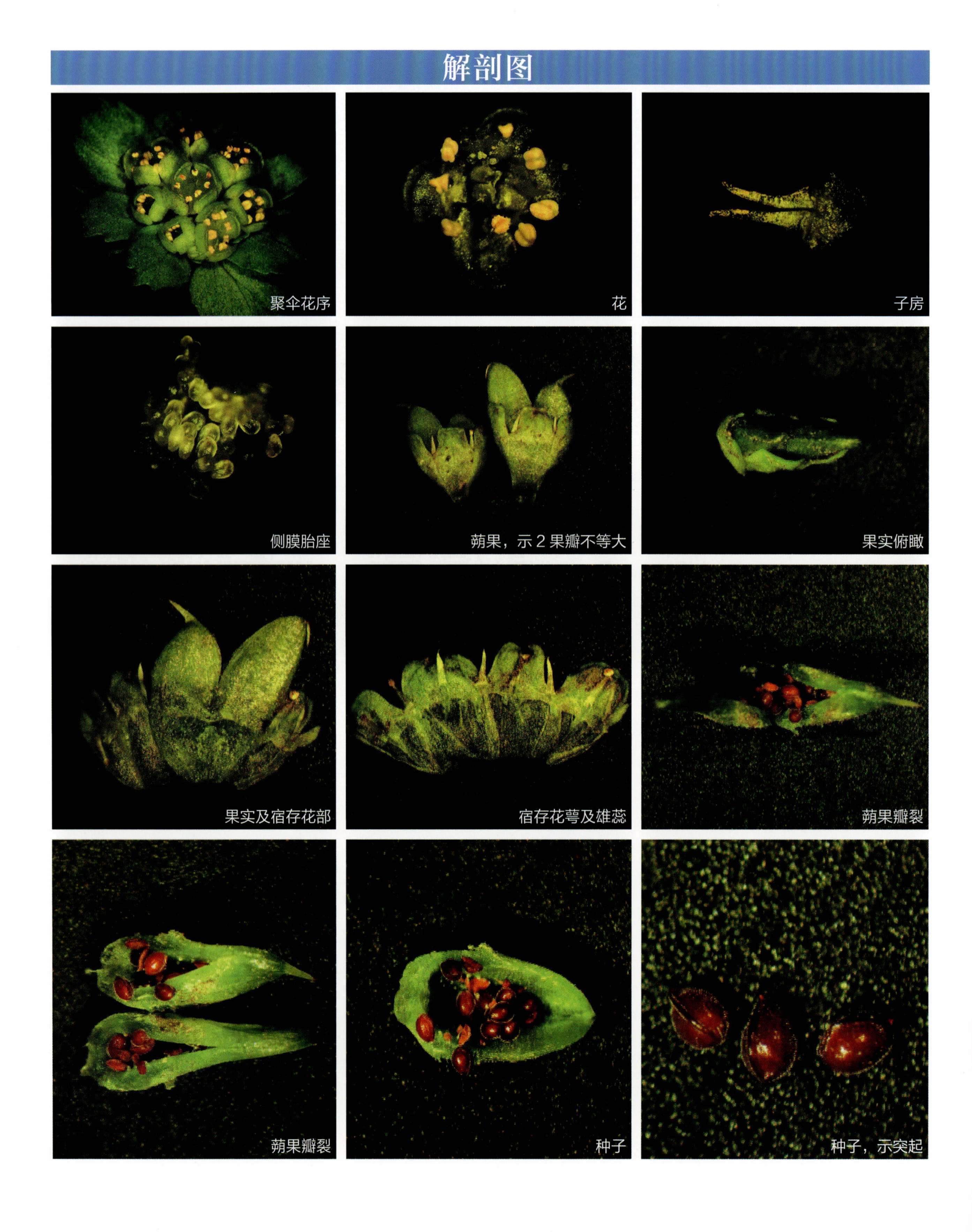
解剖图
聚伞花序
花
子房
侧膜胎座
蒴果，示 2 果瓣不等大
果实俯瞰
果实及宿存花部
宿存花萼及雄蕊
蒴果瓣裂
蒴果瓣裂
种子
种子，示突起

22.3 梅花草 Parnassia palustris L.

多年生草本，高 12 ～ 20（～ 30）厘米。根状茎短粗，偶有稍长者，其下长出多数细长纤维状和须状根，其上有残存褐色膜质鳞片。基生叶 3 至多数，具柄；叶片卵形至长卵形，偶有三角状卵形，先端圆钝或渐尖，常带短头，基部近心形，边全缘，薄而微向外反卷，常被紫色长圆形斑点，脉近基部 5 ～ 7 条，呈弧形，下面更明显；叶柄长 3 ～ 6（～ 8）厘米，两侧有窄翼，具长条形紫色斑点；托叶膜质，大部贴生于叶柄，边有褐色流苏状毛，早落。茎 2 ～ 4，通常近中部具 1 茎生叶，茎生叶与基生叶同形，其基部常有铁锈色的附属物，无柄半抱茎。花单生于茎顶；萼片椭圆形或长圆形，先端钝，全缘，具 7 ～ 9 脉，密被紫褐色小斑点；花瓣白色，宽卵形或倒卵形，先端圆钝或短渐尖，基部有宽而短爪，全缘，有显著自基部发出 7 ～ 13 条脉，常有紫色斑点；雄蕊 5，花丝扁平，长短不等；退化雄蕊 5，呈分枝状，有明显主干，分枝长短不等，通常（7 ～）9 ～ 11（～ 13）枝，每枝顶端有球形腺体；子房上位，卵球形，花柱极短，柱头 4 裂。蒴果卵球形，干后有紫褐色斑点，呈 4 瓣开裂。种子多数，长圆形，褐色，有光泽。花期 7 ～ 9 月，果期 10 月。

生于海拔 1580 ～ 2000 米潮湿的山坡草地，沟边或河谷地阴湿处。

解剖图

雄蕊群及雌蕊群

退化雄蕊

子房

胚珠

 22.4 东北茶藨 Ribes mandshuricum (Maxim.) Kom.

落叶灌木，高 1 ～ 3 米。小枝灰色或褐灰色，皮纵向或长条状剥落，无刺。芽卵圆形或长圆形，具数枚棕褐色鳞片，外面微被短柔毛。叶宽大，宽几与长相似，基部心脏形，幼时两面被灰白色平贴短柔毛，下面甚密，成长时逐渐脱落，老时毛甚稀疏，常掌状 3 裂，稀 5 裂，裂片卵状三角形，先端急尖至短渐尖，顶生裂片比侧生裂片稍长，边缘具不整齐粗锐锯齿或重锯齿。花两性；总状花序，初直立后下垂，具花多达 40 ～ 50 朵；花序轴和花梗密被短柔毛；苞片小，卵圆形，几与花梗等长，无毛或微具短柔毛，早落；花萼浅绿色或带黄色，外面无毛或近无毛；萼筒盆形；萼片倒卵状舌形或近舌形，先端圆钝，边缘无睫毛，反折；花瓣近匙形，宽稍短于长，先端圆钝或截形，浅黄绿色，下面有 5 个分离的突出体；雄蕊稍长于萼片，花药近圆形，红色；子房无毛；花柱稍短或几与雄蕊等长，先端 2 裂，有时分裂几达中部。果实球形，红色，无毛。种子多数，较大，圆形。花期 4 ～ 6 月，果期 7 ～ 8 月。

生于海拔 300 ～ 1800 米的山坡或山谷针阔叶混交林下或杂木林内。

解剖图

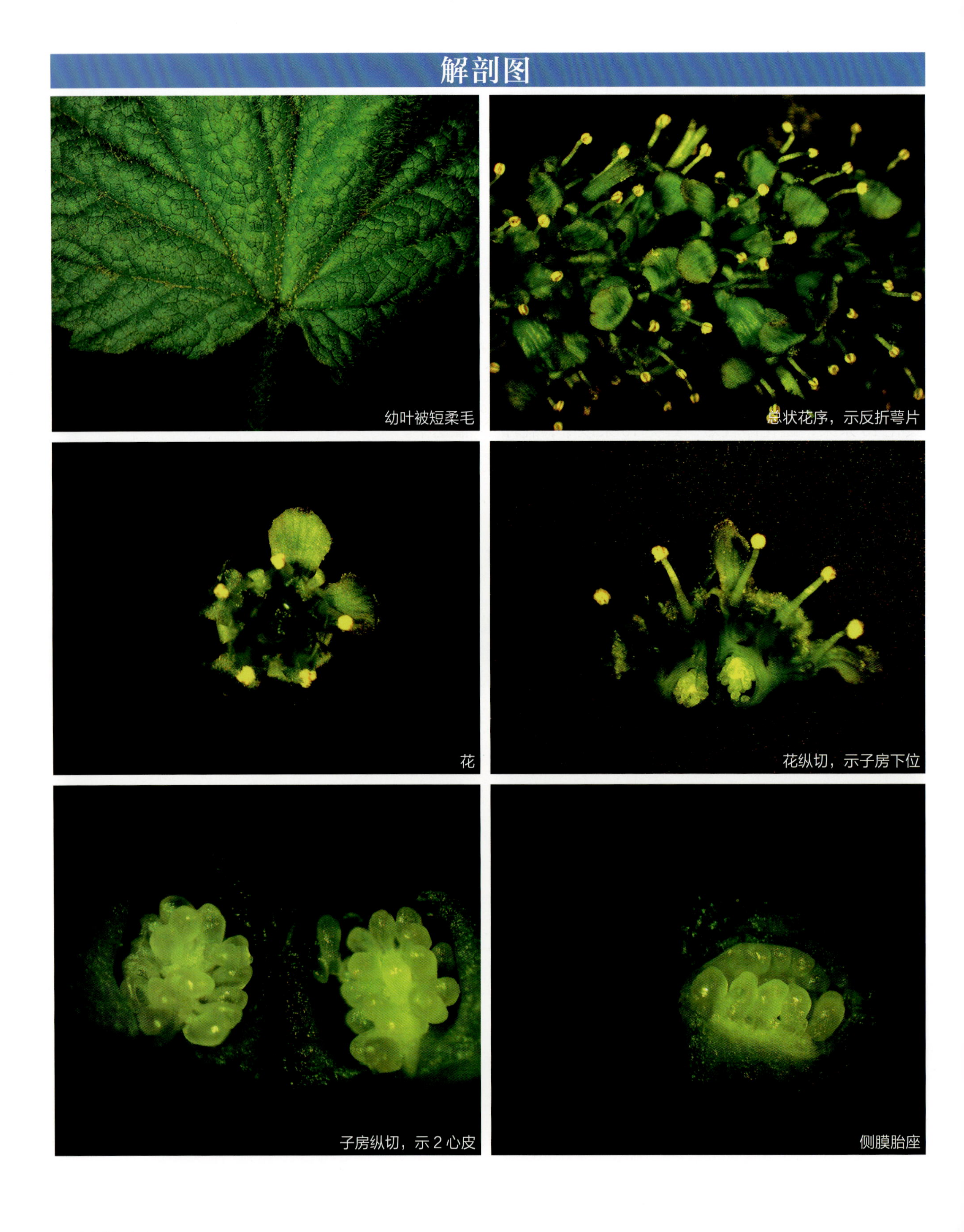

幼叶被短柔毛

总状花序，示反折萼片

花

花纵切，示子房下位

子房纵切，示 2 心皮

侧膜胎座

22.5 尖叶茶藨 Ribes maximowiczianum Kom.

落叶小灌木，高约1米。枝细瘦，小枝灰褐色或灰色，皮纵向剥裂，嫩枝棕褐色，无毛，无刺。芽长卵圆形或长圆形，长4～7毫米，先端渐尖，具数枚棕褐色鳞片，外面无毛或仅边缘微具短柔毛。叶宽卵圆形或近圆形，长2.5～5厘米，宽2～4厘米，基部宽楔形至圆形，稀截形，上面深绿色，散生粗伏柔毛，下面色较浅，常沿叶脉具粗伏柔毛，掌状3裂，顶生裂片近菱形，长于侧生裂片，先端渐尖，侧生裂片卵状三角形，先端急尖，边缘具粗钝锯齿；叶柄长5～10毫米，无毛或具疏腺毛。花单性，雌雄异株，组成短总状花序；雄花序长2～4厘米，具花10余朵；雌花序较短，具花10朵以下；花序轴和花梗疏生短腺毛，无柔毛；花梗长1～3毫米；苞片椭圆状披针形，长3～5毫米，宽1～2毫米，外面无毛或边缘具腺毛；花萼黄褐色，外面无毛；萼筒碟形，长1.5～2毫米，宽大于长；萼片长卵圆形，长1.5～2.5毫米，先端圆钝，直立；花瓣极小，倒卵圆形；雄蕊比花瓣稍长或几等长，花药和花丝近等长；雌花的退化雄蕊棒状；子房无毛，雄花的子房不发育；花柱先端2裂。果实近球形，直径6～8毫米，红色，无毛。花期5～6月，果期8～9月。

生于海拔900～2700米的山坡或山谷林下及灌丛中。

解剖图

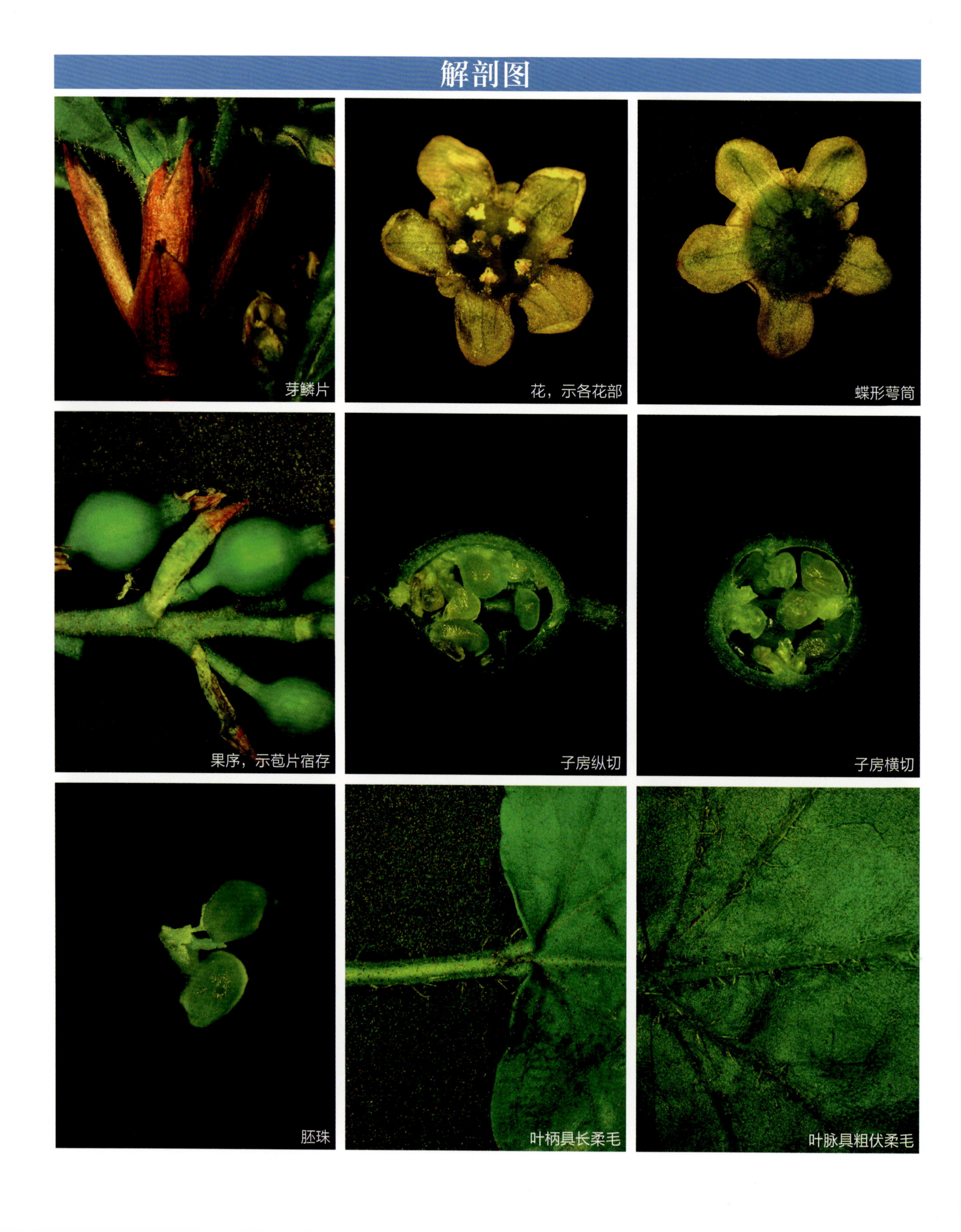

22.6 黑果茶藨 Ribes nigrum L.

落叶直立灌木，高 1 ～ 2 米。小枝暗灰色或灰褐色，无毛，皮通常不裂，幼枝褐色或棕褐色，具疏密不等的短柔毛，被黄色腺体，无刺。芽具数枚黄褐色或棕色鳞片，被短柔毛和黄色腺体。叶近圆形，掌状 3 ～ 5 浅裂，裂片宽三角形，先端急尖，顶生裂片稍长于侧生裂片，边缘具不规则粗锐锯齿；叶柄具短柔毛，偶尔疏生腺体，有时基部具少数羽状毛。花两性；总状花序，下垂或呈弧形，具花 4 ～ 12 朵；花序轴和花梗具短柔毛，或混生稀疏黄色腺体；苞片小，披针形或卵圆形，先端急尖，具短柔毛；花萼浅黄绿色或浅粉红色，具短柔毛和黄色腺体；萼筒近钟形；萼片舌形，先端圆钝，开展或反折；花瓣卵圆形或卵状椭圆形，先端圆钝；雄蕊与花瓣近等长，花药卵圆形，具蜜腺；子房疏生短柔毛和腺体；花柱稍短于雄蕊，先端 2 浅裂，稀几不裂。果实近圆形，熟时黑色，疏生腺体。花期 5 ～ 6 月，果期 7 ～ 8 月。

生于湿润谷底、沟边或坡地云杉林、落叶松林或针阔混交林下。

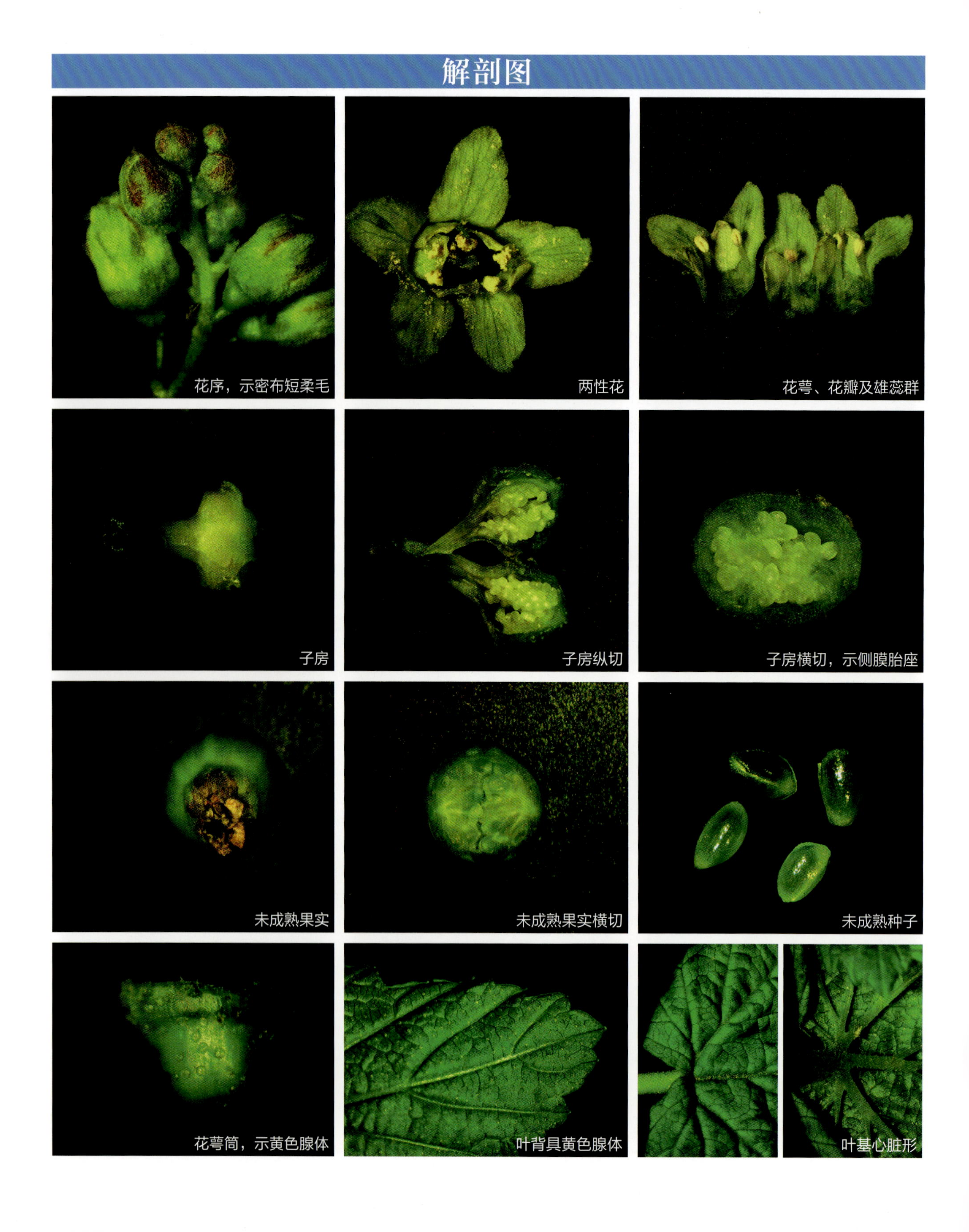
解剖图
花序，示密布短柔毛
两性花
花萼、花瓣及雄蕊群
子房
子房纵切
子房横切，示侧膜胎座
未成熟果实
未成熟果实横切
未成熟种子
花萼筒，示黄色腺体
叶背具黄色腺体
叶基心脏形

22.7 香茶藨 **Ribes odoratum** H. L. Wendl.

落叶灌木，高 1 ～ 2 米。小枝圆柱形，灰褐色，皮稍条状纵裂或不剥裂，嫩枝灰褐色或灰棕色，具短柔毛，老时毛脱落，无刺。芽卵圆形或长卵圆形，先端急尖或稍钝，具数枚褐色或紫褐色鳞片，外被短柔毛。叶圆状肾形至倒卵圆形，宽几与长相似，基部楔形，稀近圆形或截形，掌状 3 ～ 5 深裂，裂片形状不规则，先端稍钝，顶生裂片稍长或与侧生裂片近等长，边缘具粗钝锯齿。花两性，芳香；总状花序，常下垂，具花 5 ～ 10 朵；花序轴和花梗具短柔毛；苞片卵状披针形或椭圆状披针形，先端急尖，两面均有短柔毛；花萼黄色，或仅萼筒黄色而微带浅绿色晕，外面无毛；萼筒管形；萼片长圆形或匙形，先端圆钝，开展或反折；花瓣近匙形或近宽倒卵形，先端圆钝而浅缺刻状，浅红色，无毛；雄蕊短于或与花瓣近等长；子房无毛；花柱不分裂或仅柱头 2 裂，几与雄蕊等长或稍长，柱头绿色。果实球形或宽椭圆形，宽几与长相似，熟时黑色，无毛。花期 5 月，果期 7 ～ 8 月。

生于山地河流沿岸。公园及植物园中也有栽植。是北方寒冷地区的观赏灌木，用种子和扦条繁殖均能成活。

解剖图

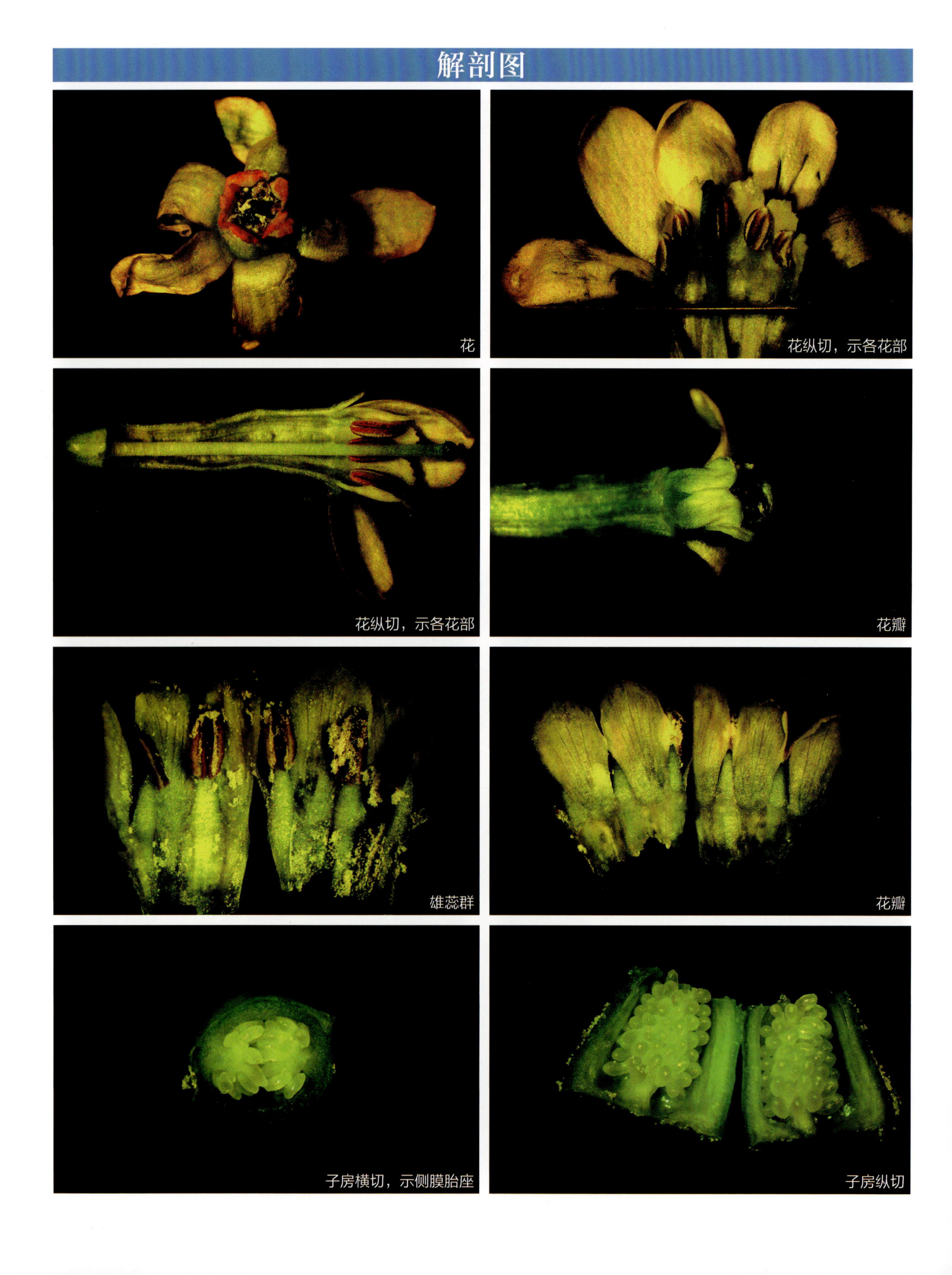

花

花纵切，示各花部

花纵切，示各花部

花瓣

雄蕊群

花瓣

子房横切，示侧膜胎座

子房纵切

蔷薇科 Rosaceae

草本、灌木或乔木，落叶或常绿，有刺或无刺。冬芽常具数个鳞片，有时仅具2个。叶互生，稀对生，单叶或复叶，有显明托叶，稀无托叶。花两性，稀单性。通常整齐，周位花或上位花；花轴上端发育成碟状、钟状、杯状、坛状或圆筒状的花托（称萼筒），在花托边缘着生萼片、花瓣和雄蕊；萼片和花瓣同数，通常4～5，覆瓦状排列，稀无花瓣，萼片有时具副萼；雄蕊5至多数，稀1或2，花丝离生，稀合生；心皮1至多数，离生或合生，有时与花托联合，每心皮有1至数个直立的或悬垂的倒生胚珠；花柱与心皮同数，有时联合，顶生、侧生或基生。果实为蓇葖果、瘦果、梨果或核果，稀蒴果。种子通常不含胚乳，极稀具少量胚乳；子叶为肉质，背部隆起，稀对褶或呈席卷状。

全球约124属3300余种，分布于全世界，北温带较多。我国约有51属1000余种，产于全国各地。东北地区产4亚科32属177种55变种22变型。

23.1 槭叶蚊子草 **Filipendula glaberrima** Nakai

多年生草本，高 50 ～ 150 厘米。茎光滑有棱。叶为羽状复叶，有小叶 1 ～ 3 对，中间有时夹有附片，叶柄无毛，顶生小叶大，常 5 ～ 7 裂，裂片卵形，顶端常尾状渐尖，边缘有重锯齿或不明显裂片，齿急尖或微钝，两面绿色，无毛或下面沿脉疏生柔毛；侧生小叶小，长圆卵形或卵状披针形，边缘有重锯齿或不明显裂片；托叶草质或半膜质，常淡褐绿色，较小，卵状披针形，全缘。顶生圆锥花序，花梗无毛；花直径 4 ～ 5 毫米；萼片卵形，顶端急尖，外面无毛；花瓣粉红色至白色，倒卵形。瘦果直立，基部有短柄，背腹两边有一行柔毛。花果期 6 ～ 8 月。

生于海拔 700 ～ 1500 米的林缘、林下及湿草地。

解剖图

瘦果直立，示基部着生于花托上

瘦果，示背腹两侧具柔毛

23.2 东方草莓 **Fragaria orientalis** Losinsk.

多年生草本，高 5 ～ 30 厘米。茎被开展柔毛，上部较密，下部有时脱落。三出复叶，小叶几无柄，倒卵形或菱状卵形，顶端圆钝或急尖，顶生小叶基部楔形，侧生小叶基部偏斜，边缘有缺刻状锯齿，上面绿色，散生疏柔毛，下面淡绿色，有疏柔毛，沿叶脉较密；叶柄被开展柔毛，有时上部较密。花序聚伞状，有花（1 ～）2 ～ 5（～ 6）朵，基部苞片淡绿色或具一有柄之小叶，花梗被开展柔毛。花两性，稀单性；萼片卵圆披针形，顶端尾尖，副萼片线状披针形，偶有 2 裂；花瓣白色，几圆形，基部具短爪；雄蕊 18 ～ 22，近等长；雌蕊多数。聚合果半圆形，成熟后紫红色，宿存萼片开展或微反折；瘦果卵形，表面脉纹明显或仅基部具皱纹。花期 5 ～ 7 月，果期 7 ～ 9 月。

生于海拔 600 ～ 4000 米的山坡草地或林下。

解剖图

23.3 二裂委陵菜 Potentilla bifurca L.

多年生草本或亚灌木。根圆柱形，纤细，木质。花茎直立或上升，高 5 ～ 20 厘米，密被疏柔毛或微硬毛。羽状复叶，有小叶 5 ～ 8 对，最上面 2 ～ 3 对小叶基部下延与叶轴汇合；叶柄密被疏柔毛或微硬毛，小叶片无柄，对生稀互生，椭圆形或倒卵椭圆形，顶端常 2 裂，稀 3 裂，基部楔形或宽楔形，两面绿色，伏生疏柔毛；下部叶托叶膜质，褐色，外面被微硬毛，稀脱落几无毛，上部茎生叶托叶草质，绿色，卵状椭圆形，常全缘稀有齿。近伞房状聚伞花序，顶生，疏散；萼片卵圆形，顶端急尖，副萼片椭圆形，顶端急尖或钝，比萼片短或近等长，外面被疏柔毛；花瓣黄色，倒卵形，顶端圆钝，比萼片稍长；心皮沿腹部有稀疏柔毛；花柱侧生，棒形，基部较细，顶端缢缩，柱头扩大。瘦果表面光滑。花果期 5 ～ 9 月。

生于海拔 800 ～ 3600 米的地边、道旁、沙滩、山坡草地、黄土坡上、半干旱荒漠草原及疏林下。

解剖图
羽状复叶，示上部茎生托叶
叶顶端裂片
宿存花萼侧面观
副萼
宿存花萼腹面观
宿存花萼及雄蕊群
雌蕊群
子房

23.4 狼牙委陵菜 Potentilla cryptotaeniae Maxim.

一年生或二年生草本，多须根。花茎直立或上升，高 50 ～ 100 厘米，被长硬毛或长柔毛，或脱落几无毛。基生叶 3 出复叶，开花时已枯死，茎生叶 3 小叶，叶柄被开展长柔毛及短柔毛，有时脱落几无毛；小叶片长圆形至卵披针形，长 2 ～ 6 厘米，常中部最宽，达 1 ～ 2.5 厘米，顶端渐尖或尾状渐尖，基部楔形，边缘有多数急尖锯齿，两面绿色，被疏柔毛，有时脱落几无毛，下面沿脉较密而开展；基生叶托叶膜质，褐色，外面密被长柔毛，茎生叶托叶草质，绿色，全缘，披针形，顶端渐尖，通常与叶柄合生很长，合生部分比离生部分长 1 ～ 3 倍。伞房状聚伞花序多花，顶生，花梗细，长 1 ～ 2 厘米，被长柔毛或短柔毛；花直径约 2 厘米；萼片长卵形，顶端渐尖或急尖，副萼片披针形，顶端渐尖，开花时与萼片近等长，花后比萼片长，外面被稀疏长柔毛；花瓣黄色，倒卵形，顶端圆钝或微凹，比萼片长或近等长；花柱近顶生，基部稍膨大，柱头稍微扩大。瘦果卵形，光滑。花果期 7 ～ 9 月。

生于海拔 1000 ～ 2200 米的河谷、草甸、草原、林缘。

解剖图

 东北扁核木 Prinsepia sinensis (Oliv.) Oliv. ex Bean

小灌木，高约2米，多分枝。枝条灰绿色或紫褐色，无毛，皮成片状剥落；小枝红褐色，无毛，有棱条；枝刺直立或弯曲，通常不生叶。冬芽小，卵圆形。叶互生，稀丛生，叶片卵状披针形或披针形，极稀带形，先端急尖、渐尖或尾尖，基部近圆形或宽楔形，全缘或有稀疏锯齿，两面无毛或有少数睫毛；叶柄无毛；托叶小，膜质，披针形，先端渐尖，脱落。花1～4朵，簇生于叶腋；萼筒钟状，萼片短三角状卵形，全缘，萼筒和萼片外面无毛，边有睫毛；花瓣黄色，倒卵形，先端圆钝，基部有短爪，着生在萼筒口部里面花盘边缘；雄蕊10，花丝短，成2轮着生在花盘上近边缘处；心皮1，无毛，花柱侧生，柱头头状。核果近球形或长圆形，红紫色或紫褐色，光滑无毛，萼片宿存；核坚硬，卵球形，微扁，有皱纹。花期3～4月，果期8月。

生于杂木林中或阴山坡的林间，或山坡开阔处及河岸旁。抗寒，叶芽萌动较早。

花

花瓣

花盘及 2 轮排列的雄蕊群

花盘及 2 轮排列的雄蕊群

子房，示花柱侧生

子房纵切

23.6 山刺玫 **Rosa davurica** Pall.

直立灌木，高约1.5米，分枝较多。小枝圆柱形，无毛，紫褐色或灰褐色，有带黄色皮刺，皮刺基部膨大，稍弯曲，常成对而生于小枝或叶柄基部。小叶7～9；小叶片长圆形或阔披针形，先端急尖或圆钝，基部圆形或宽楔形，边缘有单锯齿和重锯齿；叶柄和叶轴有柔毛、腺毛和稀疏皮刺；托叶大部贴生于叶柄，离生部分卵形，边缘有带腺锯齿，下面被柔毛。花单生于叶腋，或2～3朵簇生；苞片卵形，边缘有腺齿，下面有柔毛和腺点；花梗无毛或有腺毛；萼筒近圆形，光滑无毛，萼片披针形，先端扩展成叶状，边缘有不整齐锯齿和腺毛，下面有稀疏柔毛和腺毛，上面被柔毛，边缘较密；花瓣粉红色，倒卵形，先端不平整，基部宽楔形；花柱离生，被毛，比雄蕊短很多。果近球形或卵球形，红色，光滑，萼片宿存，直立。花期6～7月，果期8～9月。

多生于海拔430～2500米的山坡阳处或杂木林边、丘陵草地。

解剖图

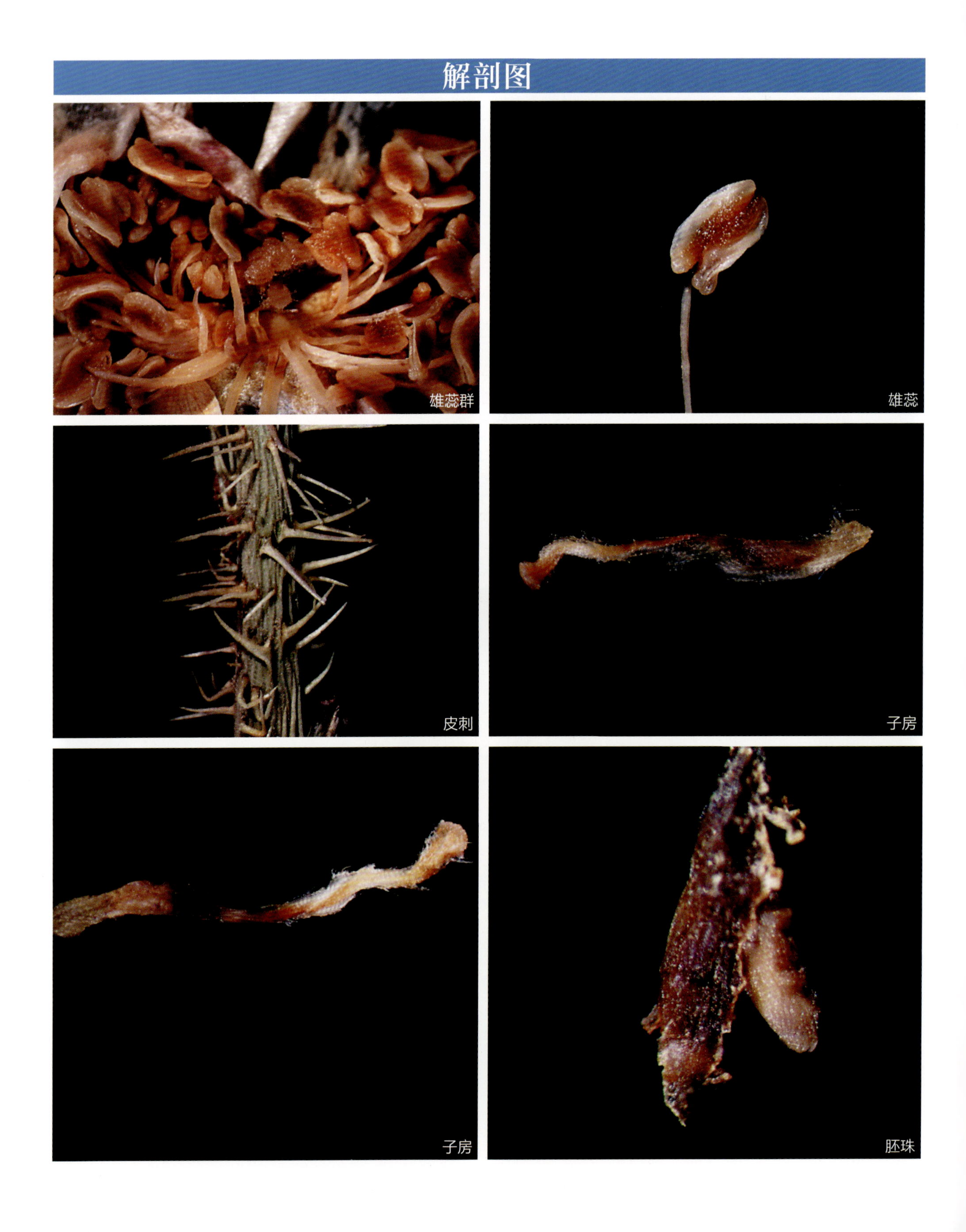

23.7 珍珠梅 **Sorbaria sorbifolia** (L.) A. Braun.

灌木，高达 2 米，枝条开展。小枝圆柱形，稍屈曲。冬芽卵形，先端圆钝，无毛或顶端微被柔毛，紫褐色，具有数枚互生外露的鳞片。羽状复叶，小叶片 11 ～ 17，叶轴微被短柔毛；小叶片对生，披针形至卵状披针形，先端渐尖，稀尾尖，基部近圆形或宽楔形，稀偏斜，边缘有尖锐重锯齿，上下两面无毛或近于无毛，羽状网脉，具侧脉 12 ～ 16 对，下面明显；小叶无柄或近于无柄；托叶叶质，卵状披针形至三角披针形，先端渐尖至急尖，边缘有不规则锯齿或全缘，外面微被短柔毛。顶生大型密集圆锥花序，分枝近于直立，总花梗和花梗被星状毛或短柔毛，果期逐渐脱落，近于无毛；苞片卵状披针形至线状披针形，先端长渐尖，全缘或有浅齿，上下两面微被柔毛，果期逐渐脱落；萼筒钟状，外面基部微被短柔毛；萼片三角卵形，先端钝或急尖，萼片约与萼筒等长；花瓣长圆形或倒卵形，白色；雄蕊 40 ～ 50，长于花瓣 1.5 ～ 2 倍，生于花盘边缘；心皮 5，无毛或稍具柔毛。蓇葖果长圆形，有顶生弯曲花柱，果梗直立；萼片宿存，反折，稀开展。花期 7 ～ 8 月，果期 9 月。

生于海拔 250 ～ 1500 米的山坡疏林中。

解剖图

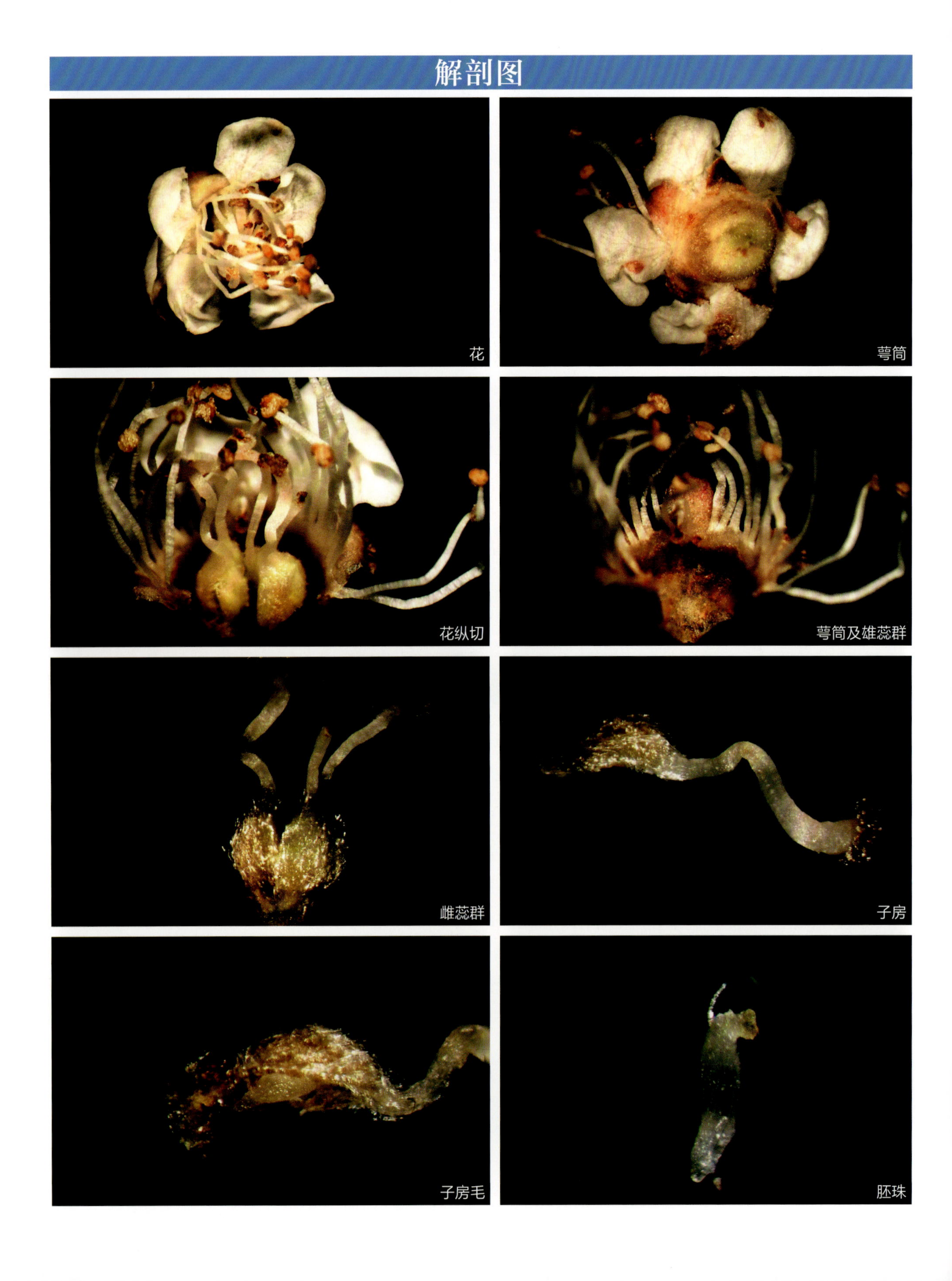

花　萼筒　花纵切　萼筒及雄蕊群　雌蕊群　子房　子房毛　胚珠

 柳叶绣线菊 Spiraea salicifolia L.

直立灌木，高 1 ～ 2 米，枝条密集。小枝稍有棱角，黄褐色，嫩枝具短柔毛，老时脱落。冬芽卵形或长圆卵形，先端急尖，有数个褐色外露鳞片，外被稀疏细短柔毛。叶片长圆披针形至披针形，先端急尖或渐尖，基部楔形，边缘密生锐锯齿，有时为重锯齿，两面无毛；叶柄长 1 ～ 4 毫米，无毛。花序为长圆形或金字塔形的圆锥花序，被细短柔毛，花朵密集；苞片披针形至线状披针形，全缘或有少数锯齿，微被细短柔毛；萼筒钟状；萼片三角形，内面微被短柔毛；花瓣卵形，先端通常圆钝，粉红色；雄蕊 50，约长于花瓣 2 倍；花盘圆环形，裂片呈细圆锯齿状；子房有稀疏短柔毛，花柱短于雄蕊。蓇葖果直立，无毛或沿腹缝有短柔毛，花柱顶生，倾斜开展，常具反折萼片。花期 6 ～ 8 月，果期 8 ～ 9 月。

生于海拔 200 ～ 900 米的河流沿岸、湿草原、空旷地和山沟中。

解剖图

花

雌蕊群

聚合蓇葖果侧面观

聚合蓇葖果俯瞰

24

豆科 Leguminosa

乔木、灌木、亚灌木或草本，直立或攀援，常有能固氮的根瘤。叶常绿或落叶，通常互生，稀对生，常为一回或二回羽状复叶，少数为掌状复叶或 3 小叶、单小叶，或单叶，罕可变为叶状柄，叶具叶柄或无；托叶有或无。花两性，稀单性，辐射对称或两侧对称，通常排成总状花序、聚伞花序、穗状花序、头状花序或圆锥花序；花被 2 轮；萼片（3～）5（～6），分离或联合成管，有时二唇形，稀退化或消失；花瓣（0～）5（～6），常与萼片的数目相等，稀较少或无，分离或联合成具花冠裂片的管，大小有时可不等，或有时构成蝶形花冠；雄蕊通常 10，分离或联合成管，单体或二体雄蕊，花药 2 室，纵裂或有时孔裂，花粉单粒或常连成复合花粉；雌蕊通常由单心皮组成，稀较多且离生，子房上位，1 室，基部常有柄或无，沿腹缝线具侧膜胎座，胚珠 2 至多颗，悬垂或上升，排成互生的 2 列，为横生、倒生或弯生的胚珠；花柱和柱头单一，顶生。果为荚果，形状种种，成熟后沿缝线开裂或不裂，或断裂成含单粒种子的荚节。种子通常具革质或有时膜质的种皮，生于长短不等的珠柄上，胚大，内胚乳无或极薄。

全球约 650 属 18 000 种，广布于全世界。我国有 172 属 1485 种 13 亚种 153 变种 16 变型，各省（自治区、直辖市）均有分布。东北地区产 41 属 142 种 13 变种 11 变型。

24.1 紫穗槐 Amorpha fruticosa L.

落叶灌木，丛生，高 1 ～ 4 米。小枝灰褐色，被疏毛，后变无毛，嫩枝密被短柔毛。叶互生，奇数羽状复叶，长 10 ～ 15 厘米，有小叶 11 ～ 25，基部有线形托叶；叶柄长 1 ～ 2 厘米；小叶卵形或椭圆形，长 1 ～ 4 厘米，宽 0.6 ～ 2 厘米，先端圆形，锐尖或微凹，有一短而弯曲的尖刺，基部宽楔形或圆形，上面无毛或被疏毛，下面有白色短柔毛，具黑色腺点。穗状花序常 1 至数个顶生和枝端腋生，长 7 ～ 15 厘米，密被短柔毛；花有短梗；苞片长 3 ～ 4 毫米；花萼长 2 ～ 3 毫米，被疏毛或几无毛，萼齿三角形，较萼筒短；旗瓣心形，紫色，无翼瓣和龙骨瓣；雄蕊 10，下部合生成鞘，上部分裂，包于旗瓣之中，伸出花冠外。荚果下垂，长 6 ～ 10 毫米，宽 2 ～ 3 毫米，微弯曲，顶端具小尖，棕褐色，表面有凸起的疣状腺点。花果期 5 ～ 10 月。

东北地区多栽培。

解剖图

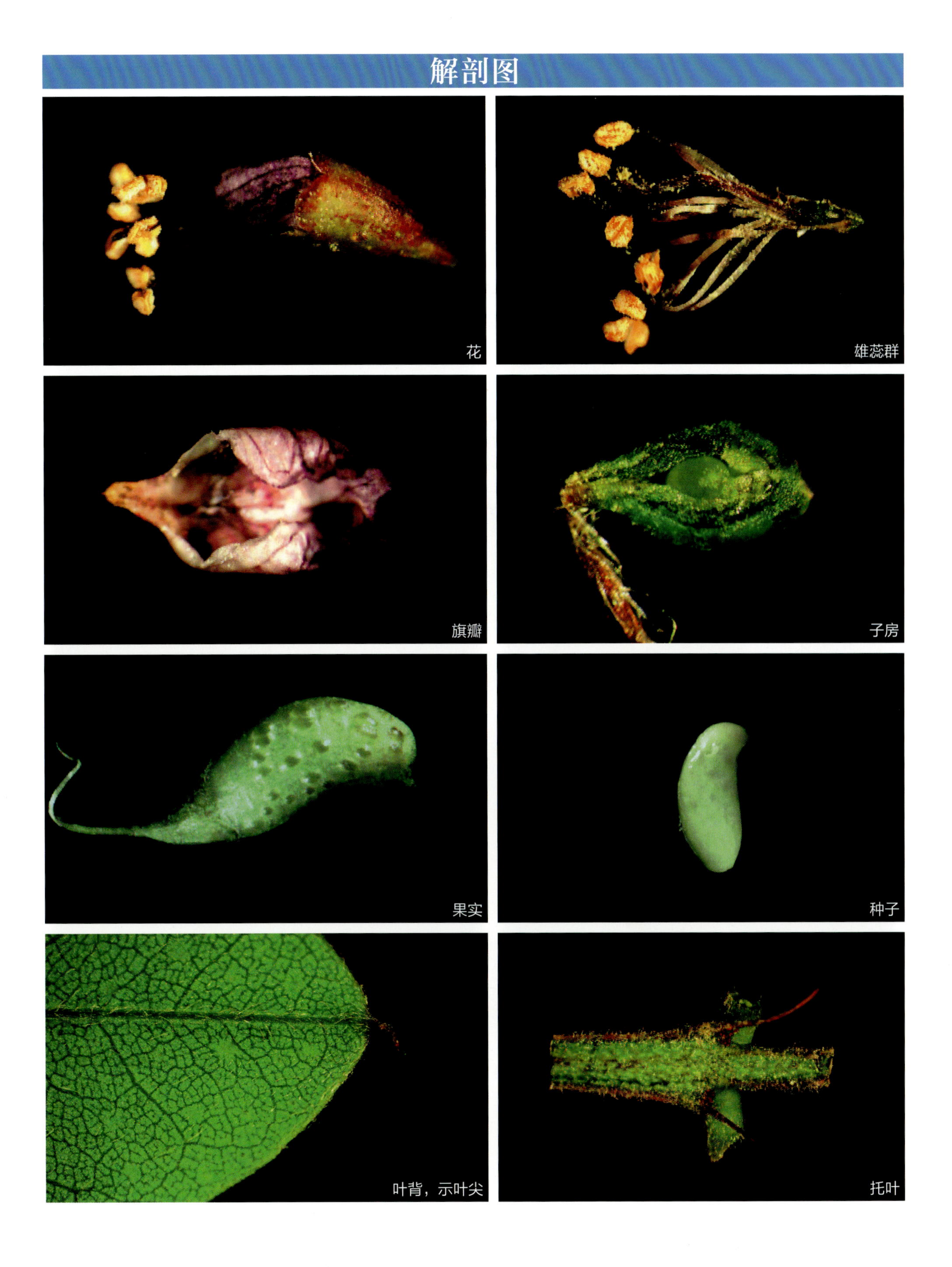

24.2 糙叶黄耆 **Astragalus scaberrimus** Bunge

多年生草本，密被白色伏贴毛。根状茎短缩，多分枝，木质化；地上茎不明显或极短，有时伸长而匍匐。羽状复叶有7～15小叶，长5～17厘米；叶柄与叶轴等长或稍长；托叶下部与叶柄贴生，长4～7毫米，上部呈三角形至披针形；小叶椭圆形或近圆形，先端锐尖、渐尖，基部宽楔形或近圆形，两面密被伏贴毛。总状花序生3～5花，排列紧密或稍稀疏；总花梗极短或长达数厘米，腋生；花梗极短；苞片披针形，较花梗长；花萼管状，被细伏贴毛，萼齿线状披针形，与萼筒等长或稍短；花冠淡黄色或白色，旗瓣倒卵状椭圆形，先端微凹，中部稍缢缩，下部稍狭成不明显的瓣柄，翼瓣较旗瓣短，瓣片长圆形，先端微凹，较瓣柄长，龙骨瓣较翼瓣短，瓣片半长圆形，与瓣柄等长或稍短；子房有短毛。荚果披针状长圆形，微弯，具短喙，背缝线凹入，革质，密被白色伏贴毛，假2室。花期4～8月，果期5～9月。

生于山坡石砾质草地、草原、沙丘及沿河流两岸的砂地。

解剖图

24.3 红花锦鸡儿 **Caragana rosea** Turcz. ex Maxim.

灌木，高 0.4 ～ 1 米。树皮绿褐色或灰褐色。小枝细长，具条棱。托叶在长枝者成细针刺，长 3 ～ 4 毫米，短枝者脱落；叶柄长 5 ～ 10 毫米，脱落或宿存成针刺；叶假掌状；小叶 4，楔状倒卵形，长 1 ～ 2.5 厘米，宽 4 ～ 12 毫米，先端圆钝或微凹，具刺尖，基部楔形，近革质，上面深绿色，下面淡绿色，无毛，有时小叶边缘、小叶柄、小叶下面沿脉被疏柔毛。花梗单生，长 8 ～ 18 毫米，关节在中部以上，无毛；花萼管状，不扩大或仅下部稍扩大，长 7 ～ 9 毫米，宽约 4 毫米，常紫红色，萼齿三角形，渐尖，内侧密被短柔毛；花冠黄色，常紫红色或全部淡红色，凋时变为红色，长 20 ～ 22 毫米，旗瓣长圆状倒卵形，先端凹入，基部渐狭成宽瓣柄，翼瓣长圆状线形，瓣柄较瓣片稍短，耳短齿状，龙骨瓣的瓣柄与瓣片近等长，耳不明显；子房无毛。荚果圆筒形，长 3 ～ 6 厘米，具渐尖头。花期 4 ～ 6 月，果期 6 ～ 7 月。

生于山坡及沟谷。

解剖图

24.4 胡枝子 **Lespedeza bicolor** Turcz.

直立灌木，高 1 ～ 3 米，多分枝。小枝黄色或暗褐色，有条棱，被疏短毛。芽卵形，具数枚黄褐色鳞片。羽状复叶具 3 小叶；托叶 2，线状披针形；小叶质薄，卵形、倒卵形或卵状长圆形，先端钝圆或微凹，稀稍尖，具短刺尖，基部近圆形或宽楔形，全缘，上面绿色，无毛，下面色淡，被疏柔毛，老时渐无毛。总状花序腋生，比叶长，常构成大型、较疏松的圆锥花序；小苞片 2，卵形，先端钝圆或稍尖，黄褐色，被短柔毛；花梗短，密被毛；花萼 5 浅裂，裂片通常短于萼筒，上方 2 裂片合生成 2 齿，裂片卵形或三角状卵形，先端尖，外面被白毛；花冠红紫色，极稀白色，长约 10 毫米，旗瓣倒卵形，先端微凹，翼瓣较短，近长圆形，基部具耳和瓣柄，龙骨瓣与旗瓣近等长，先端钝，基部具较长的瓣柄；子房被毛。荚果斜倒卵形，稍扁，表面具网纹，密被短柔毛。花期 7 ～ 9 月，果期 9 ～ 10 月。

生于海拔 150 ～ 1000 米的山坡、林缘、路旁、灌丛及杂木林间。

解剖图

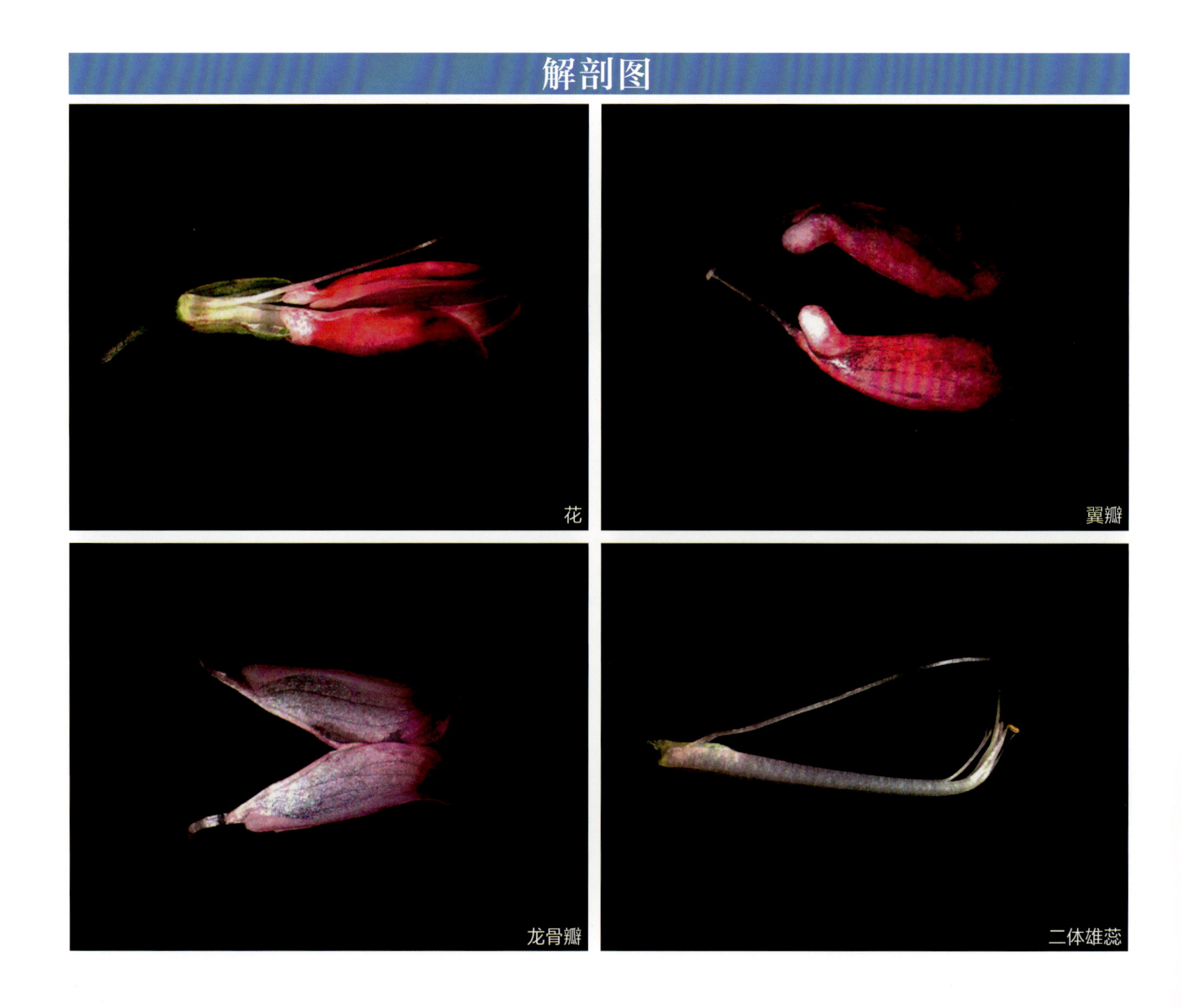

24.5 白车轴草 *Trifolium repens* L.

短期多年生草本，生长期达5年，高10～30厘米。主根短，侧根和须根发达。茎匍匐蔓生，上部稍上升，节上生根，全株无毛。掌状三出复叶；托叶卵状披针形，膜质，基部抱茎成鞘状，离生部分锐尖；叶柄较长；小叶倒卵形至近圆形，先端凹头至钝圆，基部楔形渐窄至小叶柄，中脉在下面隆起，侧脉约13对，与中脉作50度角展开，两面均隆起，近叶边分叉并伸达锯齿齿尖；小叶柄微被柔毛。花序球形，顶生，直径15～40毫米；总花梗甚长，比叶柄长近1倍，具花20～50（～80）朵，密集；无总苞；苞片披针形，膜质，锥尖；花梗比花萼稍长或等长，开花立即下垂；萼钟形，具脉纹10，萼齿5，披针形，稍不等长，短于萼筒，萼喉开张，无毛；花冠白色、乳黄色或淡红色，具香气；旗瓣椭圆形，比翼瓣和龙骨瓣长近1倍，龙骨瓣比翼瓣稍短；子房线状长圆形，花柱比子房略长，胚珠3～4颗。荚果长圆形。种子通常3粒，阔卵形。花果期5～10月。

我国常见于种植，并在湿润草地、河岸、路边呈半自生状态。

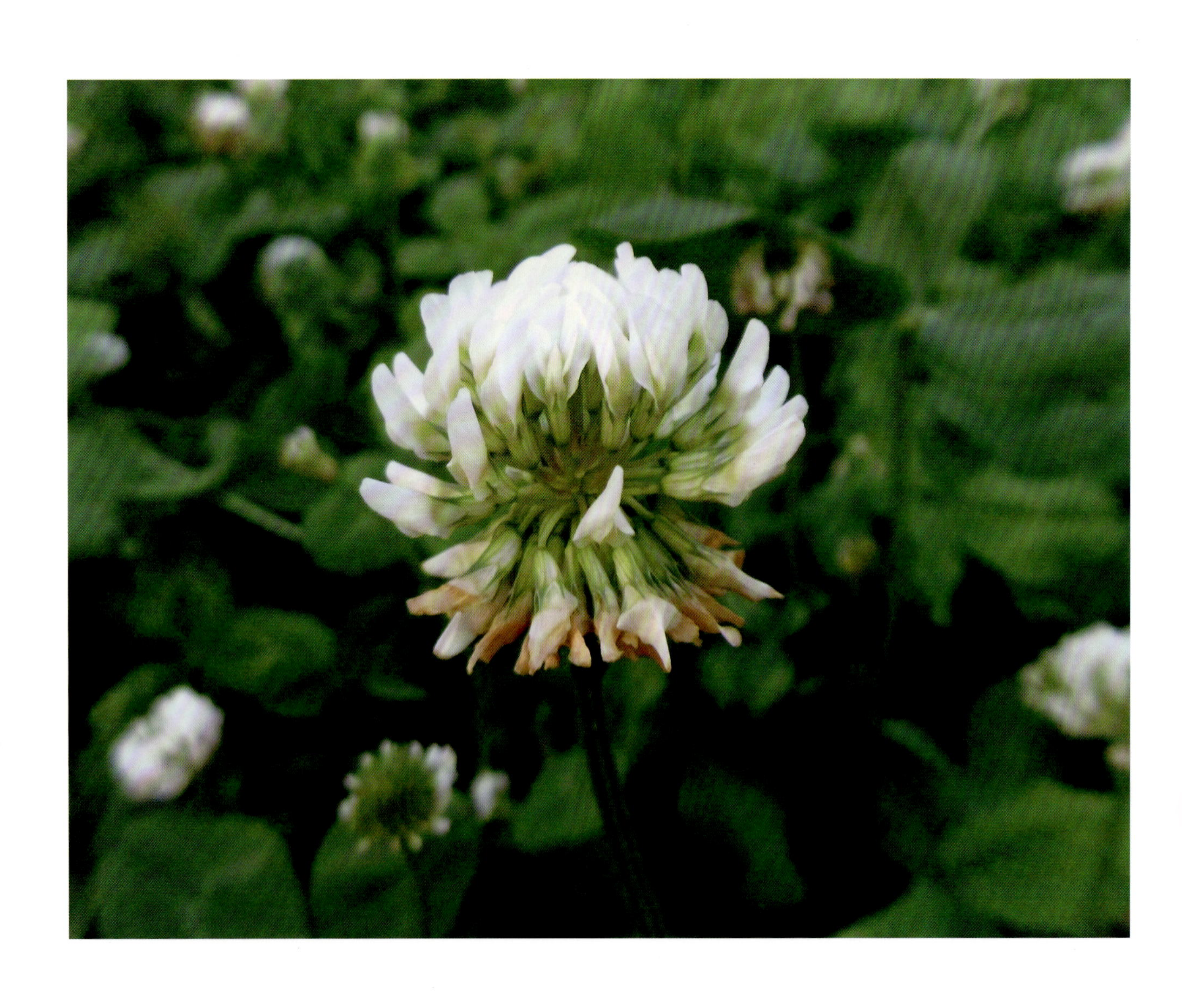

解剖图

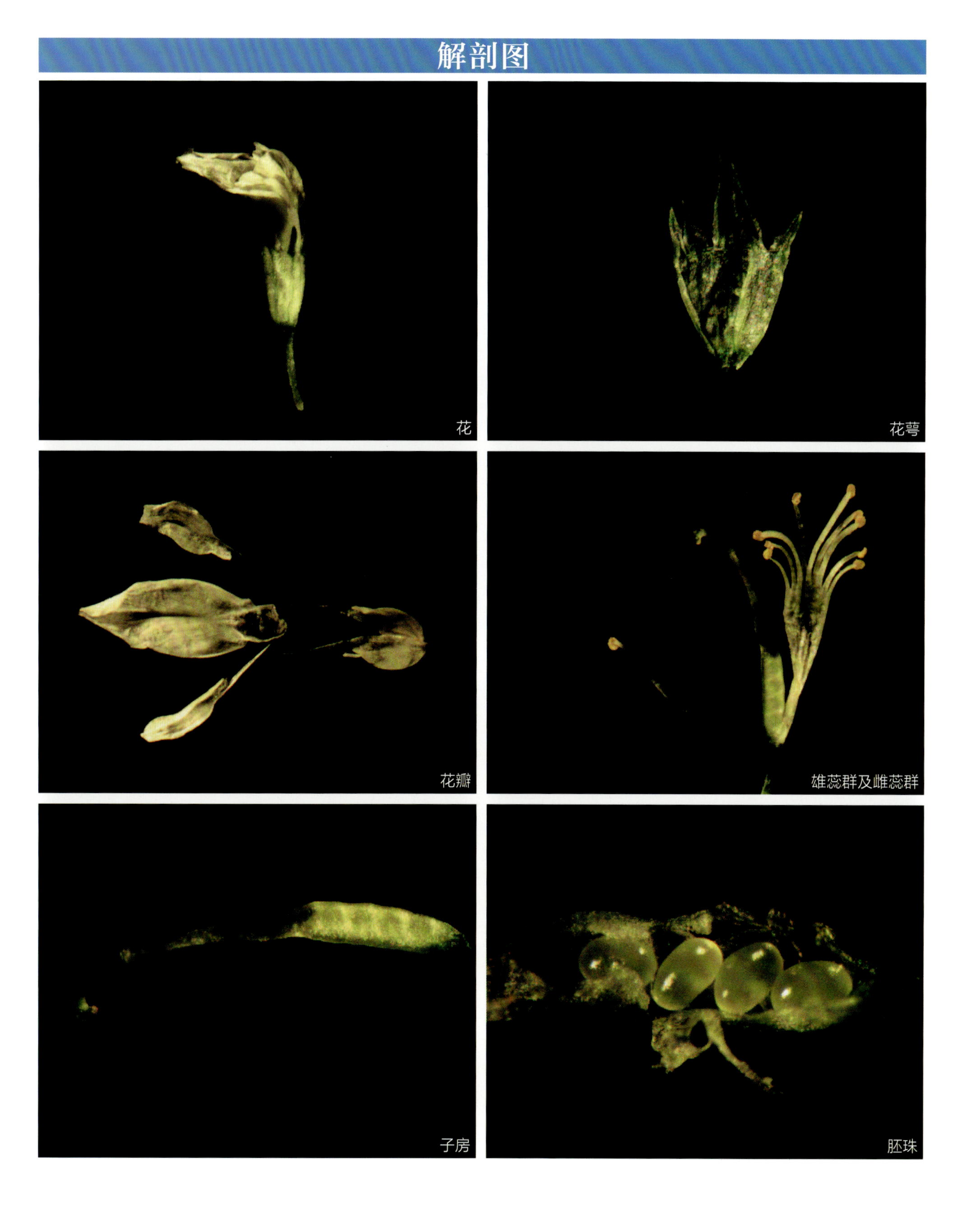

24 豆科 Leguminosa | 179

花 — 花萼 — 花瓣 — 雄蕊群及雌蕊群 — 子房 — 胚珠

24.6 黑龙江野豌豆 *Vicia amurensis* Oett.

多年生草本，高 50 ～ 100 厘米，植株近无毛。根粗壮，木质化。茎斜升攀援，具棱，偶数羽状复叶，近无柄；顶端卷须有 2 ～ 3 分支；托叶半箭头形，2 深裂，有 3 ～ 5 齿；小叶 3 ～ 6 对，椭圆形或长圆卵形，先端微凹，基部宽楔形；全缘，微被柔毛，后渐脱落；侧脉较密与中脉连接，直达边缘波形相连。总状花序与叶近等长；花 15 ～ 30 朵密集着生于总花序轴上部；花冠蓝紫色，稀紫色，花萼斜钟状，萼齿三角形或披针状三角形，下面 2 齿较长；旗瓣长圆形或近倒卵形，先端微凹，翼瓣与旗瓣近等长，龙骨瓣较短；子房无毛，胚珠 1 ～ 6，子房柄短。荚果菱形或近长圆形。种子 1 ～ 5 粒，扁圆形，种皮黑褐色，种脐细长。花期 6 ～ 8 月，果期 8 ～ 9 月。

生于海拔 450 米的湖滨、林缘、山坡、草地、灌丛。

解剖图

小叶

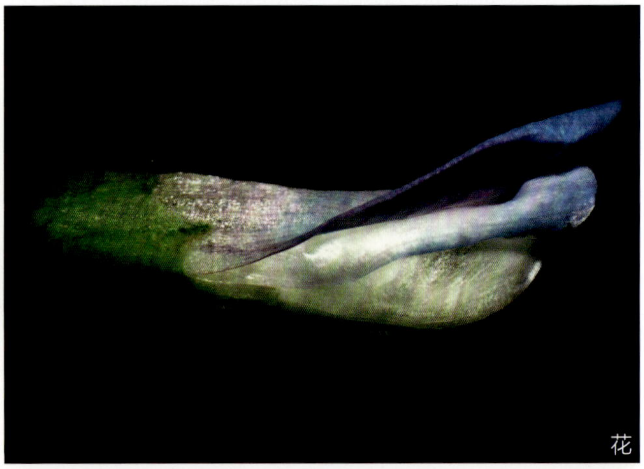

花

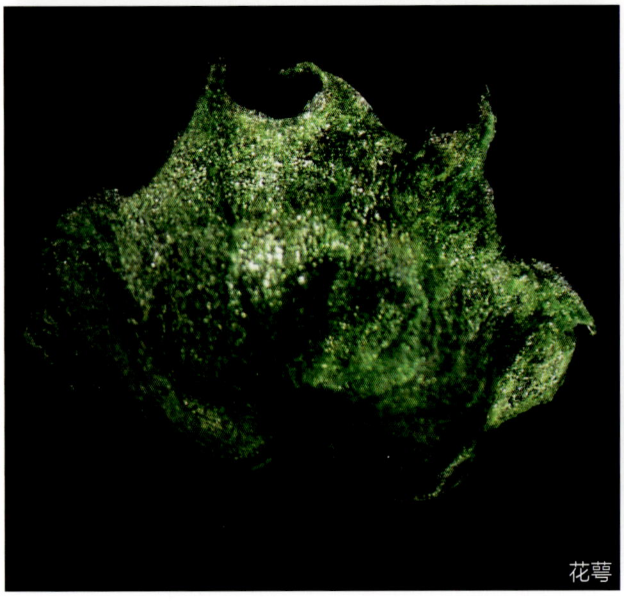

花萼

雄蕊群

24.7 歪头菜 **Vicia unijuga** A. Braun

解剖图

花

花萼

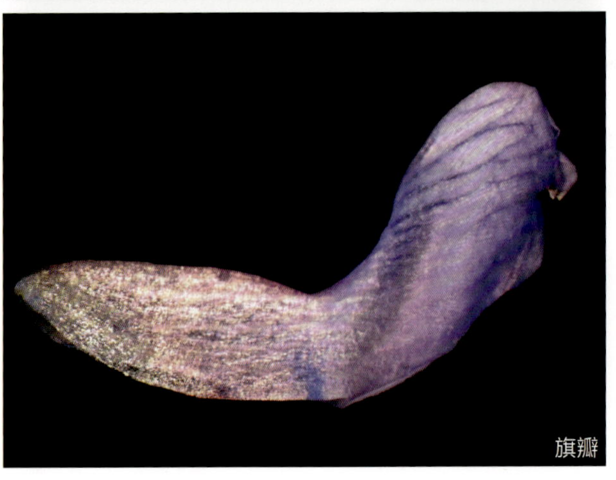
旗瓣

多年生草本，高(15～)40～100(～180)厘米。根茎粗壮近木质。通常数茎丛生，具棱，茎基部表皮红褐色或紫褐红色。叶轴末端为细刺尖头；偶见卷须，托叶戟形或近披针形，边缘有不规则齿蚀状；小叶1对，卵状披针形或近菱形，先端渐尖，边缘具小齿状，基部楔形，两面均疏被微柔毛。总状花序单一，稀有分支，呈圆锥状复总状花序，明显长于叶；花8～20朵一面密集于花序轴上部；花萼紫色，斜钟状或钟状，萼齿明显短于萼筒；花冠蓝紫色、紫红色或淡蓝色，旗瓣倒提琴形，中部缢缩，先端圆有凹，翼瓣先端钝圆，龙骨瓣短于翼瓣；子房线形，无毛，胚珠2～8，具子房柄，花柱上部四周被毛。荚果扁、长圆形，无毛，表皮棕黄色，近革质，两端渐尖，先端具喙，成熟时腹背开裂，果瓣扭曲。种子3～7粒，扁圆球形，种皮黑褐色，革质，种脐长相当于种子周长1/4。花期6～7月，果期8～9月。$2n = 12$。

生于低海拔至4000米的山地、林缘、草地、沟边及灌丛。

25

酢浆草科 Oxalidaceae

一年生或多年生草本，极少为灌木或乔木。根茎或鳞茎状块茎，通常肉质，或有地上茎。指状或羽状复叶或小叶萎缩而成单叶，基生或茎生；小叶在芽时或晚间背折而下垂，通常全缘；无托叶或有而细小。花两性，辐射对称，单花或组成近伞形花序或伞房花序，少有总状花序或聚伞花序；萼片5，离生或基部合生，覆瓦状排列，少数为镊合状排列；花瓣5，有时基部合生，旋转排列；雄蕊10，2轮，5长5短，外转与花瓣对生，花丝基部通常联合，有时5枚无药，花药2室，纵裂；雌蕊由5合生心皮组成，子房上位，5室，每室有1至数颗胚珠，中轴胎座，花柱5，离生，宿存，柱头通常头状，有时浅裂。果为开裂的蒴果或为肉质浆果。种子通常为肉质、干燥时产生弹力的外种皮，或极少具假种皮、胚乳肉质。

全球7～10属1000余种，其中酢浆草属（*Oxalis* L.）约800种，主产于南美洲，次为非洲，亚洲极少。我国有3属约10种，分布于南北各地。东北地区产1属4种。

25.1 酢浆草 Oxalis corniculata L.

草本，高 10 ～ 35 厘米，全株被柔毛。根茎稍肥厚。茎细弱，多分枝，直立或匍匐，匍匐茎节上生根。叶基生或茎上互生；托叶小，长圆形或卵形，边缘被密长柔毛，基部与叶柄合生，或同一植株下部托叶明显而上部托叶不明显；叶柄长 1 ～ 13 厘米，基部具关节；小叶 3，无柄，倒心形，长 4 ～ 16 毫米，宽 4 ～ 22 毫米，先端凹入，基部宽楔形，两面被柔毛或表面无毛，沿脉被毛较密，边缘具贴伏缘毛。花单生或数朵集为伞形花序状，腋生，总花梗淡红色，与叶近等长；花梗长 4 ～ 15 毫米，果后延伸；小苞片 2，披针形，长 2.5 ～ 4 毫米，膜质；萼片 5，披针形或长圆状披针形，长 3 ～ 5 毫米，背面和边缘被柔毛，宿存；花瓣 5，黄色，长圆状倒卵形，长 6 ～ 8 毫米，宽 4 ～ 5 毫米；雄蕊 10，花丝白色半透明，有时被疏短柔毛，基部合生，长、短互间，长者花药较大且早熟；子房长圆形，5 室，被短伏毛，花柱 5，柱头头状。蒴果长圆柱形，长 1 ～ 2.5 厘米，5 棱。种子长卵形，长 1 ～ 1.5 毫米，褐色或红棕色，具横向肋状网纹。花果期 2 ～ 9 月。

生于山坡草池、河谷沿岸、路边、田边、荒地或林下阴湿处等。

解剖图
叶
托叶背面观
托叶与叶柄基部联合
花序
雄蕊群和雌蕊群
子房
子房横切
胚珠

26

牻牛儿苗科 Geraniaceae

草本，稀为亚灌木或灌木。叶互生或对生，叶片通常掌状或羽状分裂，具托叶。聚伞花序腋生或顶生，稀花单生；花两性，整齐，辐射对称或稀为两侧对称；萼片通常5或稀为4，覆瓦状排列；花瓣5或稀为4，覆瓦状排列；雄蕊10～15，2轮，外轮与花瓣对生，花丝基部合生或分离，花药丁字着生，纵裂；蜜腺通常5，与花瓣互生；子房上位，心皮2～3～5，通常3～5室，每室具1～2倒生胚珠，花柱与心皮同数，通常下部合生，上部分离。果实为蒴果，通常由中轴延伸成喙，稀无喙，室间开裂或稀不开裂，每果瓣具1粒种子，成熟时果瓣通常爆裂或稀不开裂，开裂的果瓣常由基部向上反卷或成螺旋状卷曲，顶部通常附着于中轴顶端。种子具微小胚乳或无胚乳，子叶折叠。$x=7$，14。

全球11属约750种，广泛分布于温带、亚热带和热带山地。我国有4属约67种，其中天竺葵属（*Pelargonium* L'Her.）为栽培观赏花卉，基余各属主要分布于温带，少数分布于亚热带山地。东北地区产2属14种1变种。

26.1 鼠掌老鹳草 Geranium sibiricum L.

一年生或多年生草本，高 30 ～ 70 厘米。根为直根，有时具不多的分枝。茎纤细，仰卧或近直立，多分枝，具棱槽，被倒向疏柔毛。叶对生；托叶披针形，先端渐尖，基部抱茎，外被倒向长柔毛；基生叶和茎下部叶具长柄，柄长为叶片的 2 ～ 3 倍；下部叶片肾状五角形，基部宽心形，掌状 5 深裂，裂片倒卵形、菱形或长椭圆形，中部以上齿状羽裂或齿状深缺刻，下部楔形，两面被疏伏毛，背面沿脉被毛较密；上部叶片具短柄，3 ～ 5 裂。总花梗丝状，单生于叶腋，长于叶，被倒向柔毛或伏毛，具 1 花或偶具 2 花；苞片对生，棕褐色、钻状、膜质，生于花梗中部或基部；萼片卵状椭圆形或卵状披针形，长约 5 毫米，先端急尖，具短尖头，背面沿脉被疏柔毛；花瓣倒卵形，淡紫色或白色，等于或稍长于萼片，先端微凹或缺刻状，基部具短爪；花丝扩大成披针形，具缘毛；花柱不明显，分枝长约 1 毫米。蒴果长 15 ～ 18 毫米，被疏柔毛，果梗下垂。种子肾状椭圆形，黑色，长约 2 毫米，宽约 1 毫米。花期 6 ～ 7 月，果期 8 ～ 9 月。

生于林缘、疏灌丛、河谷草甸或为杂草。

解剖图

亚麻科 Linaceae

通常为草本或稀为灌木。单叶，全缘，互生或对生，无托叶或具不明显托叶。花序为聚伞花序、二歧聚伞花序或蝎尾状聚伞花序（此时花序外形似总状花序）；花整齐，两性，4～5数；萼片覆瓦状排列，宿存，分离；花瓣辐射对称或螺旋状，常早落，分离或基部合生；雄蕊与花被同数或为其2～4倍，排成一轮或有时具一轮退化雄蕊，花丝基部扩展，合生成筒或环；子房上位，2～3（～5）室；心皮常由中脉处延伸成假隔膜，但隔膜不与中柱胎座联合，每室具1～2胚珠；花柱与心皮同数，分离或合生，柱头各式。果实为室背开裂的蒴果或为含1粒种子的核果。种子具微弱发育的胚乳，胚直立。

全球约12属300余种，全世界广布，但主要分布于温带。我国有4属14种，全国广布，但木本类群主要分布于亚热带，草木类群主要分布于温带，特别是干旱和高寒地区。东北地区产1属4种。

27.1 亚麻 Linum usitatissimum L.

一年生草本。茎直立，高 30 ～ 120 厘米，多在上部分枝，有时自茎基部亦有分枝，但密植则不分枝，基部木质化，无毛，韧皮部纤维强韧弹性，构造如棉。叶互生；叶片线形，线状披针形或披针形，先端锐尖，基部渐狭，无柄，内卷，有 3（～ 5）出脉。花单生于枝顶或枝的上部叶腋，组成疏散的聚伞花序；花梗长 1 ～ 3 厘米，直立；萼片 5，卵形或卵状披针形，先端凸尖或长尖，有 3（～ 5）脉；中央一脉明显凸起，边缘膜质，无腺点，全缘，有时上部有锯齿，宿存；花瓣 5，倒卵形，蓝色或紫蓝色，稀白色或红色，先端啮蚀状；雄蕊 5，花丝基部合生；退化雄蕊 5，钻状；子房 5 室，花柱 5，分离，柱头比花柱微粗，细线状或棒状，长于或几等于雄蕊。蒴果球形，干后棕黄色，顶端微尖，室间开裂成 5 瓣。种子 10 粒，长圆形，扁平，棕褐色。花期 6 ～ 8 月，果期 7 ～ 10 月。

全国各地皆有栽培，但以北方和西南地区较为普遍；有时逸为野生。

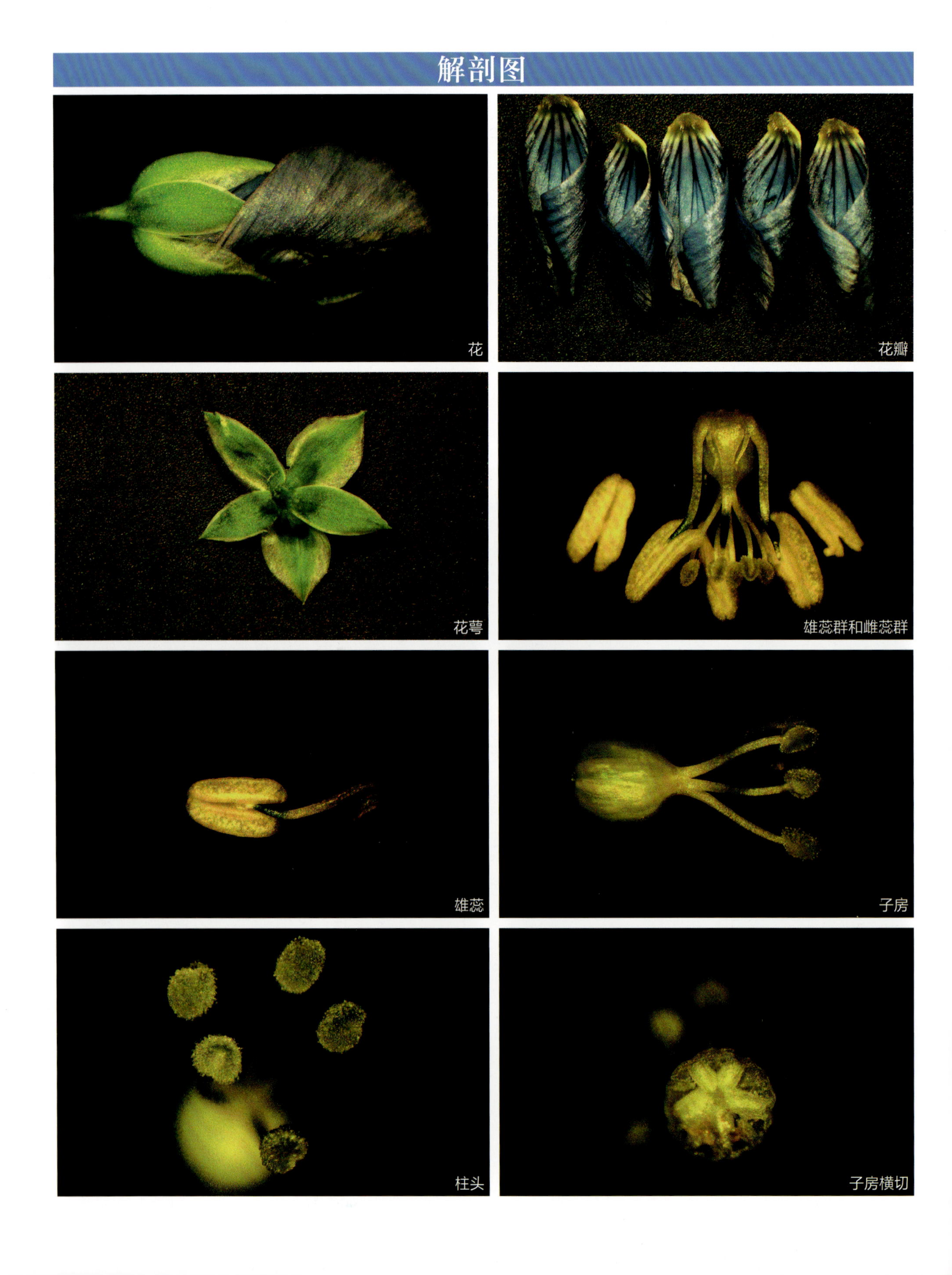
解剖图
花
花瓣
花萼
雄蕊群和雌蕊群
雄蕊
子房
柱头
子房横切

大戟科 Euphorbiaceae

乔木、灌木或草本，稀为木质或草质藤本；木质根，稀为肉质块根；通常无刺；常有乳状汁液。叶互生，少有对生或轮生，单叶，稀为复叶；叶柄长至极短，基部或顶端有时具有 1 ～ 2 腺体；托叶 2，早落或宿存，稀托叶鞘状，脱落后具环状托叶痕。花单性，雌雄同株或异株，单花或组成各式花序，通常为聚伞花序或总状花序，在大戟类中为特殊化的杯状花序；萼片分离或在基部合生，覆瓦状或镊合状排列；花瓣有或无；花盘环状或分裂成为腺体状，稀无花盘；雄蕊1至多数，花丝分离或合生成柱状，花药外向或内向，基生或背部着生，药室 2，稀 3 ～ 4，纵裂；雄花常有退化雌蕊；子房上位，3 室，每室有 1 ～ 2 胚珠着生于中轴胎座上，花柱与子房室同数，分离或基部联合，顶端常 2 至多裂，直立、平展或卷曲，柱头形状多变，表面平滑或有小颗粒状凸体，稀被毛或有皮刺。果为蒴果。种子常有显著种阜，胚乳丰富、肉质或油质，子叶通常扁而宽，稀卷叠式。

全球约 300 属 5000 种，广布于全球，但主产于热带和亚热带。我国连引入栽培共 70 多属约 460 种，分布于全国各地，但主产地为西南部至台湾。东北地区产 7 属 22 种 5 变种 1 变型。

28.1 铁苋菜 Acalypha australis L.

一年生草本。小枝细长，被贴毛柔毛。叶膜质，长卵形、近菱状卵形或阔披针形，顶端短渐尖，基部楔形，稀圆钝，边缘具圆锯，上面无毛，下面沿中脉具柔毛；基出脉3，侧脉3对；叶柄长2～6厘米，具短柔毛；托叶披针形，具短柔毛。雌雄花同序，花序腋生，稀顶生，花序轴具短毛，雌花苞片1～2（～4），卵状心形，花后增大，边缘具三角形齿，外面沿掌状脉具疏柔毛，苞腋具雌花1～3朵；花梗无；雄花生于花序上部，排列呈穗状或头状，雄花苞片卵形，苞腋具雄花5～7朵，簇生；雄花：花蕾时近球形，无毛，花萼裂片4，卵形；雄蕊7～8；雌花：萼片3，长卵形，具疏毛；子房具疏毛，花柱3，撕裂5～7。蒴果直径4毫米，具3个分果爿，果皮具疏生毛和毛基变厚的小瘤体。种子近卵状，种皮平滑，假种阜细长。花果期4～12月。

生于海拔20～1200（～1900）米的平原或山坡较湿润耕地和空旷草地，有时生于石灰岩山疏林下。

解剖图

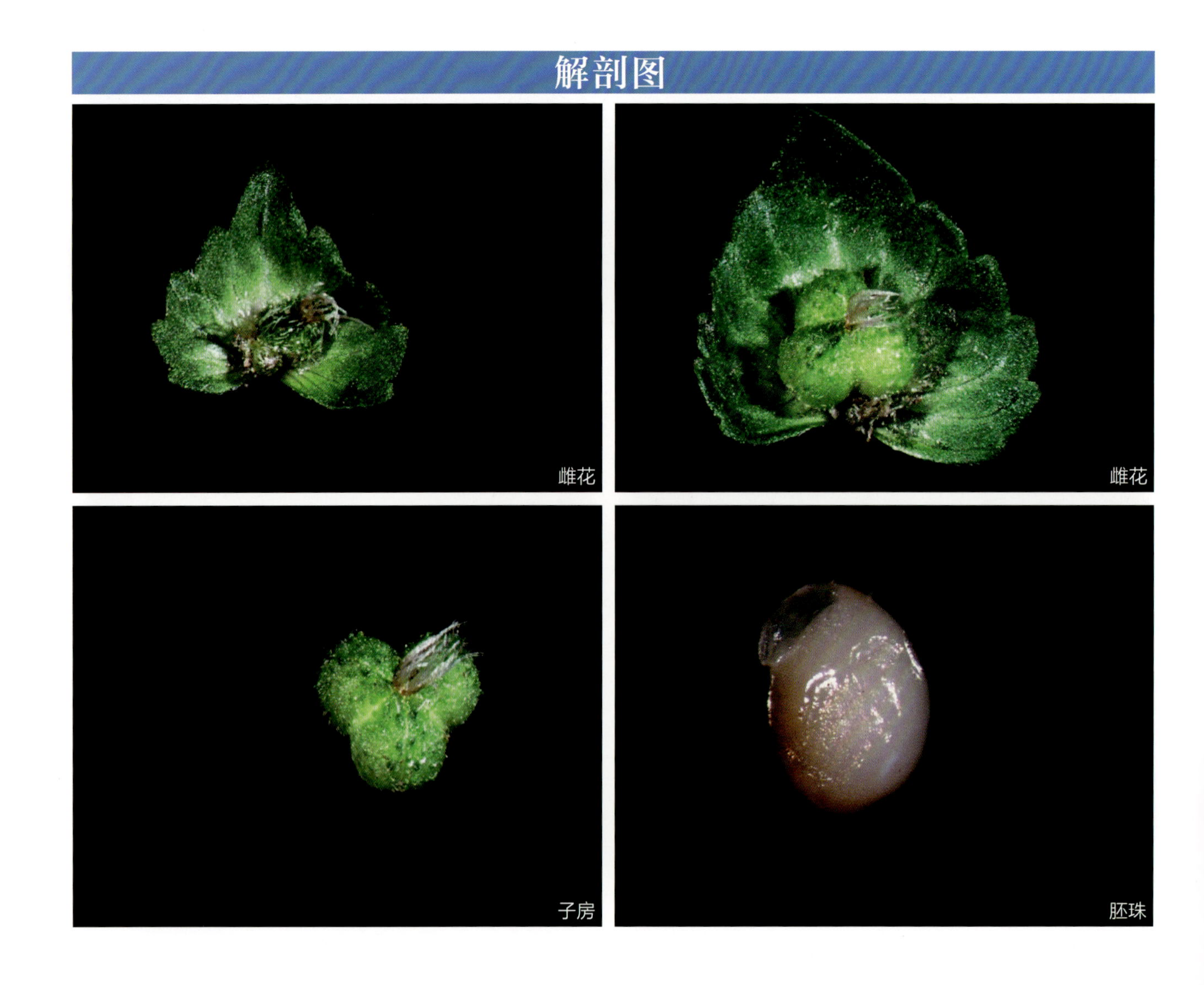

雌花　雌花　子房　胚珠

28.2 叶底珠 **Flueggea suffruticosa** (Pall.) Baill.

解剖图

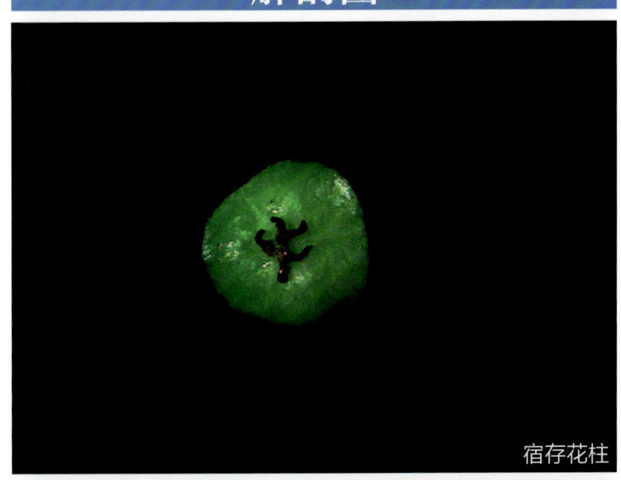
宿存花柱

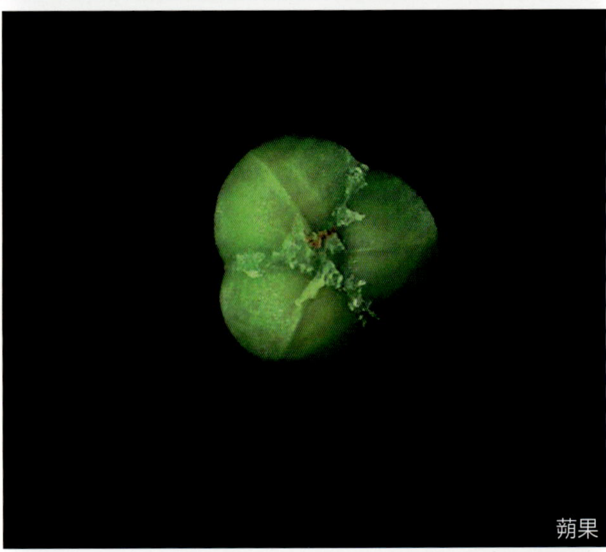
蒴果

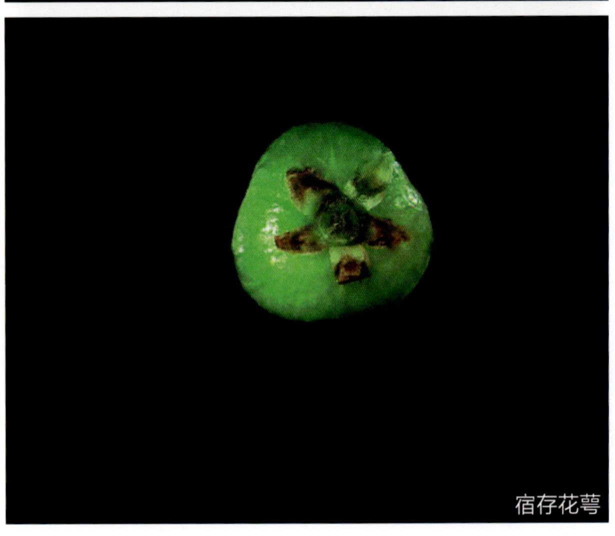
宿存花萼

灌木，高 1 ～ 3 米，全株无毛，多分枝。小枝浅绿色，近圆柱形，有棱槽，有不明显的皮孔。叶片纸质，椭圆形或长椭圆形，稀倒卵形，顶端急尖至钝，基部钝至楔形，全缘或中部有不整齐的波状齿或细锯齿，下面浅绿色；侧脉每边 5 ～ 8，两面凸起，网脉略明显；托叶卵状披针形，长 1 毫米，宿存。花小，雌雄异株，簇生于叶腋；雄花：3 ～ 18 朵簇生；萼片通常 5；雄蕊 5，花药卵圆形；花盘腺体退化，雌蕊圆柱形，顶端 2 ～ 3 裂；雌花：萼片 5，椭圆形至卵形，近全缘，背部呈龙骨状凸起；花盘盘状，全缘或近全缘；子房卵圆形，3（～ 2）室，花柱 3，分离或基部合生，直立或外弯。蒴果三棱状扁球形，直径约 5 毫米，成熟时淡红褐色，有网纹，3 爿裂；果梗基部常有宿存的萼片。种子卵形而侧扁压状，褐色而有小疣状凸起。花期 3 ～ 8 月，果期 6 ～ 11 月。

生于海拔 800 ～ 2500 米的山坡灌丛中或山沟、路边。

29

芸香科 Rutaceae

常绿或落叶乔木，灌木或草本，稀攀援性灌木，通常有油点，有或无刺，无托叶。叶互生或对生，单叶或复叶。花两性或单性，稀杂性同株，辐射对称，很少两侧对称；聚伞花序，稀总状或穗状花序；萼片4或5，离生或部分合生；花瓣4或5，离生，极少下部合生，覆瓦状排列，稀镊合状排列；雄蕊4或5，或为花瓣数的倍数，花丝分离或部分连生成多束或呈环状，花药纵裂，药隔顶端常有油点；雌蕊通常由4或5、稀较少或更多心皮组成，心皮离生或合生，蜜盆明显，环状，子房上位，稀半下位，花柱分离或合生，柱头常增大，很少约与花柱同粗，中轴胎座，稀侧膜胎座，每心皮有上下叠置、稀两侧并列的胚珠2，稀1或较多，胚珠向上转，倒生或半倒生。果为蓇葖果、蒴果、翅果、核果。种子有或无胚乳，子叶平凸或皱褶，常富含油点，胚直立或弯生，很少多胚。

全球约150属1600种，全世界分布，主产热带和亚热带，少数分布至温带。我国连引进栽培的共28属约151种28变种，分布于全国各地，主产西南部和南部。东北地区产7属9种1变种。

29.1 黄檗 **Phellodendron amurense** Rupr.

乔木。树高10～20米，大树高达30米，胸径1米，枝扩展。成年树的树皮有厚木栓层，浅灰色或灰褐色，深沟状或不规则网状开裂，内皮薄，鲜黄色，味苦，黏质。小枝暗紫红色，无毛。叶轴及叶柄均纤细，有小叶5～13，小叶薄纸质或纸质，卵状披针形或卵形，长6～12厘米，宽2.5～4.5厘米，顶部长渐尖，基部阔楔形，一侧斜尖，或为圆形，叶缘有细钝齿和缘毛，叶面无毛或中脉有疏短毛，叶背仅基部中脉两侧密被长柔毛，秋季落叶前叶色由绿转黄而明亮，毛被大多脱落。花序顶生；萼片细小，阔卵形，长约1毫米；花瓣紫绿色，长3～4毫米；雄花的雄蕊比花瓣长，退化雌蕊短小。果圆球形，径约1厘米，蓝黑色，通常有5～8（～10）浅纵沟，干后较明显。种子通常5粒。花期5～6月，果期9～10月。

多生于山地杂木林中或山区河谷沿岸。适应性强，喜阳光，耐严寒，宜于平原或低丘陵坡地、路旁、住宅旁及溪河附近水土较好的地方种植。

解剖图

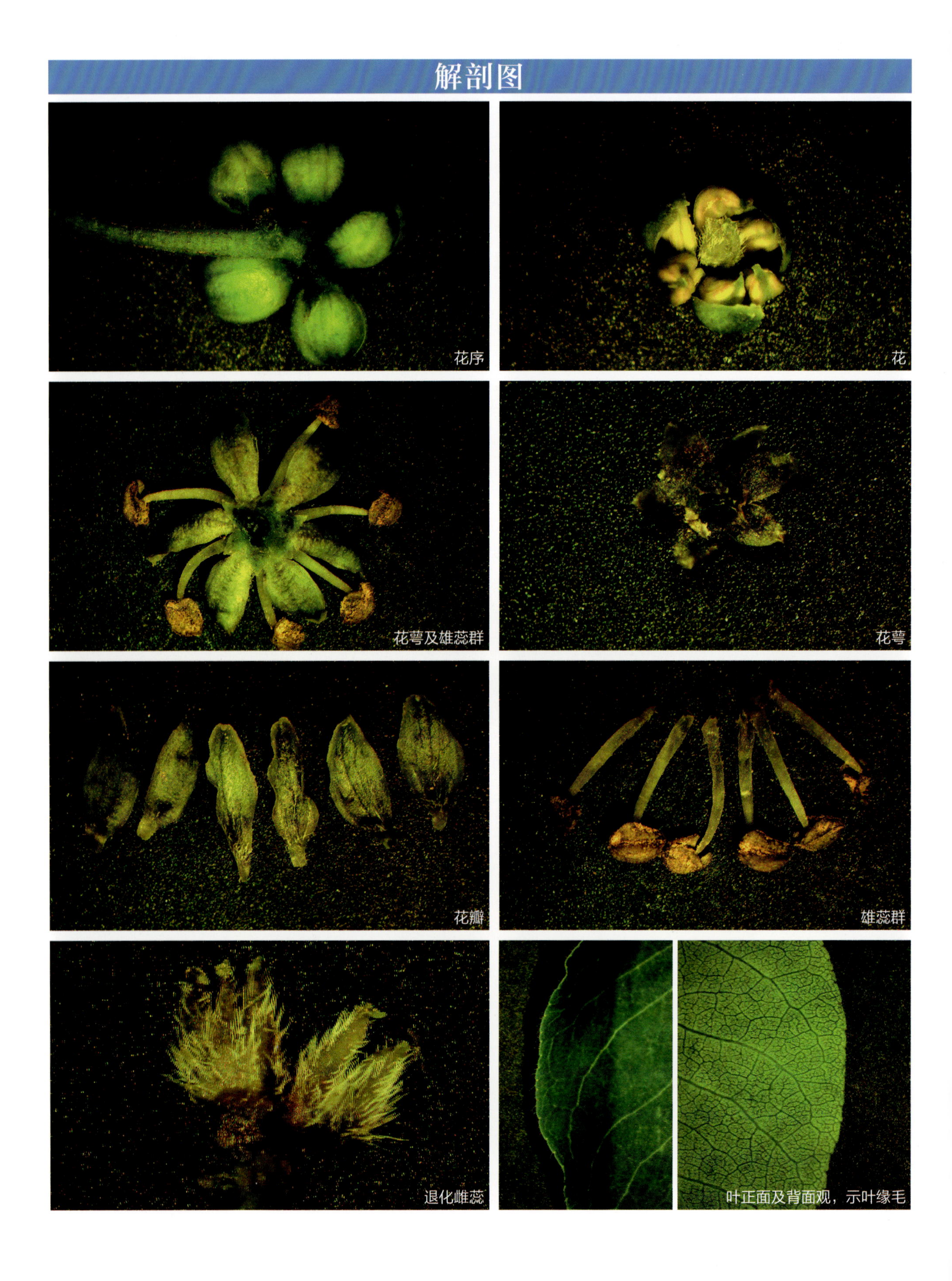

29.2 芸香 Ruta graveolens L.

落地栽种之植株高达1米，各部有浓烈特殊气味。叶二至三回羽状复叶，长6～12厘米，末回小羽裂片短匙形或狭长圆形，长5～30毫米，宽2～5毫米，灰绿色或带蓝绿色。花金黄色，花径约2厘米；萼片4；花瓣4；雄蕊8，花初开放时与花瓣对生的4枚贴附于花瓣上，与萼片对生的另4枚斜展且外露，较长，花盛开时全部并列一起，挺直且等长，花柱短，子房通常4室，每室有胚珠多颗。果长6～10毫米，由顶端开裂至中部，果皮有凸起的油点。种子甚多，肾形，长约1.5毫米，褐黑色。花期3～6月及冬季末期，果期7～9月。

我国南北有栽培，多盆栽。

解剖图

30

凤仙花科 Balsaminaceae

一年生或多年生草本。茎通常肉质，直立或平卧，下部节上常生根。单叶，螺旋状排列，对生或轮生，具柄或无柄，无托叶或有时叶柄基具1对托叶状腺体，羽状脉，边缘具圆齿或锯齿，齿端具小尖头，齿基部常具腺状小尖。花两性，雄蕊先熟，两侧对称，萼片3，稀5，侧生萼片离生或合生，下面倒置的1萼片（亦称唇瓣）大，花瓣状，通常呈舟状，漏斗状或囊状，基部渐狭或急收缩成具蜜腺的距；花瓣5，分离，位于背面的一花瓣（即旗瓣）离生，下面的侧生花瓣成对合生成2裂的翼瓣，基部裂片小于上部裂片；雄蕊5，与花瓣互生，花丝短，扁平，内侧具鳞片状附属物；花药2室，缝裂或孔裂；雌蕊由4或5心皮组成；子房上位，4或5室，每室具2至多数倒生胚珠；花柱1，极短或无花柱，柱头1～5。果实为假浆果或多少肉质，4～5裂爿片弹裂的蒴果。种子从开裂的裂爿中弹出，无胚乳，种皮光滑或具小瘤状突起。

全球2属900余种，主要分布于亚洲热带和亚热带及非洲，少数种在欧洲，亚洲温带及北美洲也有分布。我国2属均产，已知有220余种，南北均产。东北地区产1属4种。

30.1 凤仙花 Impatiens balsamina L.

一年生草本，高 60 ～ 100 厘米。茎粗壮，肉质，直立，不分枝或有分枝，具多数纤维状根，下部节常膨大。叶互生，最下部叶有时对生；叶片披针形、狭椭圆形或倒披针形，先端尖或渐尖，基部楔形，边缘有锐锯齿，向基部常有数对无柄的黑色腺体，两面无毛或被疏柔毛，侧脉 4 ～ 7 对；叶柄长 1 ～ 3 厘米，上面有浅沟，两侧具数对具柄的腺体。花单生或 2 ～ 3 朵簇生于叶腋，无总花梗，白色、粉红色或紫色，单瓣或重瓣；花梗密被柔毛；苞片线形，位于花梗的基部；侧生萼片 2，卵形或卵状披针形，唇瓣深舟状，被柔毛，基部急尖成内弯的距；旗瓣圆形，兜状，先端微凹，背面中肋具狭龙骨状突起，顶端具小尖，翼瓣具短柄，2 裂，下部裂片小，倒卵状长圆形，上部裂片近圆形，先端 2 浅裂，外缘近基部具小耳；雄蕊 5，花丝线形，花药卵球形，顶端钝；子房纺锤形，密被柔毛。蒴果宽纺锤形：两端尖，密被柔毛。种子多数，圆球形，黑褐色。花期 7 ～ 10 月，果期 7 ～ 10 月。

东北林区有栽培。

解剖图

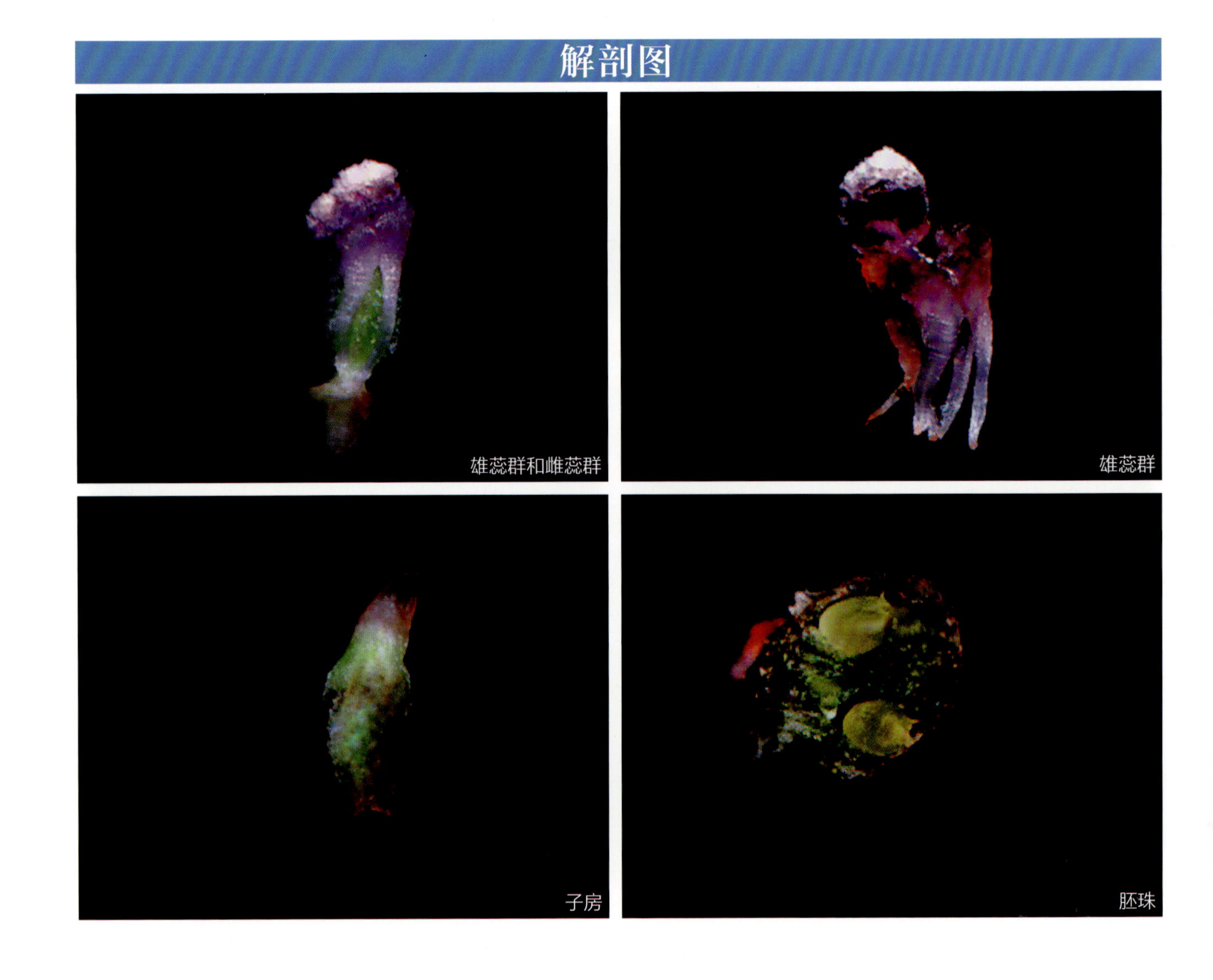

雄蕊群和雌蕊群

雄蕊群

子房

胚珠

卫矛科 Celastraceae

常绿或落叶乔木、灌木或藤本灌木及匍匐小灌木。单叶对生或互生，少为3叶轮生并类似互生；托叶细小，早落或无，稀明显而与叶俱存。花两性或退化为功能性不育的单性花，杂性同株，较少异株；聚伞花序1至多次分枝，具较小的苞片和小苞片；花4～5数，花部同数或心皮减数，花萼花冠分化明显，极少萼冠相似或花冠退化，花萼基部通常与花盘合生，花萼分为4～5萼片，花冠具4～5分离花瓣，少为基部贴合，常具明显肥厚花盘，极少花盘不明显或近无，雄蕊与花瓣同数，着生花盘之上或花盘之下，花药2室或1室，心皮2～5，合生，子房下部常陷入花盘而与之合生或与之融合而无明显界线，或仅基部与花盘相连，大部游离，子房室与心皮同数或退化成不完全室或1室，倒生胚珠，通常每室2～6，少为1，轴生、室顶垂生，较少基生。多为蒴果，亦有核果、翅果或浆果。种子多少被肉质具色假种皮包围，稀无假种皮，胚乳肉质丰富。

全球约60属850种，主要分布于热带、亚热带及温暖，少数进入寒温带。我国有12属201种，全国均产，其中引进栽培有1属1种。东北地区产3属13种3变种。

31.1 刺苞南蛇藤 *Celastrus flagellaris* Rupr.

藤本灌木。小枝光滑。冬芽小，钝三角状，最外一对芽鳞宿存，并特化成坚硬钩刺，长 1.5 ～ 2.5 毫米，在一年生小枝上芽鳞刺最为明显。叶阔椭圆形或卵状阔椭圆形，稀倒卵椭圆形，长 3 ～ 6 厘米，宽 2 ～ 4.5 厘米，先端较阔，具短尖或极短渐尖，基部渐窄，边缘具纤毛状细锯齿或锯齿，齿端常成细硬刺状，侧脉 4 ～ 5 对，叶主脉上具细疏短毛或近无毛；叶柄细长，通常为叶片的 1/3 或达 1/2；托叶丝状深裂，长 2 ～ 3 毫米，早落。聚伞花序腋生，1 ～ 5 花或更多，花序近无梗或梗长 1 ～ 2 毫米，小花梗长 2 ～ 5 毫米，关节位于中部之下；雄花萼片长方形，长 1.8 毫米；花瓣长方窄倒卵形，长 3 ～ 3.5 毫米，宽 1 ～ 1.2 毫米，花盘浅杯状，顶端近平截，雄蕊稍长于花冠，在雌花中退化雄蕊长约 1 毫米；子房球状。蒴果球状，直径 2 ～ 8 毫米。种子近椭圆状，长约 3 毫米，直径约 2 毫米，棕色。花期 4 ～ 5 月，果期 8 ～ 9 月。

生于山谷、河岸低湿地的林缘或灌丛中。

解剖图

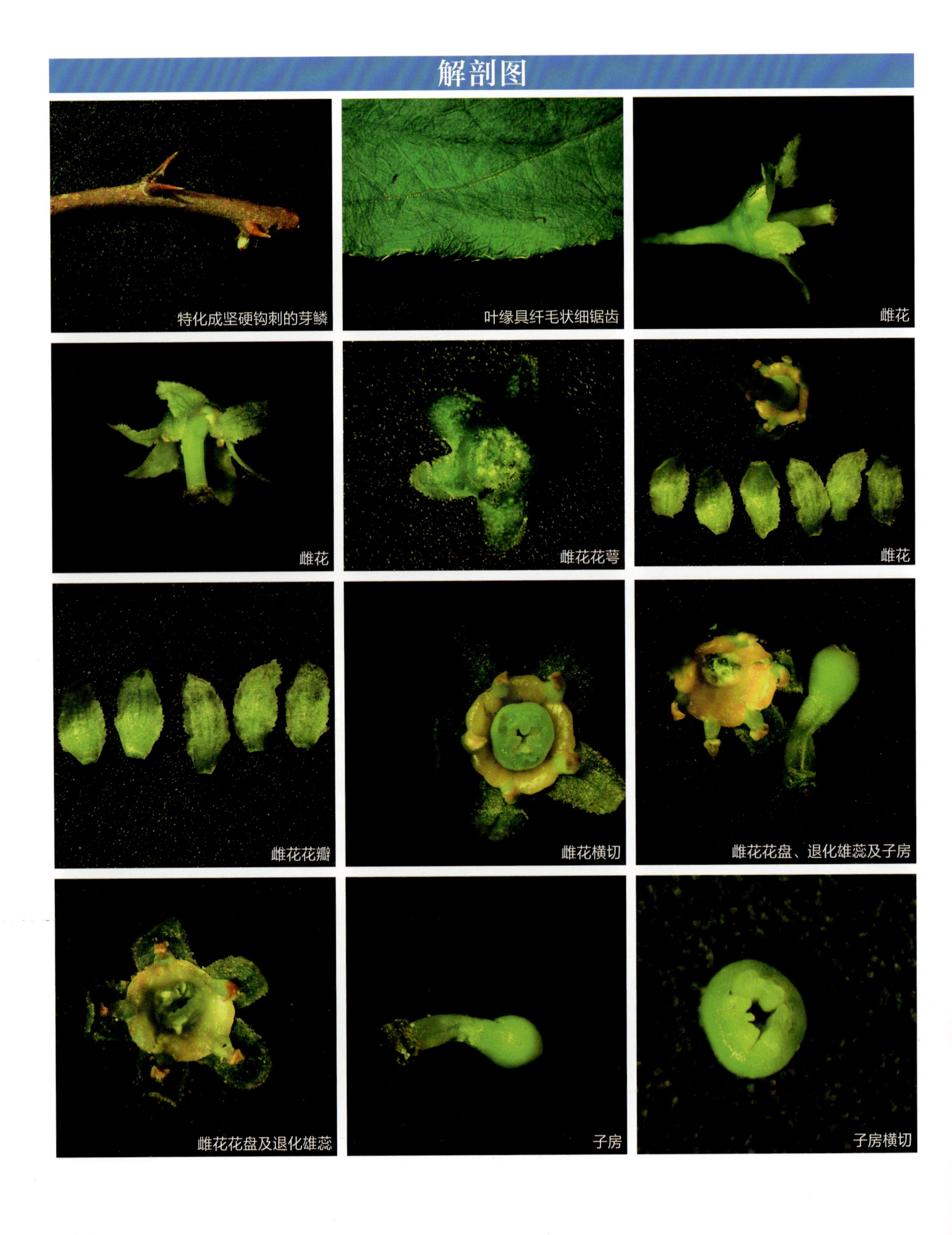
特化成坚硬钩刺的芽鳞
叶缘具纤毛状细锯齿
雌花
雌花
雌花花萼
雌花
雌花花瓣
雌花横切
雌花花盘、退化雄蕊及子房
雌花花盘及退化雄蕊
子房
子房横切

31.2 华北卫矛 Euonymus maackii Rupr.

小乔木，高达 6 米。叶卵状椭圆形、卵圆形或窄椭圆形，长 4～8 厘米，宽 2～5 厘米，先端长渐尖，基部阔楔形或近圆形，边缘具细锯齿，有时极深而锐利；叶柄通常细长，常为叶片的 1/4～1/3，但有时较短。聚伞花序 3 至多花，花序梗略扁，长 1～2 厘米；花 4 数，淡白绿色或黄绿色，直径约 8 毫米；小花梗长 2.5～4 毫米；雄蕊花药紫红色，花丝细长，长 1～2 毫米。蒴果倒圆心状，4 浅裂，长 6～8 毫米，直径 9～10 毫米，成熟后果皮粉红色。种子长椭圆状，长 5～6 毫米，直径约 4 毫米，种皮棕黄色，假种皮橙红色，全包种子，成熟后顶端常有小口。花期 5～6 月，果期 9 月。

东北林区有栽培。

解剖图

成熟蒴果开裂

具假种皮的种子

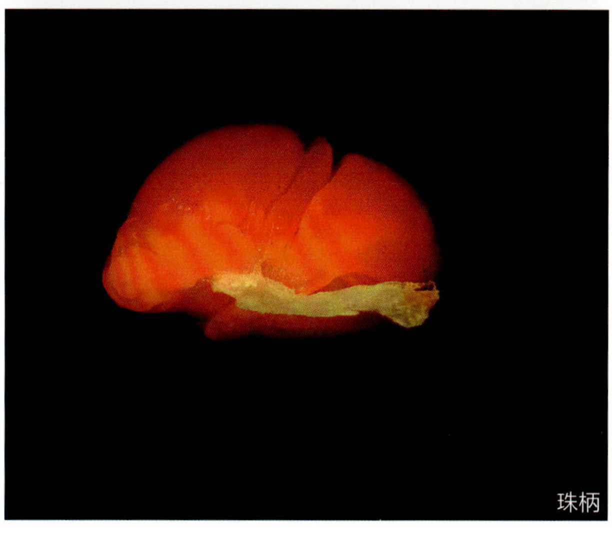
珠柄

31.3 瘤枝卫矛 Euonymus verrucosus Scop.

落叶灌木，高 1 ～ 3 米。小枝常被黑褐色长圆形木栓质扁瘤突。叶纸质，倒卵形或长方倒卵形，长 3 ～ 6 厘米，宽 1.5 ～ 3.5 厘米，先端长渐尖，基部阔楔形或近圆形，边缘有细密浅锯齿，侧脉 4 ～ 7 对，纤细，叶片两面被密柔毛；叶近无柄。聚伞花序 1 ～ 3 花，很少有 4 ～ 5 花；花序梗细长，长 2 ～ 3 厘米；小花梗长约 3 毫米，中央花常无梗或具长 2 毫米以下小花梗；花紫红色或红棕色，直径 6 ～ 8 毫米；萼片有缘毛；花瓣近圆形；花盘扁平圆形；雄蕊着生花盘近边缘处，无花丝；子房大部生于花盘内，柱头小。蒴果黄色或极浅黄色，倒三角状，上部 4 裂稍深，直径约 8 毫米，果序梗细长，长 2.5 ～ 6 厘米；小果梗长 3 ～ 5 毫米。种子长方椭圆状，长约 6 毫米，棕红色，假种皮红色，包围种子全部。花期 6 ～ 7 月，果期 7 ～ 9 月。

生于山地树林中。

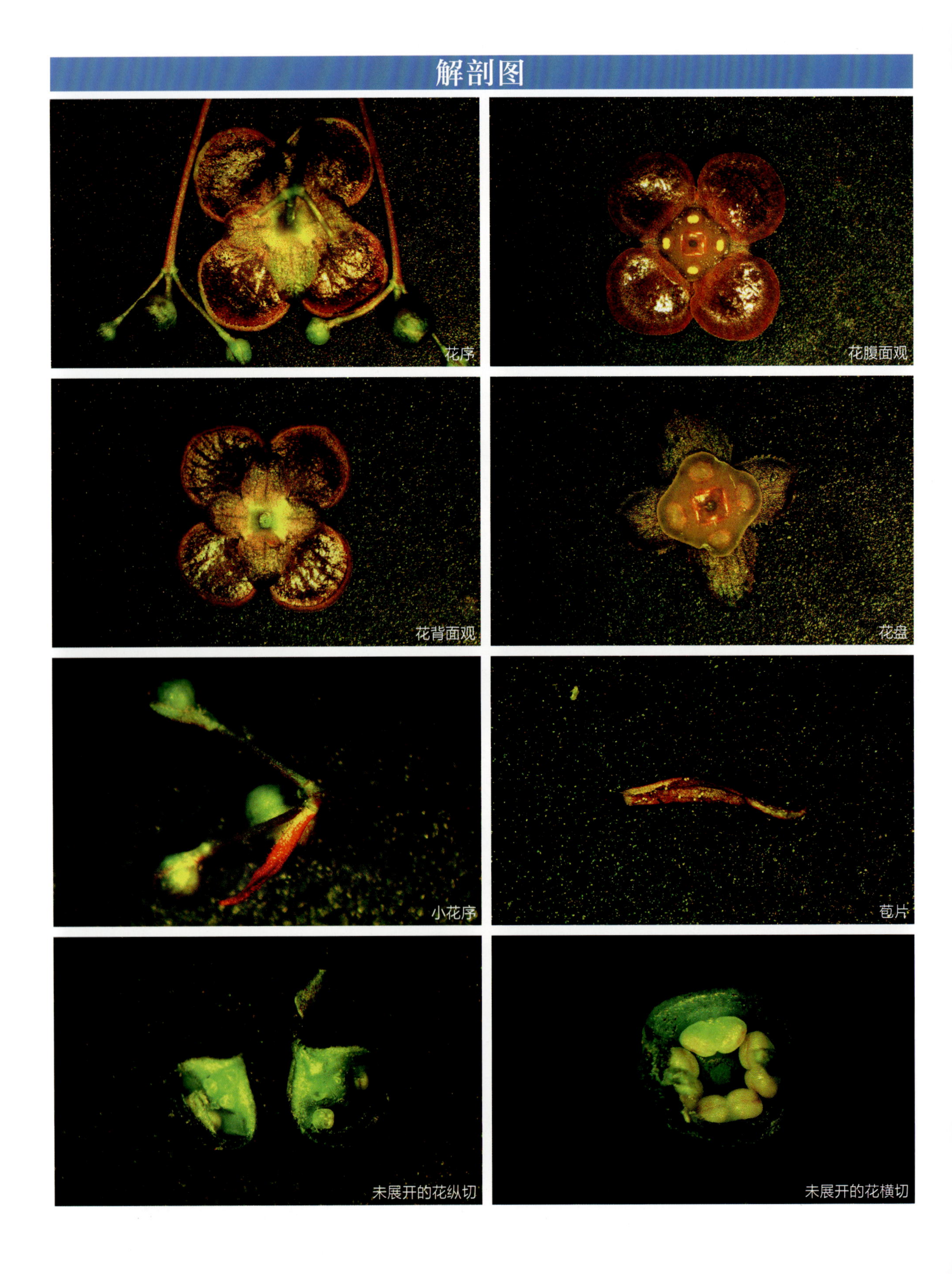
解剖图
花序
花腹面观
花背面观
花盘
小花序
苞片
未展开的花纵切
未展开的花横切

32

葡萄科 Vitaceae

攀援木质藤本，稀草质藤本，具有卷须，或直立灌木，无卷须。单叶、羽状或掌状复叶，互生；托叶通常小而脱落，稀大而宿存。花小，两性或杂性同株或异株，排列成伞房状多歧聚伞花序、复二歧聚伞花序或圆锥状多歧聚伞花序，4～5基数；萼呈碟形或浅杯状，萼片细小；花瓣与萼片同数，分离或凋谢时呈帽状黏合脱落；雄蕊与花瓣对生，在两性花中雄蕊发育良好，在单性花雌花中雄蕊常较小或极不发达，败育；花盘呈环状或分裂，稀极不明显；子房上位，通常2室，每室有2颗胚珠，或多室而每室有1颗胚珠。果实为浆果。种子1至数粒，胚小，胚乳形状各异，“W”型、“T”型或呈嚼烂状。$x = 10 \sim 20$。

全球16属700余种，主要分布于热带和亚热带，少数种类分布于温带。我国有9属150余种，南北各地均产，野生种类主要集中分布于华中、华南及西南各地区。东北地区产3属8种3变种。

32.1 山葡萄 *Vitis amurensis* Rupr.

木质藤本。小枝圆柱形，无毛，嫩枝疏被蛛丝状绒毛。卷须2～3分枝，每隔2节间断与叶对生。叶阔卵圆形，3稀5浅裂或中裂，或不分裂，叶片或中裂片顶端急尖或渐尖，裂片基部常缢缩或间有宽阔，裂缺凹成圆形，稀呈锐角或钝角，叶基部心形，基缺凹成圆形或钝角，边缘每侧有28～36个粗锯齿，齿端急尖，微不整齐，上面绿色，初时疏被蛛丝状绒毛，以后脱落；基生脉5出，中脉有侧脉5～6对，上面明显或微下陷，下面突出，网脉在下面明显，除最后一级小脉外，或多或少突出，常被短柔毛或脱落几无毛；叶柄初时被蛛丝状绒毛，以后脱落无毛；托叶膜质，褐色，顶端钝，边缘全缘。圆锥花序疏散，与叶对生，基部分枝发达，初时常被蛛丝状绒毛，以后脱落几无毛；花梗无毛；花蕾倒卵圆形，顶端圆形；萼碟形，几全缘，无毛；花瓣5，呈帽状黏合脱落；雄蕊5，花丝丝状，花药黄色，卵椭圆形，在雌花内雄蕊显著短而败育；花盘发达，5裂；雌蕊1，子房锥形，花柱明显，基部略粗，柱头微扩大。种子倒卵圆形，顶端微凹，基部有短喙，种脐在种子背面中部呈椭圆形，腹面中棱脊微突起，两侧洼穴狭窄呈条形，向上达种子中部或近顶端。花期5～6月，果期7～9月。

生于海拔200～2100米的山坡、沟谷林中或灌丛。

解剖图

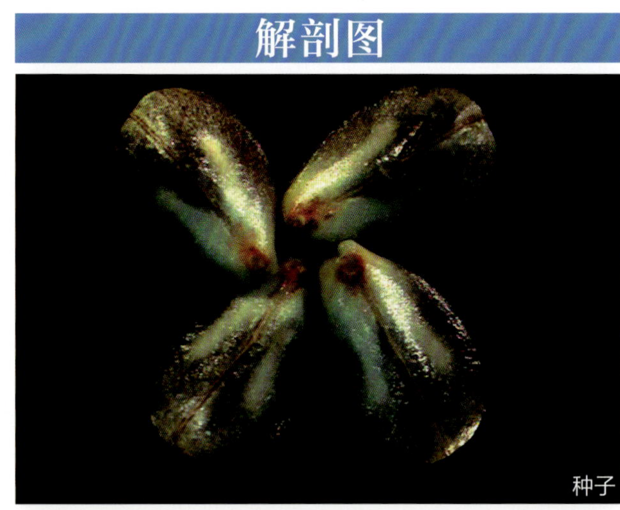

种子

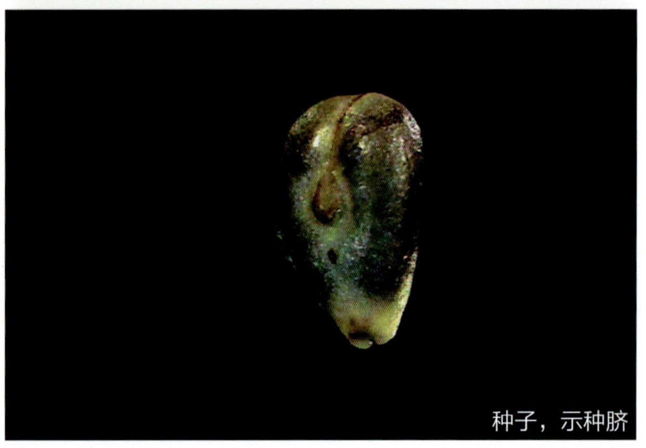

种子，示种脐

椴树科 Tiliaceae

乔木，灌木或草本。单叶互生，稀对生，具基出脉，全缘或有锯齿，有时浅裂；托叶存在或缺，如果存在往往早落或有宿存。花两性或单性雌雄异株，辐射对称，排成聚伞花序或再组成圆锥花序；苞片早落，有时大而宿存；萼片通常5数，有时4片，分离或多少连生，镊合状排列；花瓣与萼片同数，分离，有时或缺；内侧常有腺体，或有花瓣状退化雄蕊，与花瓣对生；雌雄蕊柄存在或缺；雄蕊多数，稀5数，离生或基部连生成束，花药2室，纵裂或顶端孔裂；子房上位，2～6室，有时更多，每室有胚珠1至数粒，生于中轴胎座，花柱单生，有时分裂，柱头锥状或盾状，常有分裂。果为核果、蒴果、裂果，有时浆果状或翅果状，2～10室。种子无假种皮，胚乳存在，胚直，子叶扁平。

全球约52属500种，主要分布于热带及亚热带。我国有13属85种，南北均产。东北地区产3属8种6变种。

33.1 紫椴 *Tilia amurensis* Rupr.

乔木，高 25 米，直径达 1 米。树皮暗灰色，片状脱落。嫩枝初时有白丝毛，很快变秃净。顶芽无毛，有鳞苞 3 片。叶阔卵形或卵圆形，先端急尖或渐尖，基部心形，稍整正，有时斜截形，上面无毛，下面浅绿色，脉腋内有毛丛，侧脉 4～5 对，边缘有锯齿，齿尖突出 1 毫米。聚伞花序长 3～5 厘米，纤细，无毛，有花 3～20 朵；花柄长 7～10 毫米；苞片狭带形，长 3～7 厘米，宽 5～8 毫米，两面均无毛，下半部或下部 1/3 与花序柄合生，基部有柄长 1～1.5 厘米；萼片阔披针形，长 5～6 毫米，外面有星状柔毛；花瓣长 6～7 毫米；退化雄蕊不存在；雄蕊较少，约 20，长 5～6 毫米；子房有毛，花柱长 5 毫米。果实卵圆形，长 5～8 毫米，被星状茸毛，有棱或有不明显的棱。花期 7 月，果期 8～9 月。

生于针叶及落叶林内。

解剖图

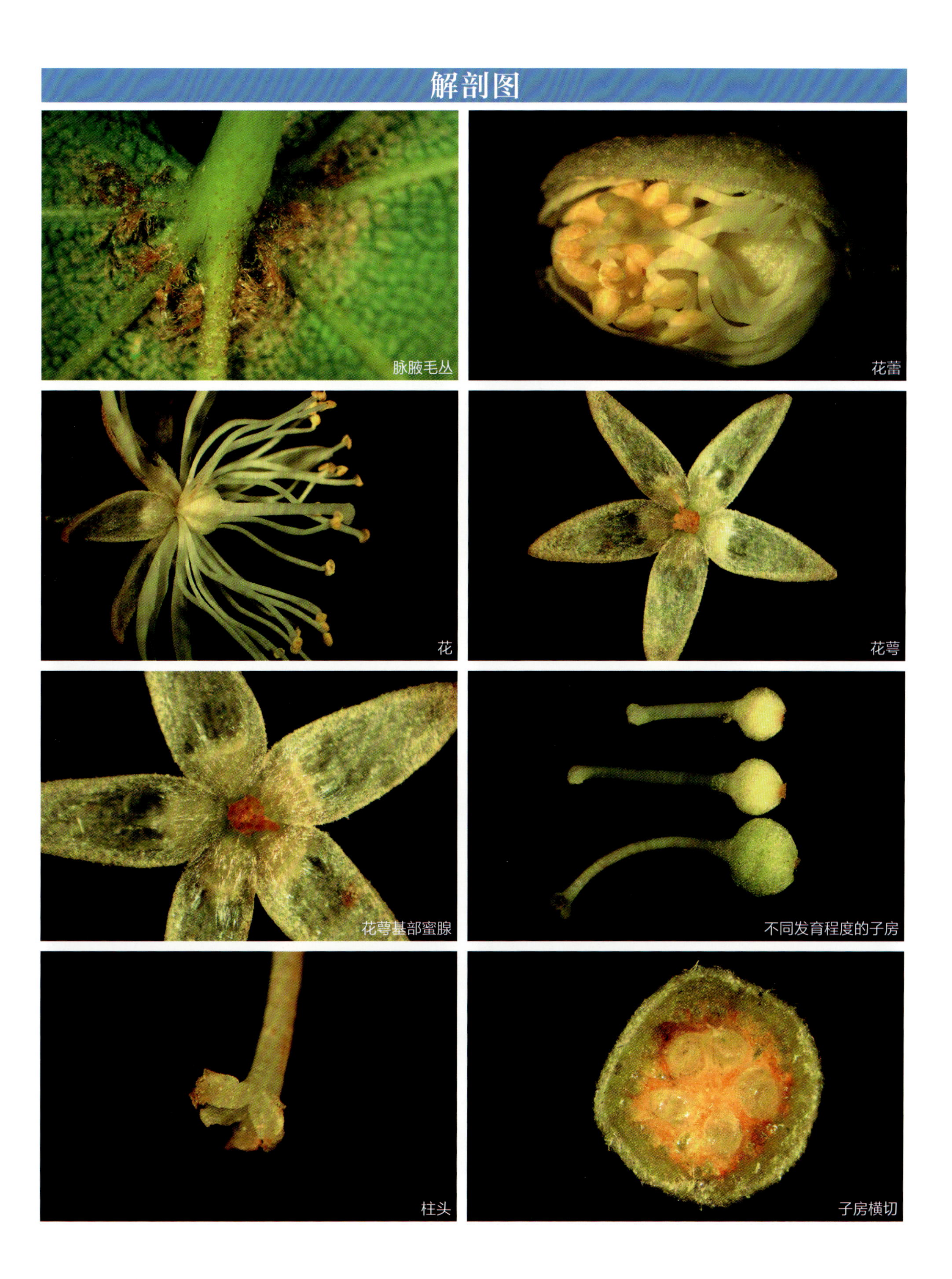
脉腋毛丛
花蕾
花
花萼
花萼基部蜜腺
不同发育程度的子房
柱头
子房横切

34

锦葵科 Malvaceae

草本、灌木至乔木。叶互生，单叶或分裂，叶脉通常掌状，具托叶。花腋生或顶生，单生、簇生、聚伞花序至圆锥花序；花两性，辐射对称；萼片3～5，分离或合生；其下面附有总苞状的小苞片（又称副萼）3至多数；花瓣5，彼此分离，但与雄蕊管的基部合生；雄蕊多数，联合成一管称雄蕊柱，花药1室，花粉被刺；子房上位，2至多室，通常以5室较多，由2～5或较多的心皮环绕中轴而成，花柱上部分枝或者为棒状，每室被胚珠1至多枚，花柱与心皮同数或为其2倍。蒴果，常几枚果爿分裂，很少浆果状。种子肾形或倒卵形，被毛至光滑无毛，有胚乳；子叶扁平，折叠状或回旋状。

全球约50属约1000种，分布于热带至温带。我国有16属81种36变种或变型，产全国各地，以热带和亚热带地区种类较多。东北地区产6属10种。

34.1 苘麻 **Abutilon theophrasti** Medik.

一年生亚灌木状草本，高达1～2米，茎枝被柔毛。叶互生，圆心形，长5～10厘米，先端长渐尖，基部心形，边缘具细圆锯齿，两面均密被星状柔毛；叶柄长3～12厘米，被星状细柔毛；托叶早落。花单生于叶腋，花梗长1～13厘米，被柔毛，近顶端具节；花萼杯状，密被短绒毛，裂片5，卵形，长约6毫米；花黄色，花瓣倒卵形，长约1厘米；雄蕊柱平滑无毛，心皮15～20，长1～1.5厘米，顶端平截，具扩展、被毛的长芒2，排列成轮状，密被软毛。蒴果半球形，直径约2厘米，长约1.2厘米，分果爿15～20，被粗毛，顶端具长芒2。种子肾形，褐色，被星状柔毛。花期7～8月，果期7～9月。

常见于路旁、荒地和田野间。

解剖图

34.2 锦葵 **Malva cathayensis** M. G. Gilbert, Y. Tang et Dorr

二年生或多年生直立草本，高 50 ～ 90 厘米，分枝多，疏被粗毛。叶圆心形或肾形，具 5 ～ 7 圆齿状钝裂片，长 5 ～ 12 厘米，宽几相等，基部近心形至圆形，边缘具圆锯齿，两面均无毛或仅脉上疏被短糙伏毛；叶柄长 4 ～ 8 厘米，近无毛，但上面槽内被长硬毛；托叶偏斜，卵形，具锯齿，先端渐尖。花 3 ～ 11 朵簇生，花梗长 1 ～ 2 厘米，无毛或疏被粗毛；小苞片 3，长圆形，长 3 ～ 4 毫米，宽 1 ～ 2 毫米，先端圆形，疏被柔毛；萼状，长 6 ～ 7 毫米，萼裂片 5，宽三角形，两面均被星状疏柔毛；花紫红色或白色，直径 3.5 ～ 4 厘米，花瓣 5，匙形，长 2 厘米，先端微缺，爪具髯毛；雄蕊柱长 8 ～ 10 毫米，被刺毛，花丝无毛；花柱分枝 9 ～ 11，被微细毛。果扁圆形，径 5 ～ 7 毫米，分果爿 9 ～ 11，肾形，被柔毛。种子黑褐色，肾形，长 2 毫米。花期 5 ～ 10 月，果期 6 ～ 10 月。

我国南北各城市常见的栽培植物，偶有逸生。

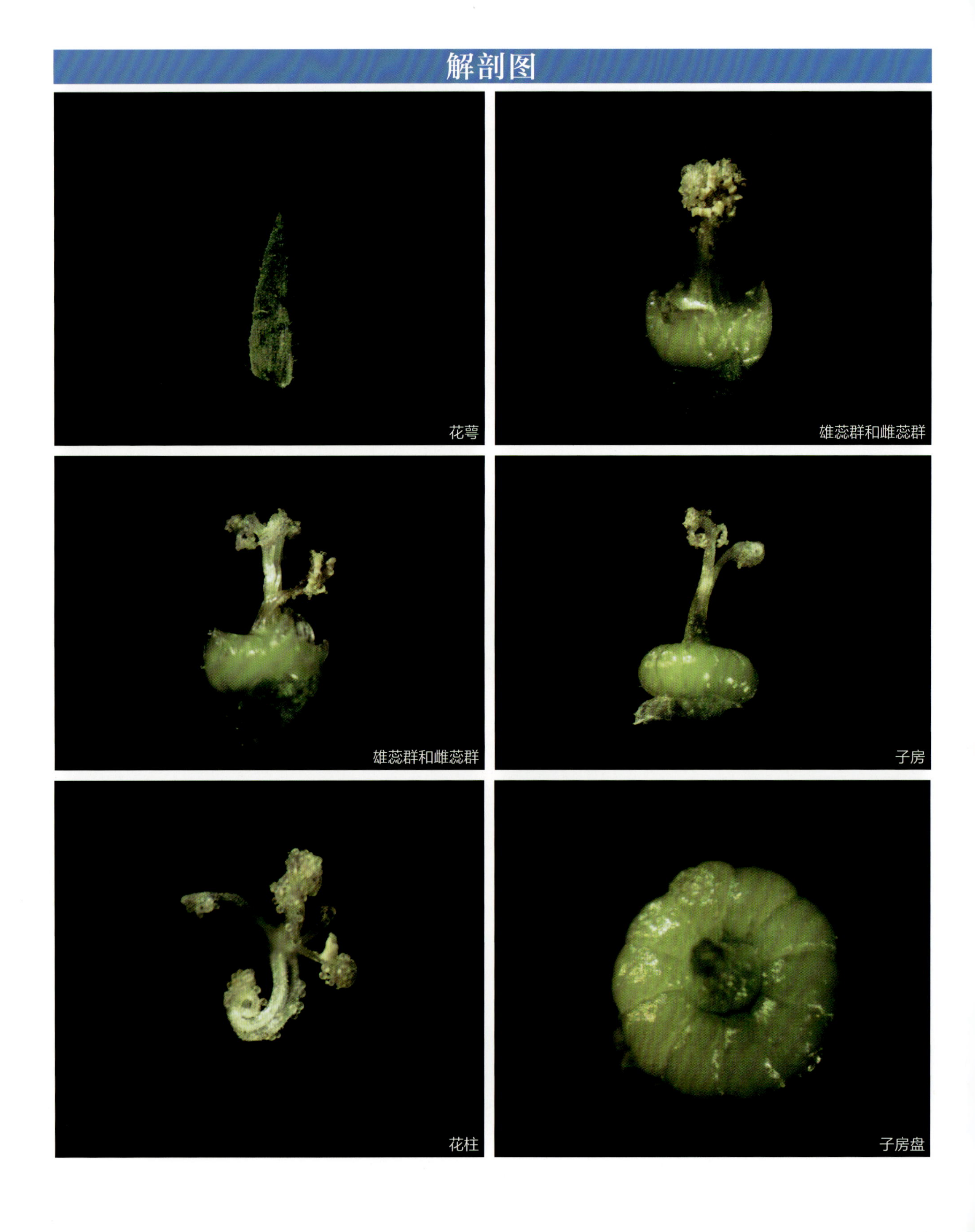
解剖图
花萼
雄蕊群和雌蕊群
雄蕊群和雌蕊群
子房
花柱
子房盘

35

堇菜科 Violaceae

多年生草本、半灌木或小灌木，稀为一年生草本、攀援灌木或小乔木。叶为单叶，通常互生，有叶柄；托叶小或叶状。花两性或单性，少有杂性，辐射对称或两侧对称，单生或组成腋生或顶生的穗状、总状或圆锥状花序，有2小苞片，有时有闭花受精花；萼片下位，5，同形或异形，覆瓦状，宿存；花瓣下位，5，覆瓦状或旋转状，异形，下面1枚通常较大，基部囊状或有距；雄蕊5，通常下位，花药直立，分离、或围；绕子房成环状靠合，药隔延伸于药室顶端成膜质附属物，花丝很短或无，下方2雄蕊基部有距状蜜腺；子房上位，完全被雄蕊覆盖，1室，由3～5心皮联合构成，具3～5侧膜胎座，花柱单一稀分裂，柱头形状多变化，胚珠1至多数，倒生。果实为沿室背开裂的蒴果或为浆果状。种子无柄或具极短的种柄，种皮坚硬，有光泽，常有油质体，有时具翅，胚乳丰富，肉质，胚直立。

全球约22属900多种，广布世界各洲，温带、亚热带及热带均产。我国有4属130多种，南北均产。东北地区产1属42种1变种4变型。

35.1 紫花地丁 Viola philippica Cav.

多年生草本，无地上茎。根状茎短，垂直，淡褐色，节密生，有数条淡褐色或近白色的细根。叶多数，基生，莲座状；叶片下部者通常较小，呈三角状卵形或狭卵形，上部者较长，呈长圆形、狭卵状披针形或长圆状卵形，先端圆钝，基部截形或楔形，稀微心形，边缘具较平的圆齿，两面无毛或被细短毛；托叶膜质，苍白色或淡绿色，2/3～4/5 与叶柄合生，离生部分线状披针形，边缘疏生具腺体的流苏状细齿或近全缘。花中等大，紫堇色或淡紫色，稀呈白色，喉部色较淡并带有紫色条纹；花梗通常多，数，细弱，与叶片等长或高出于叶片，无毛或有短毛，中部附近有 2 枚线形小苞片；萼片卵状披针形或披针形，先端渐尖，基部附属物短，末端圆或截形，边缘具膜质白边，无毛或有短毛；花瓣倒卵形或长圆状倒卵形，侧方花瓣长，里面无毛或有须毛，下方花瓣连距长 1.3～2 厘米，里面有紫色脉纹；距细管状，末端圆；药隔下方 2 雄蕊背部的距细管状，末端稍细；子房卵形，无毛，花柱棍棒状，比子房稍长，基部稍膝曲，柱头三角形，两侧及后方稍增厚成微隆起的缘边，顶部略平，前方具短喙。蒴果长圆形，无毛。种子卵球形，淡黄色。花果期 4 月中下旬至 9 月。

生于田间、荒地、山坡草丛、林缘或灌丛中。在庭园较湿润处常形成小群落。

解剖图

花
苞片
下方花瓣，示紫色脉纹
下方花瓣
侧方花瓣
侧方花瓣，示须毛
下位萼片
雄蕊群
不具距的雄蕊
具细管状距的雄蕊
子房
胚珠

葫芦科 Cucurbitaceae

一年生或多年生草质或木质藤本。茎通常具纵沟纹，匍匐或借助卷须攀援。具卷须或极稀无卷须，卷须侧生叶柄基部，单1，或2至多歧。叶互生，通常为2/5叶序，无托叶，具叶柄；叶片不分裂，或掌状浅裂至深裂，稀为鸟足状复叶。花单性（罕两性），雌雄同株或异株。雄花：花萼辐状、钟状或管状，5裂；花冠插生于花萼筒的檐部，基部合生成筒状或钟状，或完全分离，5裂；雄蕊5或3，花丝分离或合生成柱状，花药分离或靠合，药室在5雄蕊中，全部1室；退化雌蕊有或无。雌花：花萼与花冠同雄花；退化雄蕊有或无；子房下位或稀半下位，通常由3心皮合生而成，极稀具4～5心皮，3室或1（～2）室，侧膜胎座，胚珠通常多数，在胎座上常排列成2列，水平生、下垂或上升呈倒生胚珠。果实大型至小型，常为肉质浆果状或果皮木质。种子常多数，稀少数至1粒，种皮骨质、硬革质或膜质，边缘全缘或有齿；无胚乳；胚直，具短胚根，子叶大、扁平，常含丰富的油脂。

全球约113属800种，大多数分布于热带和亚热带，少数种类散布到温带。我国有32属154种35变种，主要分布于西南部和南部，少数散布到北部。东北地区产12属16种4变种。

36.1 赤爮 **Thladiantha dubia** Bunge

攀援草质藤本，全株被黄白色的长柔毛状硬毛。根块状。茎稍粗壮，有棱沟。叶片宽卵状心形，边缘浅波状，有大小不等的细齿，先端急尖或短渐尖，基部心形，两面粗糙，脉上有长硬毛，最基部一对叶脉沿叶基弯缺边缘向外展开。卷须纤细，被长柔毛，单一。雌雄异株；雄花单生或聚生于短枝的上端呈假总状花序，有时2～3花生于总梗上，花梗细长，被柔软的长柔毛；花萼筒极短，近辐状，裂片披针形，向外反折，具3脉，两面有长柔毛；花冠黄色，裂片长圆形，上部向外反折，先端稍急尖，具5条明显的脉，外面被短柔毛，内面有极短的疣状腺点；雄蕊5，着生于花萼筒檐部，其中1枚分离，其余4枚两两稍靠合；退化子房半球形；雌花单生，花梗细，有长柔毛；花萼和花冠雌雄花；退化雌蕊5，棒状；子房长圆形，外面密被淡黄色长柔毛，花柱无毛，自3～4毫米处分3叉，柱头膨大，肾形，2裂。果实卵状长圆形，顶端有残留的柱基，基部稍变狭，表面橙黄色或红棕色，有光泽，被柔毛，具10条明显的纵纹。种子卵形，黑色，平滑无毛。花期6～8月，果期8～10月。

常生于海拔300～1800米的山坡、河谷及林缘湿处。

解剖图

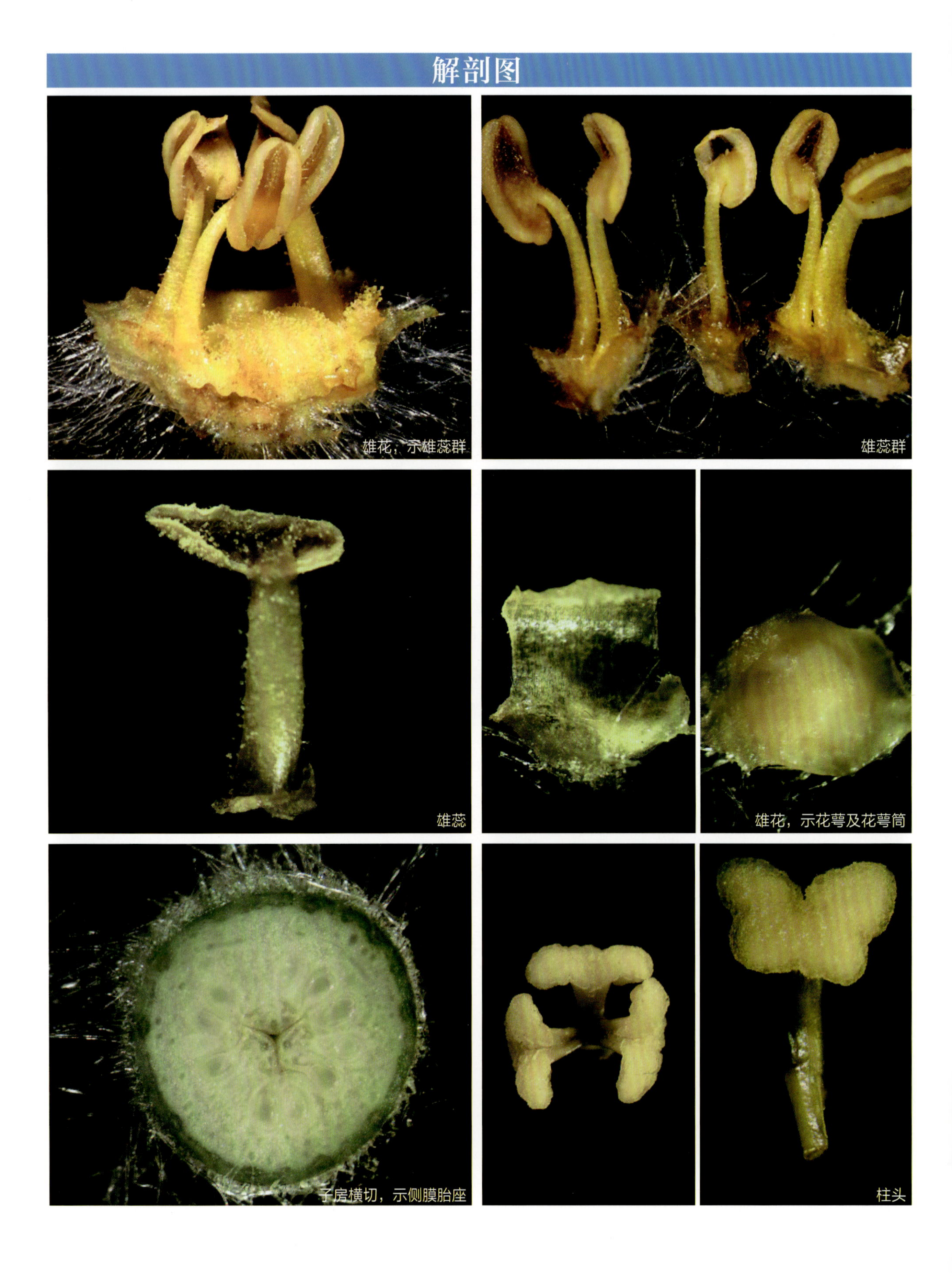

雄花，示雄蕊群

雄蕊群

雄蕊

雄花，示花萼及花萼筒

子房横切，示侧膜胎座

柱头

37

千屈菜科 Lythraceae

草本、灌木或乔木。枝通常四棱形。叶对生，稀轮生或互生，全缘，叶片下面有时具黑色腺点；托叶细小或无托叶。花两性，通常辐射对称，稀左右对称，单生或簇生，或组成顶生或腋生的穗状花序、总状花序或圆锥花序；花萼筒状或钟状，平滑或有棱，与子房分离而包围子房，3～6裂，很少至16裂，镊合状排列，裂片间有或无附属体；花瓣与萼裂片同数或无花瓣，花瓣如存在，则着生萼筒边缘，在花芽时成皱褶状，雄蕊通常为花瓣的倍数，着生于萼筒上，但位于花瓣的下方，花丝长短不一，芽时常内折；花药2室，纵裂；子房上位，通常无柄，2～16室，每室具倒生胚珠数颗，着生于中轴胎座上，花柱单生，长短不一，柱头头状，稀2裂。蒴果革质或膜质，2～6室，稀1室，横裂、瓣裂或不规则开裂，稀不裂。种子多数，形状不一，有翅或无翅，无胚乳；子叶平坦，稀折叠。

全球约25属550种，广布于全世界，但主要分布于热带和亚热带。我国有1属约47种，南北均产。东北地区产3属5种1变种。

37.1 千屈菜 Lythrum salicaria L.

多年生草本。根茎横卧于地下，粗壮。茎直立，多分枝，高 30 ～ 100 厘米，全株青绿色，略被粗毛或密被绒毛，枝通常具 4 棱。叶对生或三叶轮生，披针形或阔披针形，长 4 ～ 6（～ 10）厘米，宽 8 ～ 15 毫米，顶端钝形或短尖，基部圆形或心形，有时略抱茎，全缘，无柄。花组成小聚伞花序，簇生，因花梗及总梗极短，因此花枝全形似一大型穗状花序；苞片阔披针形至三角状卵形，长 5 ～ 12 毫米；萼筒长 5 ～ 8 毫米，有纵棱 12 条，稍被粗毛，裂片 6，三角形；附属体针状，直立，长 1.5 ～ 2 毫米；花瓣 6，红紫色或淡紫色，倒披针状长椭圆形，基部楔形，长 7 ～ 8 毫米，着生于萼筒上部，有短爪，稍皱缩；雄蕊 12，6 长 6 短，伸出萼筒之外；子房 2 室，花柱长短不一。蒴果扁圆形。花期 6 ～ 8 月，果期 7 ～ 9 月。

生于河岸、湖畔、溪沟边和潮湿草地。

解剖图

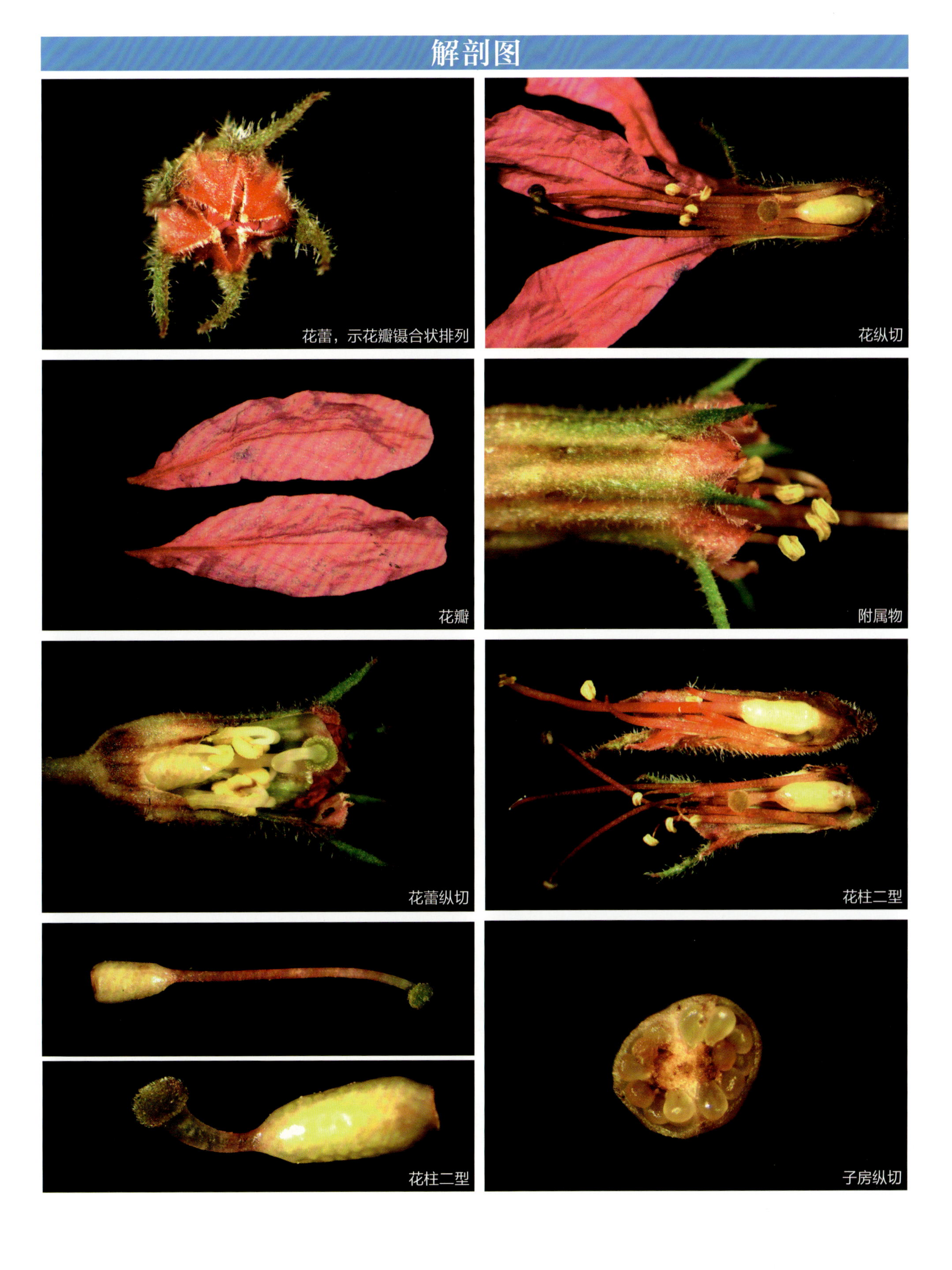

38

柳叶菜科 Onagraceae

一年生或多年生草本，有时为半灌木或灌木，稀为小乔木，有的为水生草本。叶互生或对生；托叶小或不存在。花两性，稀单性，辐射对称或两侧对称，单生于叶腋或排成顶生的穗状花序、总状花序或圆锥花序；花通常 4 数，稀 2 或 5 数；花管，由花萼、花冠、有时还有花丝之下部合生而成）存在或不存在；萼片（2～）4 或 5；花瓣（0～2～）4 或 5，在芽时常旋转或覆瓦状排列，脱落；雄蕊（2～）4，或 8 或 10 排成 2 轮；花药丁字着生，稀基部着生；花粉单一，或为四分体，花粉粒间以黏丝连接；子房下位，（1～2～）4～5 室，每室有少数或多数胚珠，中轴胎座；花柱 1，柱头头状、棍棒状或具裂片。果为蒴果，室背开裂、室间开裂或不开裂，有时为浆果或坚果。种子为倒生胚珠，多数或少数，稀 1，无胚乳。

全球 15 属约 650 种，广泛分布于全世界温带与热带，以温带为多，大多数属分布于北美洲西部。我国有 7 属 68 种 8 亚种，其中分布于旧大陆的 3 属我国均产，广布于全国各地。东北地区产 7 属 21 种 1 变种 1 变型。

38.1 柳兰 Epilobium angustifolium (L.) Holub

多年生粗壮草本，直立，丛生。根状茎广泛匍匐于表土层，木质化，自茎基部生出强壮的越冬根出条。茎不分枝或上部分枝，圆柱状，无毛，下部多少木质化，表皮撕裂状脱落。叶螺旋状互生，稀近基部对生，无柄，侧脉常不明显，每侧 10 ～ 25 条，近平展或稍上斜出至近边缘处网结。花序总状，直立；苞片下部的叶状，上部的很小，三角状披针形。花在芽时下垂，到开放时直立展开；子房淡红色或紫红色，被贴生灰白色柔毛；花管缺；萼片紫红色，长圆状披针形，先端渐狭渐尖，被灰白柔毛；粉红至紫红色，稀白色，稍不等大；花药长圆形，初期红色，开裂时变紫红色，产生带蓝色的花粉，花粉粒常 3 孔；花柱开放时强烈反折，后恢复直立，下部被长柔毛；柱头白色，深 4 裂，裂片长圆状披针形，上面密生小乳突。蒴果长 4 ～ 8 厘米，密被贴生的白灰色柔毛。种子狭倒卵状，先端短渐尖，具短喙，褐色，表面近光滑但具不规则的细网纹；种缨丰富，灰白色，不易脱落。花期 6 ～ 9 月，果期 8 ～ 10 月。

生于我国北方海拔 500 ～ 3100 米、西南部海拔 2900 ～ 4700 米的山区半开旷或开旷较湿润草坡灌丛、火烧迹地、高山草甸、河滩、砾石坡。

解剖图
柱头侧面观
柱头腹面观
雄蕊
子房
子房横切
胎座

38.2 月见草 *Oenothera biennis* L.

直立二年生粗壮草本，基生莲座叶丛紧贴地面。茎不分枝或分枝，被曲柔毛与伸展长毛（毛的基部疱状），在茎枝上端常混生有腺毛。基生叶倒披针形，先端锐尖，基部楔形，边缘疏生不整齐的浅钝齿，侧脉每侧 12～15 条，两面被曲柔毛与长毛；茎生叶椭圆形至倒披针形，先端锐尖至短渐尖，基部楔形，边缘每边有 5～19 稀疏钝齿，侧脉每侧 6～12 条，每边两面被曲柔毛与长毛，尤茎上部的叶下面与叶缘常混生有腺毛。花序穗状，不分枝，或在主序下面具次级侧生花序；苞片叶状，果时宿存，花蕾锥状长圆形，顶端具喙；萼片绿色，有时带红色，长圆状披针形，先端骤缩成尾状；花瓣黄色，稀淡黄色；子房绿色，圆柱状，具 4 棱，密被伸展长毛与短腺毛；花柱长 3.5～5 厘米，伸出花管；柱头围以花药；开花时花粉直接授在柱头裂片上。蒴果锥状圆柱形，向上变狭，直立；绿色，毛被同子房，但渐变稀疏，具明显的棱。种子在果中呈水平状排列，暗褐色，棱形具棱角，各面具不整齐洼点。花期 6～9 月，果期 7～9 月。

有栽培，并早已沦为逸生，常生于开旷荒坡路旁。

解剖图

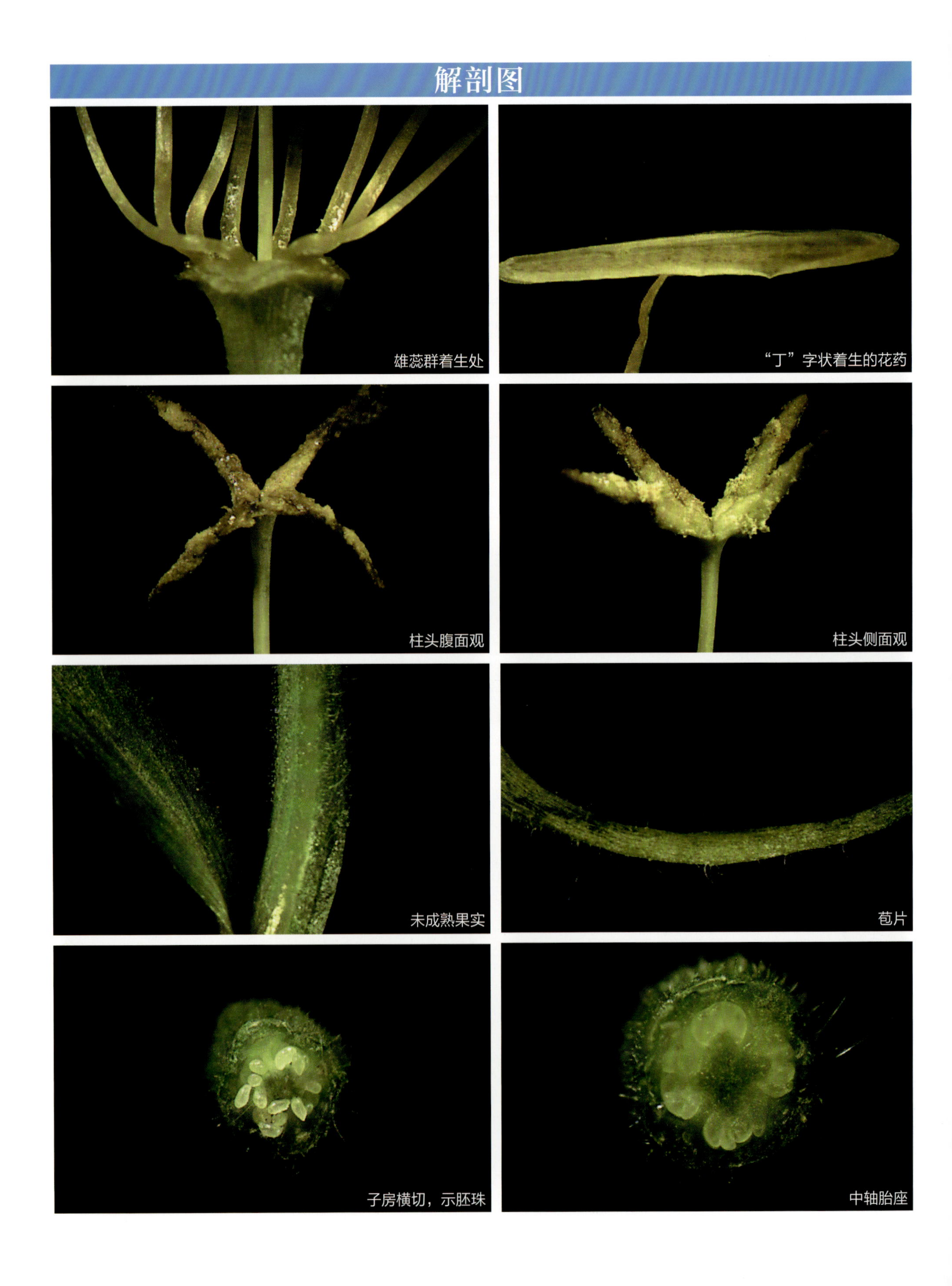

39

山茱萸科 Cornaceae

落叶乔木或灌木，稀常绿或草本。单叶对生，稀互生或近于轮生，通常叶脉羽状，稀为掌状叶脉，边缘全缘或有锯齿；无托叶或托叶纤毛状。花两性或单性异株，为圆锥、聚伞、伞形或头状等花序，有苞片或总苞片；花 3～5 数；花萼管状与子房合生，先端有齿状裂片 3～5；花瓣 3～5，通常白色，稀黄色、绿色及紫红色，镊合状或覆瓦状排列；雄蕊与花瓣同数而与之互生，生于花盘的基部；子房下位，1～4（～5）室，每室有一下垂的倒生胚珠，花柱短或稍长，柱头头状或截形，有时有 2～3（～5）裂片。果为核果或浆果状核果；核骨质，稀木质。种子 1～4（～5）粒，种皮膜质或薄革质，胚小，胚乳丰富。

全球有 15 属约 119 种，分布于各大洲的热带至温带及北半球环极地区，而以东亚为最多。我国有 9 属约 60 种，除新疆外，其余各省（自治区、直辖市）均有分布。东北地区产 2 属 7 种。

39.1 红瑞木 *Cornus alba* L.

灌木，高达 3 米。树皮紫红色。幼枝有淡白色短柔毛，后即秃净而被蜡状白粉，老枝红白色，散生灰白色圆形皮孔及略为突起的环形叶痕。叶对生，纸质，椭圆形，稀卵圆形，先端突尖，基部楔形或阔楔形，边缘全缘或波状反卷，上面暗绿色，有极少的白色平贴短柔毛，下面粉绿色，被白色贴生短柔毛，侧脉（4～）5（～6）对，弓形内弯，在上面微凹下，下面凸出，细脉在两面微显明。伞房状聚伞花序顶生，较密，被白色短柔毛；总花梗圆柱形，被淡白色短柔毛；花小，白色或淡黄白色，花萼裂片 4，尖三角形，短于花盘，外侧有疏生短柔毛；花瓣 4，卵状椭圆形，先端急尖或短渐尖，上面无毛，下面疏生贴生短柔毛；雄蕊 4，着生于花盘外侧，花丝线形，微扁，无毛，花药淡黄白色，2 室，卵状椭圆形，“丁”字形着生；花盘垫状；花柱圆柱形，近于无毛，柱头盘状，宽于花柱，子房下位，花托倒卵形，被贴生灰白色短柔毛；花梗纤细，被淡白色短柔毛，与子房交接处有关节。核果长圆形，微扁，成熟时乳白色或蓝白色，花柱宿存；核棱形，侧扁，两端稍尖呈喙状，每侧有脉纹 3 条；果梗细圆柱形，有疏生短柔毛。花期 6～7 月，果期 8～10 月。

生于海拔 600～1700 米（在甘肃可高达 2700 米）的杂木林或针阔叶混交林中。

解剖图

花 花

雄蕊 下位子房

浆果状核果 种子

40

五加科 Araliaceae

乔木、灌木或木质藤本，稀多年生草本，有刺或无刺。叶互生，稀轮生，单叶、掌状复叶或羽状复叶；托叶通常与叶柄基部合生成鞘状，稀无托叶。花整齐，两性或杂性，稀单性异株，聚生为伞形花序、头状花序、总状花序或穗状花序，通常再组成圆锥状复花序；苞片宿存或早落；小苞片不显著；花梗无关节或有关节；萼筒与子房合生，边缘波状或有萼齿；花瓣 5～10，通常离生，稀合生成帽状体；雄蕊与花瓣同数而互生；花丝线形或舌状；花药长圆形或卵形，丁字状着生；子房下位，2～15 室，稀 1 室或多室至无定数；花柱与子房室同数，离生；或下部合生上部离生，或全部合生成柱状，稀无花柱而柱头直接生于子房上；花盘上位，肉质，扁圆锥形或环形；胚珠倒生，单个悬垂于子房室的顶端。果实为浆果或核果，外果皮通常肉质，内果皮骨质、膜质或肉质而与外果皮不易区别。种子通常侧扁，胚乳匀一或嚼烂状。

全球约 80 属 900 多种，分布于全球热带至温带。我国有 22 属 160 多种，除新疆未发现外，分布于全国各地。东北地区产 5 属 7 种 1 变型。

40.1 刺五加 Acanthopanax senticosus (Rupr. et Maxim.) Maxim.

灌木，高 1 ～ 6 米；分枝多，一年生、二年生的通常密生刺，稀仅节上生刺或无刺。刺直而细长，针状，下向，基部不膨大，脱落后遗留圆形刺痕。叶有小叶 5，稀 3；叶柄常疏生细刺，长 3 ～ 10 厘米；小叶片纸质，椭圆状倒卵形或长圆形，长 5 ～ 13 厘米，宽 3 ～ 7 厘米，先端渐尖，基部阔楔形，上面粗糙，深绿色，脉上有粗毛，下面淡绿色，脉上有短柔毛，边缘有锐利重锯齿，侧脉 6 ～ 7 对，两面明显，网脉不明显；小叶柄长 0.5 ～ 2.5 厘米，有棕色短柔毛，有时有细刺。伞形花序单个顶生，或 2 ～ 6 个组成稀疏的圆锥花序，直径 2 ～ 4 厘米，有花多数；总花梗长 5 ～ 7 厘米，无毛；花梗长 1 ～ 2 厘米，无毛或基部略有毛；花紫黄色；萼无毛，边缘近全缘或有不明显的 5 小齿；花瓣 5，卵形，长 2 毫米；雄蕊 5，长 1.5 ～ 2 毫米；子房 5 室，花柱全部合生成柱状。果实球形或卵球形，有 5 棱，黑色，直径 7 ～ 8 毫米，宿存花柱长 1.5 ～ 1.8 毫米。花期 6 ～ 7 月，果期 8 ～ 10 月。

生于海拔数百米至 2000 米的森林或灌丛中。

解剖图

果实

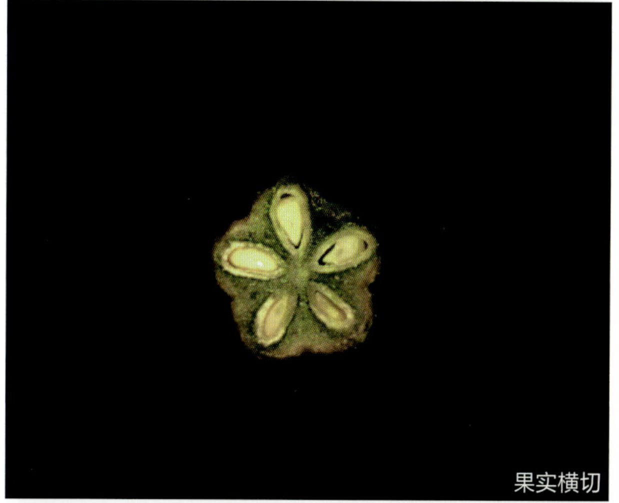

果实横切

子房

41

伞形科 Umbelliferae

一年生或多年生草本，很少是矮小的灌木。根通常直生，肉质而粗，很少根成束、圆柱形或棒形。茎直立或匍匐上升，通常圆形，稍有棱和槽，或有钝棱，空心或有髓。叶互生，叶片通常分裂或多裂，掌状分裂或羽状分裂的复叶，很少为单叶；叶柄的基部有叶鞘，通常无托叶，稀为膜质。花小，两性或杂性，成顶生或腋生的复伞形花序或单伞形花序，很少为头状花序；伞形花序的基部有总苞片；小伞形花序的基部有小总苞片；花萼与子房贴生，萼齿5或无；花瓣5，在花蕾时呈覆瓦状或镊合状排列；雄蕊5，与花瓣互生；子房下位，2室，每室有一颗倒悬的胚珠；花柱2，直立或外曲，柱头头状。果实在大多数情况下是干果，通常裂成两个分生果，很少不裂，果实由2个背面或侧面扁压的心皮合成，其2个分生果又称双悬果，外果皮表面平滑或有毛、皮刺、瘤状突起，棱和棱之间有沟槽；中果皮层内的棱槽内和合生面通常有纵走的油管1至多数。胚乳软骨质，胚乳的腹面有平直的、凸出的或凹入的，胚小。

全球200余属2500种，广布于全球温热带。我国有100属614种，南北均产。东北地区产39属79种11变种10变型。

41.1 黑水当归 *Angelica amurensis* Schischk.

多年生草本。根圆锥形，有数个枝根。茎高60～150厘米，中空，有细纵沟纹。基生叶有长叶柄；茎生叶二至三回羽状分裂，叶片轮廓为宽三角状卵形，有一回裂片2对；叶柄较叶片短，基部膨大成椭圆形的叶鞘，叶鞘开展，外面无毛，最上部的叶生于简化成管状膨大的阔椭圆形的叶鞘上。复伞形花序、花序梗、伞梗及花柄均密生短糙毛；伞辐20～45；无总苞；小总苞片5～7，披针形，膜质，被长柔毛；小伞形花序有花30～45朵；花白色，萼齿不明显；花瓣阔卵形，顶端内曲；子房无毛；花柱基短圆锥状，花柱反卷，比花柱基长1.5～2倍。果实长卵形至卵形，背棱隆起，线形，侧棱宽翅状，等宽或略宽于果体，但显著宽于背棱；棱槽中有油管1，黑褐色，合生面油管多为4。花期7～8月，果期8～9月。

生于山坡、草地、杂木林下、林缘、灌丛及河岸溪流旁。

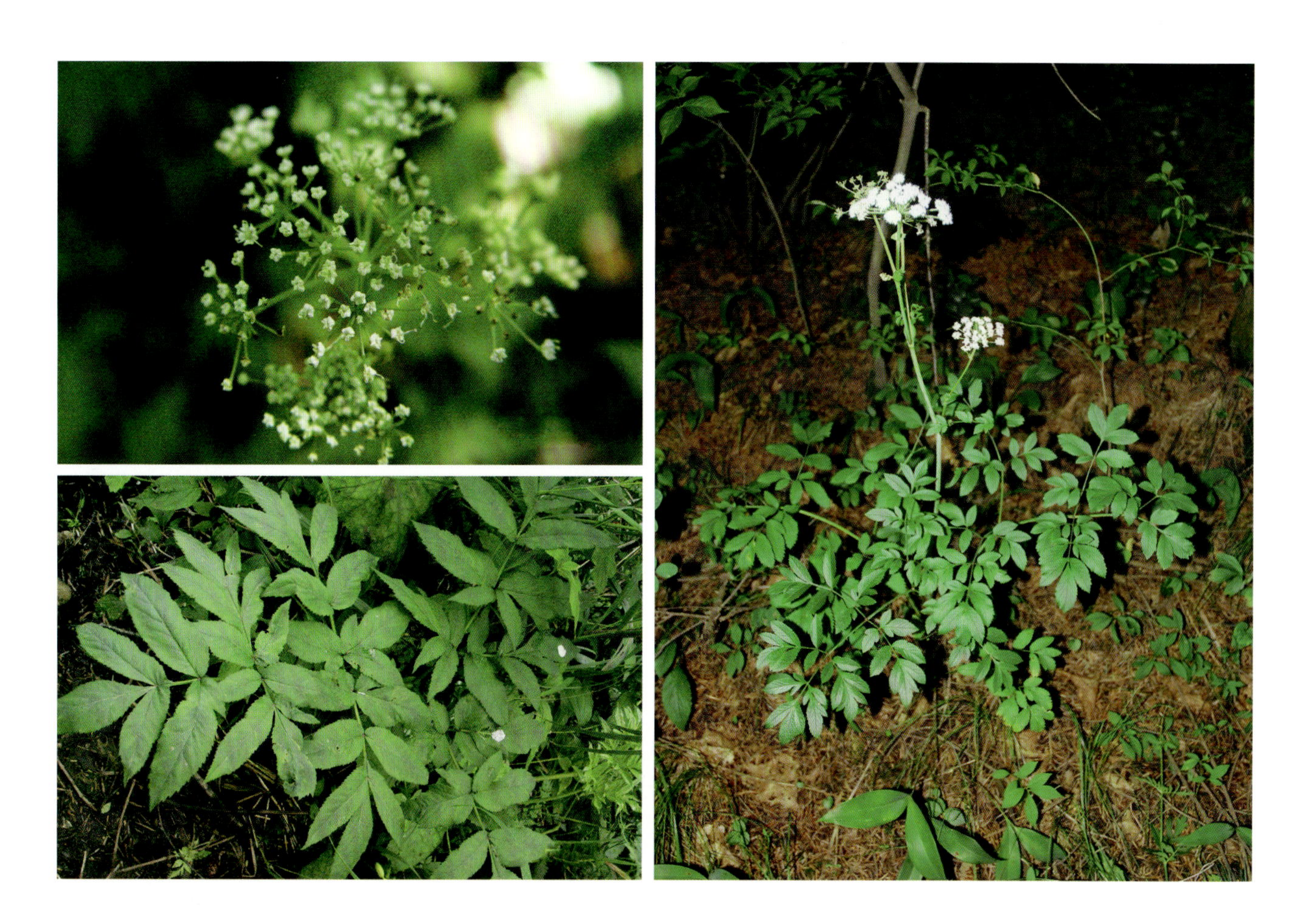

解剖图

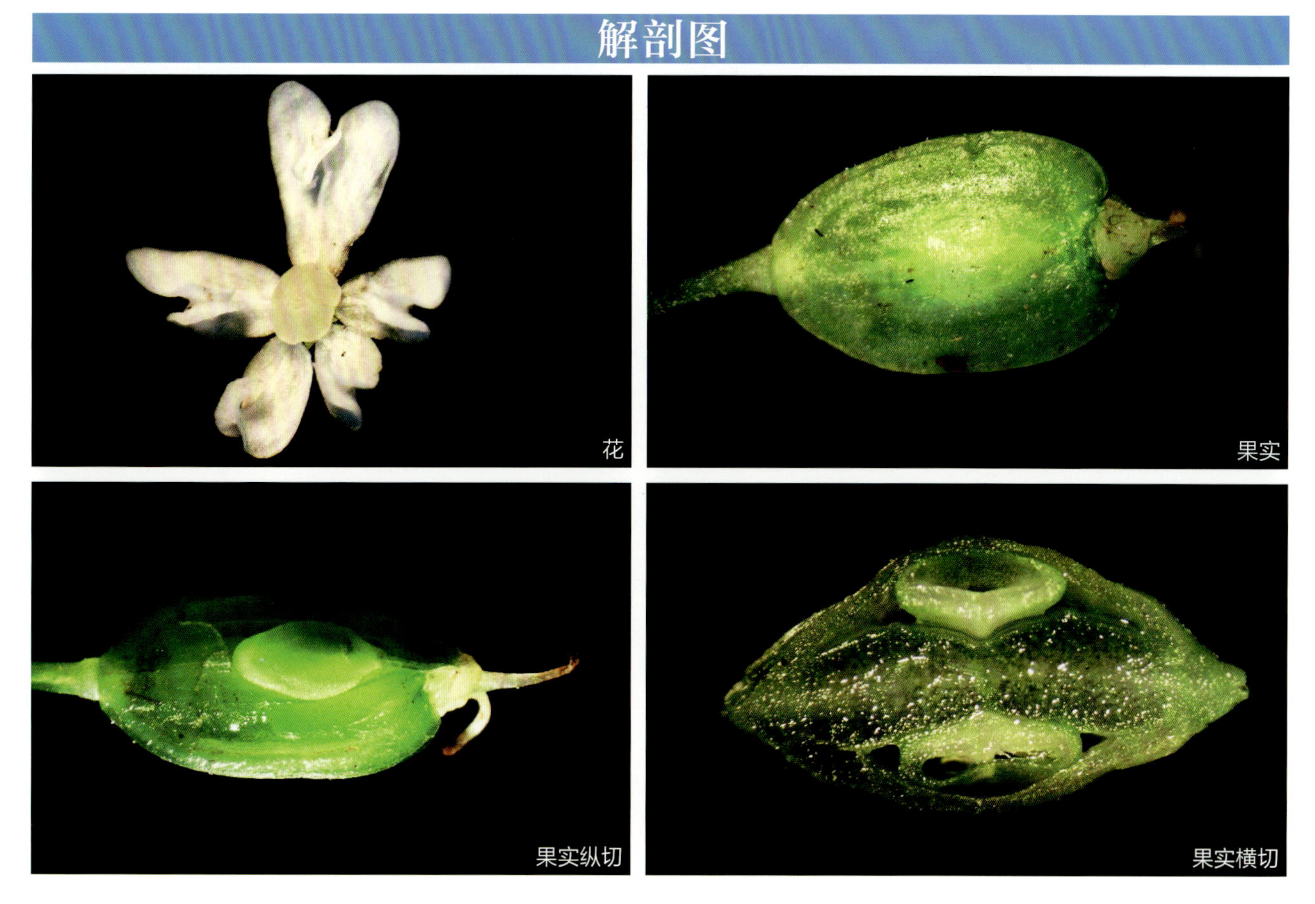

41 伞形科 Umbelliferae | 245

花　　果实

果实纵切　　果实横切

41.2 长白柴胡 **Bupleurum komarovianum** O. A. Lincz.

多年生草本，高 70 ～ 100 厘米。主根不明显，须根发达，黑褐色。茎单一，自基部分枝，表面有粗棱条，茎上部略呈“之”字形弯曲，并再分枝。基生叶和茎下部的叶披针形或狭椭圆形，近革质；表面鲜绿色，背面带蓝灰色，顶端渐尖或略圆有硬尖头，中部以下渐收缩成长而宽扁平的叶柄，抱茎，脉 7 ～ 9，近弧形，向叶背明显突出；茎中部的叶一般较宽，广披针形或长圆状椭圆形，顶端急尖或近圆形，基部楔形或广楔形，有短柄或无柄，脉 7 ～ 9；茎上部叶较小，椭圆形，顶端渐尖或圆。伞形花序颇多，顶生花序比侧生的大得多，无总苞或有 1 ～ 3 片，披针形或线形，平展，顶端锐尖，1 ～ 3 脉；伞辐 4 ～ 13，不等长，较展开；小总苞片 5，狭披针形，等大，顶端锐尖，3 脉，比小伞形花序略短或近等长；小伞形花序具花 6 ～ 14 朵；瓣鲜黄色，扁圆形，质厚，舌片顶端 2 浅裂；花柱基淡黄色，厚。果褐色，短椭圆形，上部平截，油管在幼果时很清楚，棱槽中 5；很少 4，合生面 6 ～ 8，但至成熟后油管数目即不十分清楚，有的已消失。花期 7 ～ 8 月，果期 8 ～ 9 月。

生于海拔 230 米的阔叶林灌木丛的边缘，疏散的柞林山坡、草地、石砾质土壤中。

解剖图

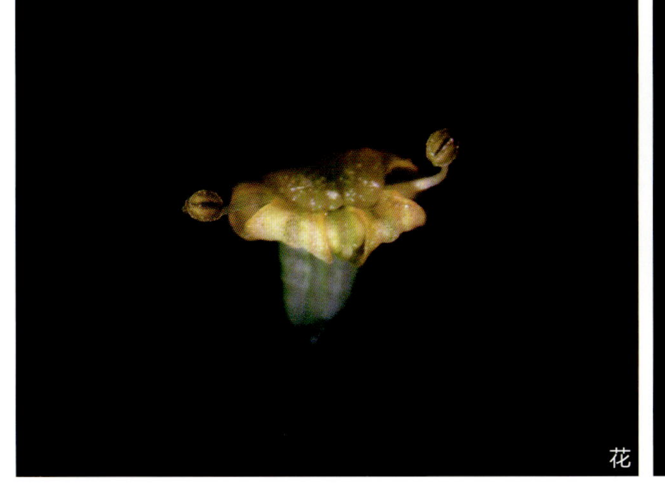

花

花盘侧面观

41.3 大叶柴胡 **Bupleurum longiradiatum** Turcz.

解剖图

花盘

花

花药

多年生高大草本，高80～150厘米。根茎弯曲，长3～9厘米，直径3～8毫米，质坚，黄棕色，密生的环节上多须根。茎单生或2～3，有粗槽纹，多分枝。叶大形，稍稀疏，表面鲜绿色，背两带粉蓝绿色，基生叶广卵形到椭圆形或披针形，顶端急尖或渐尖，下部楔形或广楔形，并收缩成宽扁有翼的长叶柄，至基部又扩大成叶鞘抱茎，叶片长8～17厘米，宽2.5～5（～8）厘米，9～11脉；叶柄常带紫色，长8～12厘米；茎中部叶无柄，卵形或狭卵形，7～9脉；茎上部叶渐小，卵形或广披针形，9～11脉，顶端渐尖，基部心形，抱茎。伞形花序宽大，多数，伞辐3～9，通常4～6不等长，长5～35毫米；总苞1～5，开展，黄绿色，不等大，披针形，长2～10毫米，宽1～2毫米，3～7脉；小总苞片5～6，等大，广披针形或倒卵形，长2～5毫米，宽0.7～1.5毫米，顶端尖锐，3～5脉；小伞形花序有花5～16朵，花深黄色，直径1.2～1.6毫米，花柄粗，长短不等，花时长2～5毫米，果时长6～10毫米；花瓣扁圆形，顶端内折，舌片基部较阔，不成隆起状，长几达花瓣之半，顶端有2裂，裂口呈三角形；花柱黄色，特肥厚，直径超过子房，花柱很长。果暗褐色，被白粉，长圆状椭圆形，长4～7毫米，宽2～2.5毫米，分生果横剖面近圆形，每棱槽内油管3～4，合生面油管4～6。花期8～9月，果期9～10。

生于林下。

41.4 石防风 Peucedanum terebinthaceum (Fisch. ex Treviranus) Ledeb.

多年生草本，高 30 ～ 120 厘米。根颈稍粗，其上存留棕色叶鞘纤维；根长圆锥形，直生，老株常多根，坚硬，木质化，表皮灰褐色。通常为单茎，直立，圆柱形，具纵条纹，稍突起，下部光滑无毛，上部有时有极短柔毛，从基部开始分枝。基生叶有长柄；叶片轮廓为椭圆形至三角状卵形，二回羽状全裂，第一回羽片 3 ～ 5 对，下部羽片具短柄，上部羽片无柄，末回裂片披针形或卵状披针形，基部楔形，边缘浅裂或具 2 ～ 3 锯齿，通常两面无毛，有时仅叶脉基部有糙毛；茎生叶与基生叶同形，但较小，无叶柄，仅有宽阔叶鞘抱茎，边缘膜质。复伞形花序多分枝，花序梗顶端有短绒毛或糙毛，花序不等长，带棱角近方形，内侧多有糙毛；总苞片无或有 1 ～ 2，线状披针形，先端尾尖状；小总苞片 6 ～ 10，线形，比花柄长或稍短；花瓣白色，具淡黄色中脉，倒心形；萼齿细长锥形，很显著；花柱基圆锥形，花柱向下弯曲，比花柱基长。分生果椭圆形或卵状椭圆形，背部扁压，背棱和中棱线形突起，侧棱翅状，厚实；每棱槽内有油管 1，合生面油管 2。花期 7 ～ 9 月，果期 9 ～ 10 月。

生于山坡草地、林下及林缘。

解剖图

花腹面观

花背面观

41.5 峨参 **Anthriscus sylvestris** (L.) Hoffm.

二年生或多年生草本。茎较粗壮，高0.6～1.5米，多分枝，近无毛或下部有细柔毛。基生叶有长柄，柄长5～20厘米，基部有长约4厘米，宽约1厘米的鞘；叶片轮廓呈卵形，2回羽状分裂，长10～30厘米，一回羽片有长柄，卵形至宽卵形，长4～12厘米，宽2～8厘米，有一回羽片3～4对，二回羽片有短柄，轮廓卵状披针形，长2～6厘米，宽1.5～4厘米，羽状全裂或深裂，末回裂片卵形或椭圆状卵形，有粗锯齿，长1～3厘米，宽0.5～1.5厘米；背面疏生柔毛；茎上部叶有短柄或无柄，基部呈鞘状，有时边缘有毛。复伞形花序直径2.5～8厘米，伞辐4～15；不等长；小总苞片5～8，卵形至披针形，顶端尖锐，反折，边缘有睫毛或近无毛；花白色，通常带绿色或黄色；花柱较花柱基长2倍。果实长卵形至线状长圆形，长5～10毫米，宽1～1.5毫米，光滑或疏生小瘤点，顶端渐狭成喙状，合生面明显收缩，果柄顶端常有一环白色小刚毛，分生果横剖面近圆形，油管不明显，胚乳有深槽。花果期4～5月。

生于从低山丘陵到海拔4500米的高山，在山坡林下或路旁及山谷溪边石缝中。

解剖图

花序柄
复伞形花序上叶
小伞形花序，示小苞片
小伞形花序
小伞形花序的各花
可育花
边缘花的不等大花瓣
子房
子房，示小刚毛及柱头
小果序
分生果，示小瘤点
分生果横切及纵切

42

鹿蹄草科 Pyrolaceae

常绿草本状小半灌木，具细长的根茎或为多年生腐生肉质草本植物，无叶绿素，全株无色，半透明。叶为单叶，基生，互生，稀为对生或轮生，有时退化成鳞片状叶，边缘有细锯齿或全缘；无托叶。花单生或聚成总状花序、伞房花序或伞形花序，两性花，整齐；萼5（2～4或6）全裂或无萼片；花瓣5，稀3～4或6，雄蕊10，稀6～8及12，花药顶孔裂，纵裂或横裂；花粉四分子型或单独；子房上位，基部有花盘或无，（4～）5心皮合生，胚珠多数，中轴胎座或侧膜胎座，花柱单一，柱头多少浅裂或圆裂。果为蒴果或浆果。种子小，多数。

全球约14属60余种，多为矮小喜阴的森林植物，分布于北半球，多数种集中在温带和寒温带。我国有7属40种5变种，产全国各地，但以东北与西南地区较为集中，尤其西南地区有很多是我国特有种，约占我国全部种的52.5%。东北地区产6属17种1变种。

42.1 红花鹿蹄草 **Pyrola asarifolia** Michx. subsp. **incarnata** (DC.) E. Haber et H. Takahashi

常绿草本状小半灌木，高 15 ～ 30 厘米。根茎细长，横生，斜升，有分枝。叶 3 ～ 7，基生，薄革质，稍有光泽，近圆形或圆卵形或卵状椭圆形，先端圆钝，基部近圆形或圆楔形，边缘近全缘或有不明显的浅齿；叶柄长较叶片长达 1 倍。花葶常带紫色，有 2（～ 3）褐色的鳞片状叶，较大，狭长圆形或长圆状卵形，先端急尖或短尖头；总状花序长 5 ～ 16 厘米，有 7 ～ 15 花，花倾斜，稍下垂，花冠广开，碗形，紫红色；花梗腋间有膜质苞片，披针形；萼片三角状宽披针形；花瓣倒圆卵形；雄蕊 10，花丝无毛，花药有小角，成熟为紫色；花柱长 6 ～ 10 毫米，倾斜，上部向上弯曲，顶端有环状突起，伸出花冠；柱头 5 圆裂。蒴果扁球形，带紫红色。花期 6 ～ 7 月，果期 8 ～ 9 月。

生于海拔 1000 ～ 2500 米的针叶林、针阔叶混交林或阔叶林下，性喜阴湿，森林一经采伐，则很难正常生长发育。

解剖图

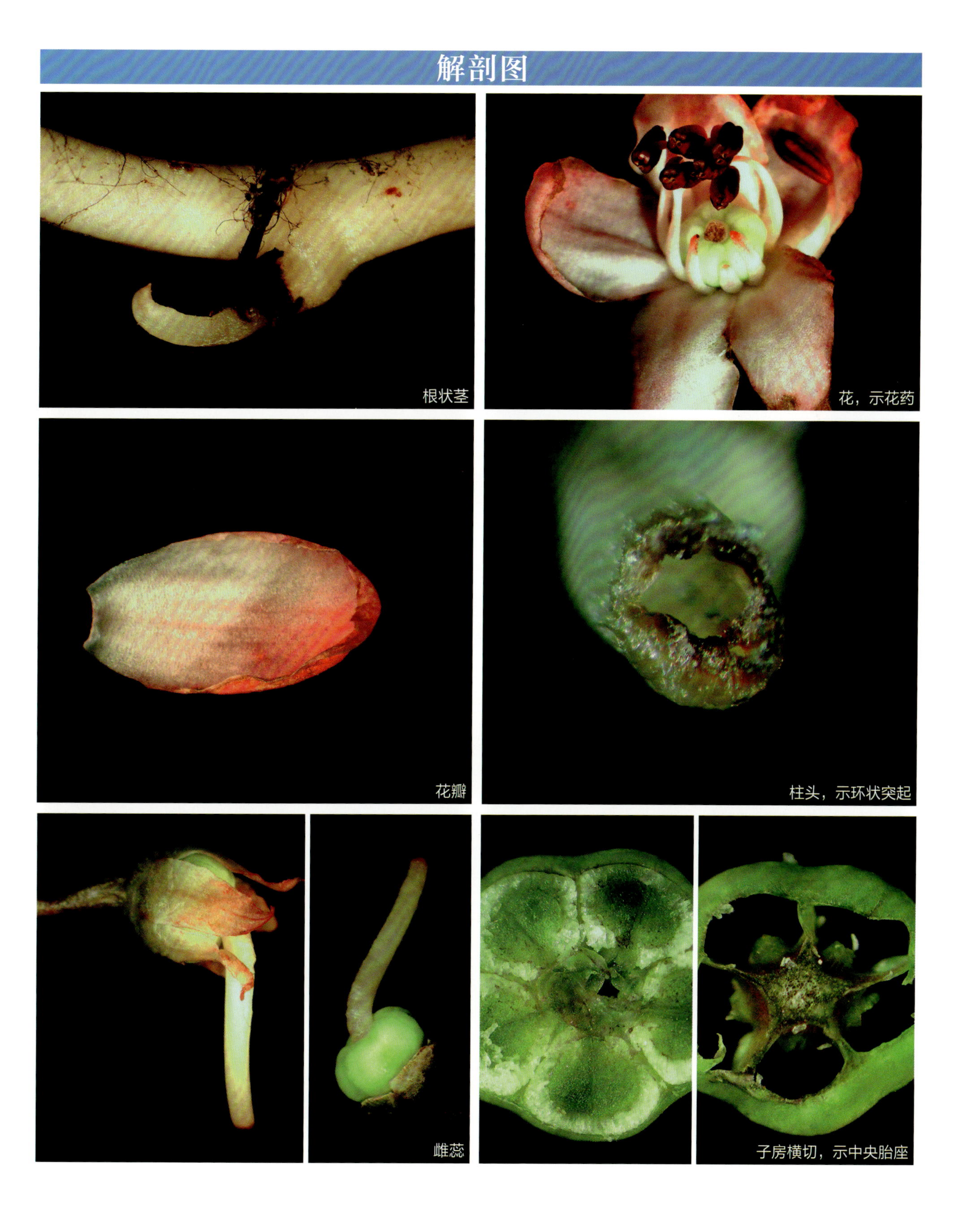

根状茎

花，示花药

花瓣

柱头，示环状突起

雌蕊

子房横切，示中央胎座

杜鹃花科 Ericaceae

木本植物，灌木或乔木，地生或附生，通常常绿，有具芽鳞的冬芽。叶革质，少有纸质，互生，不分裂；不具托叶。花单生或组成总状、圆锥状或伞形总状花序，顶生或腋生，两性，辐射对称或略两侧对称；具苞片；花萼 4～5 裂，宿存；花瓣合生，稀离生，花冠通常 5 裂，稀 4、6、8 裂，裂片覆瓦状排列；雄蕊为花冠裂片的 2 倍，花丝分离，稀略黏合，除杜鹃花亚科外，花药背部或顶部通常有芒状或距状附属物，或顶部具伸长的管，顶孔开裂，稀纵裂；除吊钟花属（*Enkianthus* Lour.）为单分体外，花粉粒为四分体；花盘盘状，具厚圆齿；子房上位或下位，（2～）5（～12）室，稀更多，每室有胚珠多数，稀 1；花柱和柱头单一。蒴果或浆果，少有浆果状蒴果。种子小，无翅或有狭翅，或两端具伸长的尾状附属物；胚圆柱形，胚乳丰富。

全球约 103 属 3350 种，全世界分布。我国有 15 属约 757 种，分布于全国各地，主产地在西南部山区，尤以四川、云南、西藏三省（自治区）相邻地区为盛。东北地区产 7 属 19 种 2 变种 7 变型。

43.1 杜香 Ledum palustre L.

灌木，直立或平卧，高40～50厘米。枝纤细，幼枝密被锈色绵毛，顶芽显著，卵形，芽鳞密生锈色茸毛。叶线形，长1～3厘米，宽1～3毫米，边缘强烈反卷，上面暗绿色，多皱，下面密被锈色茸毛，中脉隆起。花多数，小型，乳白色；花梗细长，长0.5～2.5厘米，密生锈色茸毛；萼片5，卵圆形，长0.5～0.8毫米，宿存；雄蕊10，花丝基部有毛；花柱宿存。蒴果卵形，长3.5～4毫米，宿存花柱长2～4毫米。花期6～7月，果期7～8月。

生于海拔400～1400米的落叶松林、樟子松林、云杉林或针－阔叶混交林下，常为灌木－草本层的建群种或优势种，也见于山麓泥炭藓沼泽地边或高山草甸沼泽。

解剖图

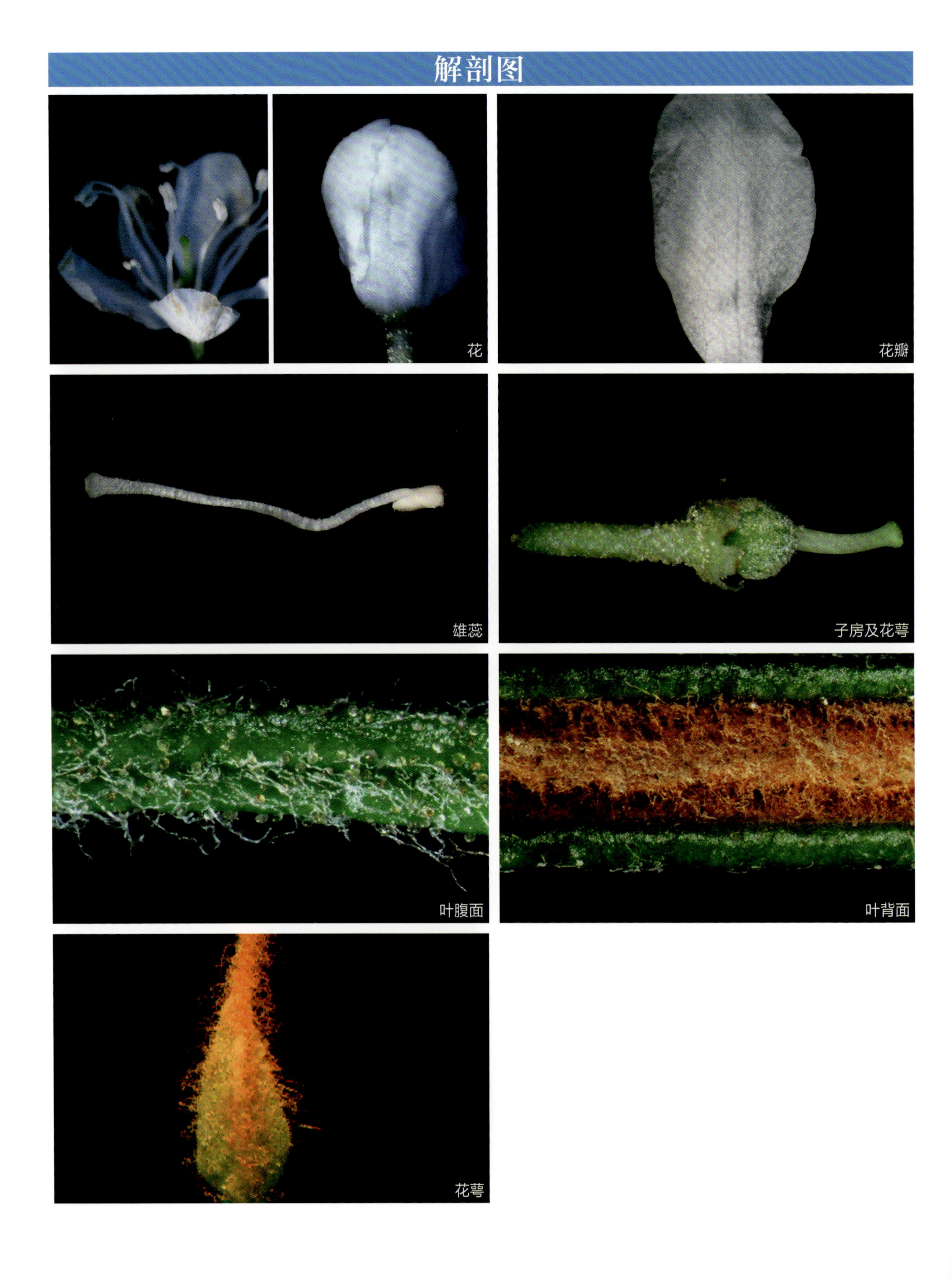

44

报春花科 Primulaceae

多年生或一年生草本，稀为亚灌木。茎直立或匍匐，具互生、对生或轮生之叶，或无地上茎而叶全部基生，并常形成稠密的莲座丛。花单生或组成总状、伞形或穗状花序，两性，辐射对称；花萼通常5裂，稀4或6～9裂，宿存；花冠下部合生成短或长筒，上部通常5裂，稀4或6～9裂；雄蕊多少贴生于花冠上，与花冠裂片同数而对生，极少具1轮鳞片状退化雄蕊，花丝分离或下部联合成筒；子房上位，1室；花柱单一；胚珠通常多数，生于特立中央胎座上。蒴果通常5齿裂或瓣裂，稀盖裂。种子小，有棱角，常为盾状，种脐位于腹面的中心；胚小而直，藏于丰富的胚乳中。

全球22属近1000种，分布于全世界，主产于北半球温带。我国有13属近500种，产于全国各地，尤以西部高原和山区种类特别丰富。东北地区产6属24种。

44.1 长叶点地梅 **Androsace longifolia** Turcz.

多年生草本。主根直长，具少数支根；根出条短，通常2至数条簇生，下部有覆叠的枯叶。当年生莲座状叶丛叠生于老叶丛上，无节间；叶同型，线形或线状披针形，长1～3（～5）厘米，宽1～2毫米，灰绿色，下部带黄褐色，先端锐尖并延伸成小尖头，边缘软骨质，两面无毛，仅边缘微具短毛。花葶极短或长达1厘米，藏于叶丛中，被柔毛；伞形花序4～7（～10）花；苞片线形，短于花梗；花梗长达1厘米，密被长柔毛和腺体；花萼狭钟形，长4～5毫米，分裂达中部，裂片阔披针形或三角状披针形，先端锐尖，被稀疏的短柔毛和缘毛；花冠白色或带粉红色，直径7～8毫米，筒部短于花萼，裂片倒卵状椭圆形，近全缘或先端微凹。蒴果近球形，约与宿存花萼近等长。花期5月，果期7～8月。

生于多石砾的山坡、岗顶和砾石质草原。

解剖图

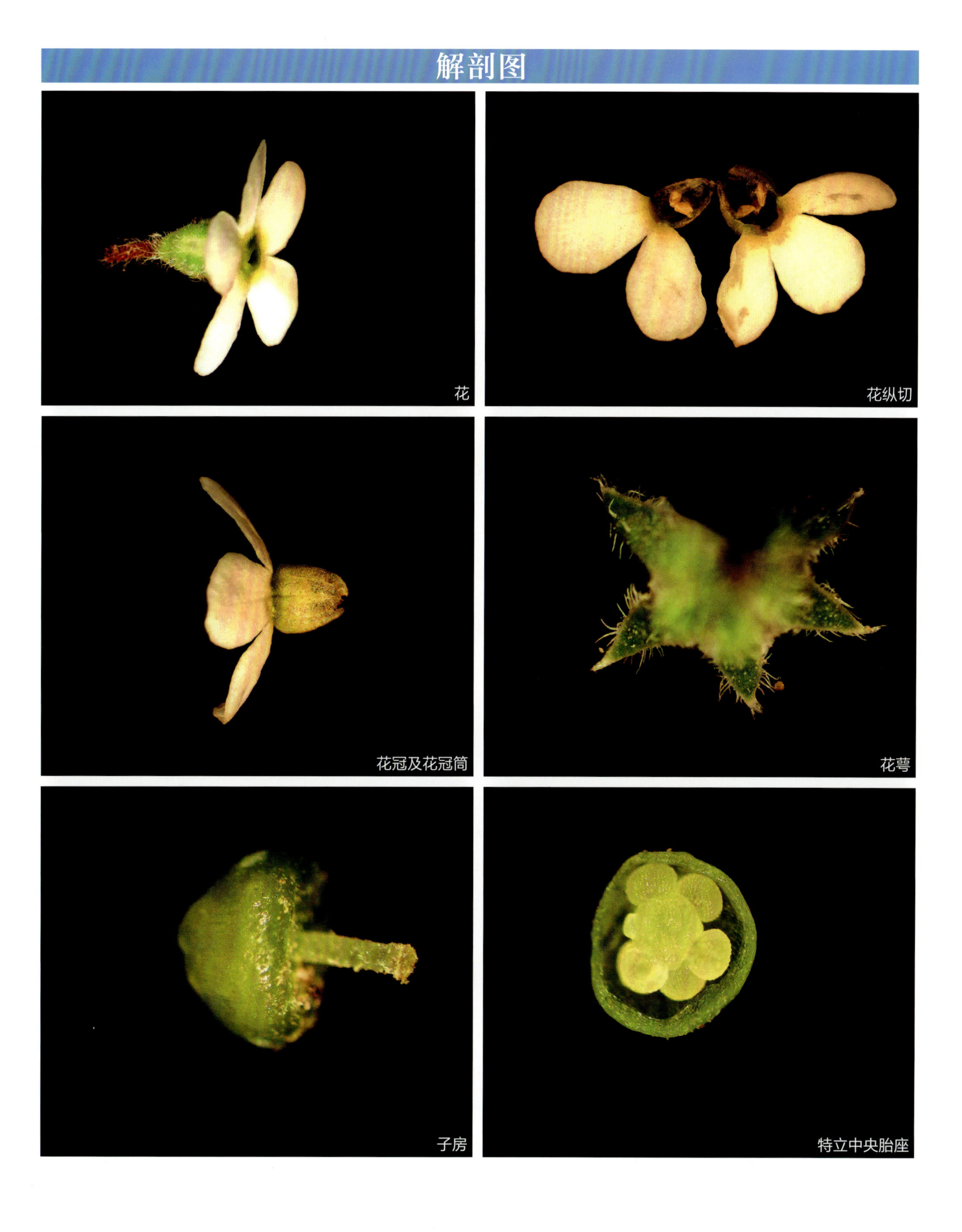
花
花纵切
花冠及花冠筒
花萼
子房
特立中央胎座

45

木犀科 Oleaceae

乔木，直立或藤状灌木。叶对生，稀互生或轮生，单叶、三出复叶或羽状复叶，稀羽状分裂；具叶柄，无托叶。花辐射对称，两性，稀单性或杂性，雌雄同株、异株或杂性异株，通常聚伞花序排列成圆锥花序，或为总状、伞状、头状花序，顶生或腋生，或聚伞花序簇生于叶腋，稀花单生；花萼4裂，稀无花萼；花冠4裂，浅裂、深裂至近离生，或有时在基部成对合生，稀无花冠，花蕾时呈覆瓦状或镊合状排列；雄蕊2，稀4，着生于花冠管上或花冠裂片基部，花药纵裂，花粉通常具3沟；子房上位，由2心皮组成2室，每室具胚珠2，胚珠下垂，稀向上，花柱单一或无花柱，柱头2裂或头状。果为翅果、蒴果、核果、浆果或浆果状核果。种子具1伸直的胚；具胚乳或无胚乳；子叶扁平；胚根向下或向上。

全球约27属400余种，广布于全球的热带和温带，亚洲种类尤为丰富。我国有12属178种6亚种25变种15变型，其中14种1亚种7变型系栽培，南北各地均有分布。东北地区产7属29种8变种3变型。

45.1 东北连翘 Forsythia mandschurica Uyeki

落叶灌木，高约 1.5 米。树皮灰褐色。小枝开展，当年生枝绿色，无毛，略呈四棱形，疏生白色皮孔，二年生枝直立，无毛，灰黄色或淡黄褐色，疏生褐色皮孔，外有薄膜状剥裂，具片状髓。叶片纸质，宽卵形、椭圆形或近圆形，长 5 ～ 12 厘米，宽 3 ～ 7 厘米，先端尾状渐尖、短尾状渐尖或钝，基部为不等宽楔形、近截形至近圆形，叶缘具锯齿、牙齿状锯齿或牙齿，上面绿色，无毛，下面淡绿色，疏被柔毛，叶脉在上面凹入，下面凸起；叶柄长 0.5 ～ 1（～ 1.3）厘米，疏被柔毛或近无毛，上面具沟。花单生于叶腋；花萼长约 5 毫米，裂片下面呈紫色，卵圆形，长 2 ～ 3 毫米，先端钝，边缘具睫毛；花冠黄色，长约 2 厘米，裂片披针形，长 0.7 ～ 1.5 厘米，宽 2 ～ 6 毫米，先端钝或凹；雄蕊长 2 ～ 3 毫米；雌蕊长 3.5 ～ 5 毫米。果长卵形，长 0.7 ～ 1 厘米，宽 4 ～ 5 毫米，先端喙状渐尖至长渐尖，皮孔不明显，开裂时向外反折。花期 5 月，果期 9 月。

生于山坡。

解剖图

花萼及子房　花瓣及雄蕊群　雄蕊群　子房

45.2 水曲柳 **Fraxinus mandschurica** Rupr.

落叶大乔木。树皮厚，灰褐色，纵裂。冬芽大，圆锥形，黑褐色，芽鳞外侧平滑，无毛，在边缘和内侧被褐色曲柔毛。小枝粗壮，黄褐色至灰褐色，四棱形，节膨大，光滑无毛，散生圆形明显凸起的小皮孔；叶痕节状隆起，半圆形。羽状复叶；叶柄近基部膨大，干后变黑褐色；叶轴上面具平坦的阔沟，沟棱有时呈窄翅状，小叶着生处具关节，节上簇生黄褐色曲柔毛或秃净；小叶 7 ～ 11（～ 13），纸质，长圆形至卵状长圆形，先端渐尖或尾尖，基部楔形至钝圆，稍歪斜，叶缘具细锯齿，侧脉 10 ～ 15 对，细脉甚细，在下面明显网结；小叶近无柄。圆锥花序生于去年生枝上，先叶开放；花序梗与分枝具窄翅状锐棱；雄花与两性花异株，均无花冠也无花萼；雄花序紧密，花梗细而短，雄蕊 2，花药椭圆形，花丝甚短，开花时迅速伸长；两性花序稍松散，花梗细而长，两侧常着生 2 甚小的雄蕊，子房扁而宽；花柱短，柱头 2 裂。翅果大而扁，长圆形至倒卵状披针形，中部最宽，先端钝圆、截形或微凹，翅下延至坚果基部，明显扭曲，脉棱凸起。花期 4 月，果期 8 ～ 9 月。

生于海拔 700 ～ 2100 米的山坡疏林中或河谷平缓山地。

解剖图

45.3 紫丁香 Syringa oblata Lindl.

灌木或小乔木，高可达 5 米。树皮灰褐色或灰色。小枝、花序轴、花梗、苞片、花萼、幼叶两面及叶柄均无毛而密被腺毛。小枝较粗，疏生皮孔。叶片革质或厚纸质，卵圆形至肾形，宽常大于长，长 2 ～ 14 厘米，宽 2 ～ 15 厘米，先端短凸尖至长渐尖或锐尖，基部心形、截形至近圆形，或宽楔形，上面深绿色，下面淡绿色；萌枝上叶片常呈长卵形，先端渐尖，基部截形至宽楔形；叶柄长 1 ～ 3 厘米。圆锥花序直立，由侧芽抽生，近球形或长圆形，长 4 ～ 16（～ 20）厘米，宽 3 ～ 7（～ 10）厘米；花梗长 0.5 ～ 3 毫米；花萼长约 3 毫米，萼齿渐尖、锐尖或钝；花冠紫色，长 1.1 ～ 2 厘米，花冠管圆柱形，长 0.8 ～ 1.7 厘米，裂片呈直角开展，卵圆形、椭圆形至倒卵圆形，长 3 ～ 6 毫米，宽 3 ～ 5 毫米，先端内弯略呈兜状或不内弯；花药黄色，位于距花冠管喉部 0 ～ 4 毫米处。果倒卵状椭圆形、卵形至长椭圆形，长 1 ～ 1.5（～ 2）厘米，宽 4 ～ 8 毫米，先端长渐尖，光滑。花期 4 ～ 5 月，果期 6 ～ 10 月。

生于海拔 300 ～ 2400 米的山坡丛林、山沟溪边、山谷路旁及滩地水边。

解剖图

花纵切，示雄蕊和雌蕊与花冠筒的相对位置

雌蕊及花萼

45.4 暴马丁香 **Syringa reticulata** (Blume) H. Hara subsp. **amurensis** (Rupr.) P. S. Green et M. C. Chang

落叶小乔木或大乔木，高 4 ～ 10 米，可达 15 米，具直立或开展枝条。树皮紫灰褐色，具细裂纹。枝灰褐色，无毛，当年生枝绿色或略带紫晕，无毛，疏生皮孔，二年生枝棕褐色，光亮，无毛，具较密皮孔。叶片厚纸质，宽卵形、卵形至椭圆状卵形，或为长圆状披针形，先端短尾尖至尾状渐尖或锐尖，基部常圆形，或为楔形、宽楔形至截形，上面黄绿色，干时呈黄褐色，侧脉和细脉明显凹入使叶面呈皱缩，下面淡黄绿色，秋时呈锈色，无毛，稀沿中脉略被柔毛，中脉和侧脉在下面凸起。圆锥花序由 1 到多对着生于同一枝条上的侧芽抽生；花序轴、花梗和花萼均无毛；花序轴具皮孔；花梗长 0 ～ 2 毫米；花萼长 1.5 ～ 2 毫米，萼齿钝、凸尖或截平；花冠白色，呈辐状，裂片卵形，先端锐尖；花丝与花冠裂片近等长或长于裂片，花药黄色。果长椭圆形，先端常钝，或为锐尖、凸尖，光滑或具细小皮孔。花期 6 ～ 7 月，果期 8 ～ 10 月。

生于海拔 10 ～ 1200 米的山坡灌丛或林边、草地、沟边或针阔叶混交林中。

解剖图

龙胆科 Gentianaceae

一年生或多年生草本。茎直立或斜升，有时缠绕。单叶，稀为复叶，对生，少有互生或轮生，全缘，基部合生，筒状抱茎或为一横线所联结；无托叶。花序一般为聚伞花序或复聚伞花序，有时减退至顶生的单花；花两性，极少数为单性，辐射状或在个别属中为两侧对称，一般 4 ～ 5 数，稀达 6 ～ 10 数；花萼筒状、钟状或辐状；花冠筒状、漏斗状或辐状，基部全缘，稀有距，裂片在蕾中右向旋转排列，稀镊合状排列；雄蕊着生于冠筒上与裂片互生，花药背着或基着，2 室，雌蕊由 2 心皮组成，子房上位，1 室，侧膜胎座，稀心皮结合处深入而形成中轴胎座，致使子房变成 2 室；柱头全缘或 2 裂；胚珠常多数；腺体或腺窝着生于子房基部或花冠上。蒴果 2 瓣裂，稀不开裂。种子小，常多数，具丰富的胚乳。

全球约 80 属 700 种，广布世界各洲，但主要分布在北半球温带和寒温带。我国有 22 属 427 种，绝大多数的属和种集中于西南山岳地区。东北地区产 9 属 28 种 2 变种。

46.1 条叶龙胆 **Gentiana manshurica** Kitag.

多年生草本，高 20 ～ 30 厘米。根茎平卧或直立，短缩或长达 4 厘米，具多数粗壮、略肉质的须根。花枝单生，直立，黄绿色或带紫红色，中空，近圆形，具条棱，光滑。茎下部叶膜质；淡紫红色，鳞片形，长 5 ～ 8 毫米，上部分离，中部以下联合成鞘状抱茎；中、上部叶近革质，无柄，线状披针形至线形，越向茎上部叶越小，先端急尖或近急尖，基部钝，边缘微外卷，平滑，上面具极细乳突，下面光滑，叶脉 1 ～ 3，仅中脉明显，并在下面突起，光滑。花 1 ～ 2 朵，顶生或腋生；无花梗或具短梗；每朵花下具 2 个苞片，苞片线状披针形与花萼近等长；花萼筒钟状，裂片稍不整齐，线形或线状披针形，先端急尖，边缘微外卷，平滑，中脉在背面突起，弯缺截形；花冠蓝紫色或紫色，筒状钟形，裂片卵状三角形，先端渐尖，全缘，褶偏斜，卵形，先端钝，边缘有不整齐细齿；雄蕊着生于冠筒下部，整齐，花丝钻形，花药狭矩圆形；子房狭椭圆形或椭圆状披针形，两端渐狭，花柱短，柱头 2 裂。蒴果内藏，宽椭圆形，两端钝。种子褐色，有光泽，线形或纺锤形，表面具增粗的网纹，两端具翅。花果期 8 ～ 11 月。

生于海拔 100 ～ 1100 米的山坡草地、湿草地、路旁。

解剖图

雄蕊，示花药

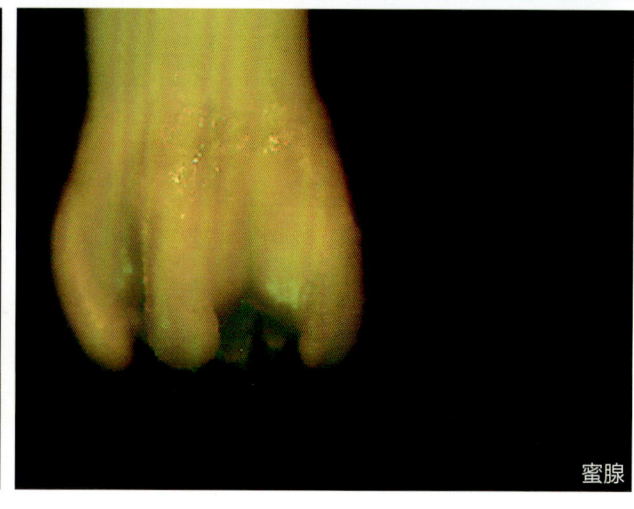

蜜腺

46.2 龙胆 *Gentiana scabra* Bunge

多年生草本，高 30 ～ 60 厘米。根茎平卧或直立，短缩或长达 5 厘米，具多数粗壮、略肉质的须根。花枝单生，直立，黄绿色或紫红色，中空，近圆形，具条棱，棱上具乳突，稀光滑。枝下部叶膜质，淡紫红色，鳞片形，中部以下联合成筒状抱茎；中、上部叶近革质，无柄，卵形或卵状披针形至线状披针形，先端急尖，基部心形或圆形，叶脉 3 ～ 5 条。花多数，簇生枝顶和叶腋；无花梗；每朵花下具 2 个苞片，苞片披针形或线状披针形，与花萼近等长；花萼筒倒锥状筒形或宽筒形，裂片常外反或开展，不整齐，线形或线状披针形；花冠蓝紫色，有时喉部具多数黄绿色斑点，筒状钟形，先端有尾尖，全缘；雄蕊着生冠筒中部，整齐，花丝钻形，花药狭矩圆形；子房狭椭圆形或披针形，两端渐狭或基部钝，柄粗，柱头 2 裂，裂片矩圆形。蒴果内藏，宽椭圆形，两端钝。种子褐色，有光泽，线形或纺锤形，表面具增粗的网纹，两端具宽翅。花果期 5 ～ 11 月。

生于海拔 400 ～ 1700 米的山坡草地、路边、河滩、灌丛中、林缘及林下、草甸。

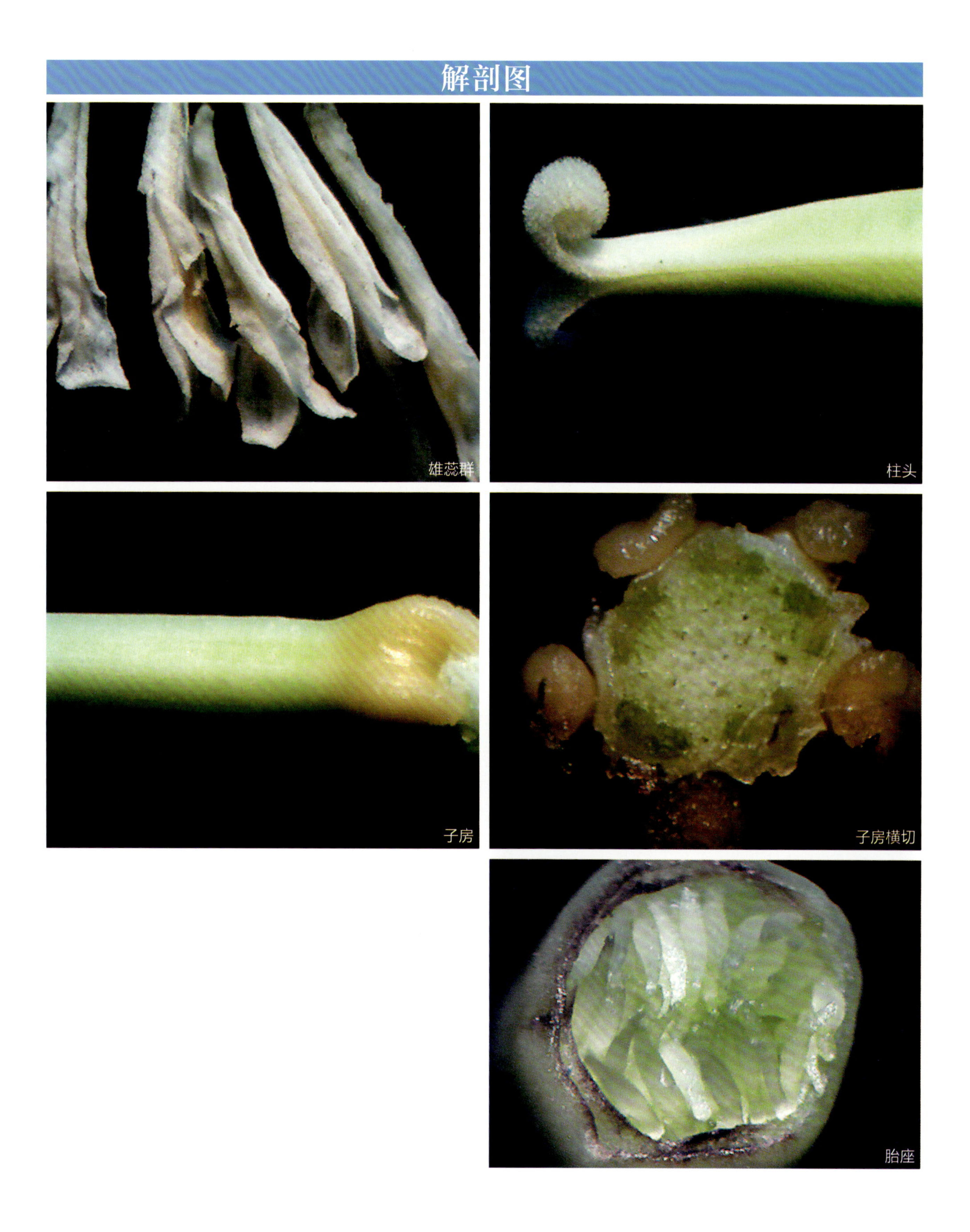
解剖图
雄蕊群
柱头
子房
子房横切
胎座

47

萝藦科 Asclepiadaceae

具有乳汁的多年生草本、藤本、直立或攀援灌木。根部木质或肉质成块状。叶对生或轮生，具柄，全缘，羽状脉；叶柄顶端通常具有丛生的腺体，稀无叶；通常无托叶。聚伞花序通常伞形，腋生或顶生；花两性，整齐，5数；花萼筒短，裂片5，内面基部通常有腺体；花冠合瓣，辐状、坛状，稀高脚碟状，顶端5裂片，裂片旋转；副花冠通常存在，为5枚离生或基部合生的裂片或鳞片所组成；雄蕊5，与雌蕊黏生成中心柱，称合蕊柱；花丝合生成为1个有蜜腺的筒，称合蕊冠，或花丝离生；花粉粒联合包在一层软韧的薄膜内而成块状，称花粉块，每花药有花粉块2或4；或花粉器通常为匙形，直立；无花盘；雌蕊1，子房上位，由2离生心皮所组成，花柱2，合生；胚珠多数。蓇葖果双生，或因1个不发育而成单生。种子多数，其顶端具有丛生的白（黄）色绢质的种毛；胚直立，子叶扁平。

全球约180属2200种，分布于世界热带、亚热带，少数温带。我国有44属245种33变种，多分布于西南及东南地区，少数分布于西北与东北地区。东北地区产4属16种1变种1变型。

47.1 白薇 **Cynanchum atratum** Bunge

直立多年生草本，高达50厘米。根须状，有香气。叶卵形或卵状长圆形，长5～8厘米，宽3～4厘米，顶端渐尖或急尖，基部圆形，两面均被有白色绒毛，特别以叶背及脉上为密；侧脉6～7对。伞形状聚伞花序，无总花梗，生在茎的四周，着花8～10朵；花深紫色，直径约10毫米；花萼外面有绒毛，内面基部有小腺体5个；花冠辐状，外面有短柔毛，并具缘毛；副花冠5裂，裂片盾状，圆形，与合蕊柱等长，花药顶端具一圆形的膜片；花粉块每室1个，下垂，长圆状膨胀；柱头扁平。蓇葖果单生，向端部渐尖，基部钝形，中间膨大，长9厘米，直径5～10毫米。种子扁平；种毛白色，长约3厘米。花期4～8月，果期6～8月。

生于海拔100～1800米的河边、干荒地及草丛中，山沟、林下草地常见。

解剖图

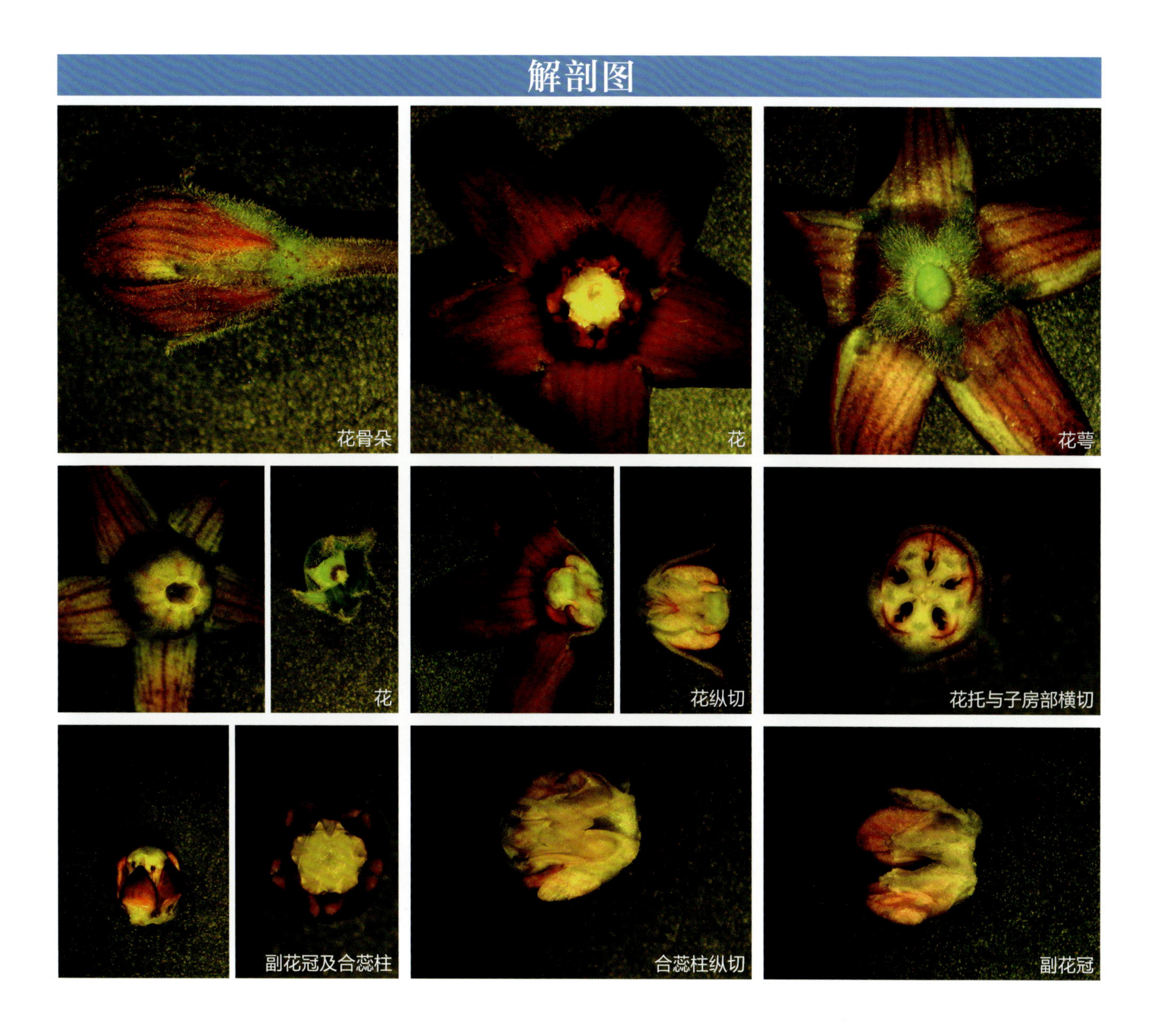

 萝藦 Metaplexis japonica (Thunb.) Makino

多年生草质藤本，长达8米，具乳汁。茎圆柱状，下部木质化，上部较柔韧，表面淡绿色，有纵条纹。叶膜质，卵状心形，顶端短渐尖，基部心形，叶耳圆，两叶耳展开或紧接，叶面绿色，叶背粉绿色，两面无毛，或幼时被微毛，老时被毛脱落；侧脉每边10～12条，在叶背略明显；叶柄顶端具丛生腺体。总状式聚伞花序腋生或腋外生，具长总花梗；总花梗长6～12厘米，被短柔毛；花梗长8毫米，被短柔毛，着花通常13～15朵；小苞片膜质，披针形，长3毫米，顶端渐尖；花蕾圆锥状，顶端尖；花萼裂片披针形，外面被微毛；花冠白色，有淡紫红色斑纹，近辐状，花冠筒短，花冠裂片披针形，张开，顶端反折，基部向左覆盖，内面被柔毛；副花冠环状，着生于合蕊冠上，短5裂，裂片兜状；雄蕊连生成圆锥状，并包围雌蕊在其中，花药顶端具白色膜片；花粉块卵圆形，下垂；子房无毛，柱头延伸成一长喙，顶端2裂。蓇葖果叉生，纺锤形，平滑无毛，顶端急尖，基部膨大。种子扁平，卵圆形，有膜质边缘，褐色，顶端具白色绢质种毛。花期7～8月，果期9～12月。

生于林边荒地、山脚、河边、路旁灌木丛中。

解剖图

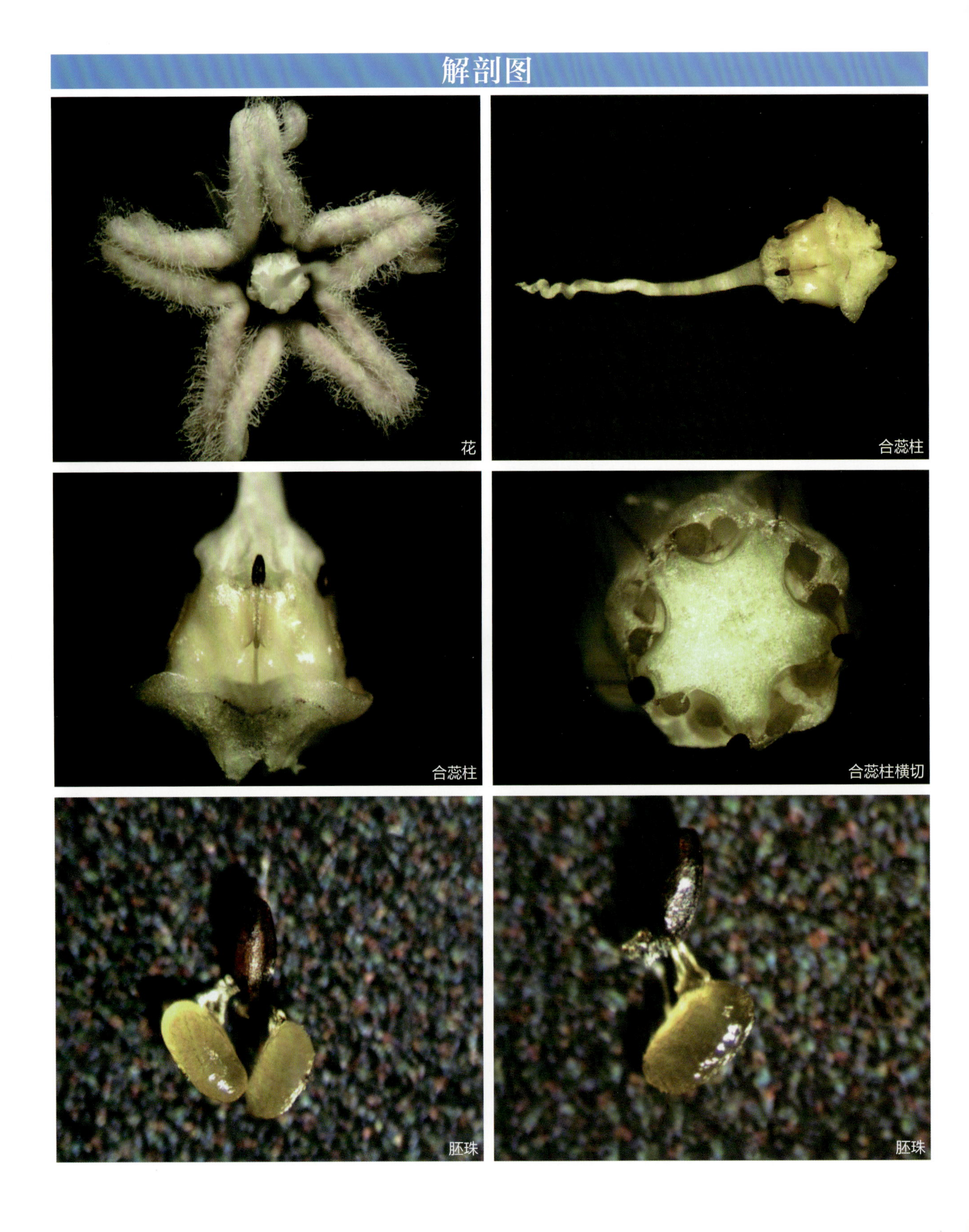

茜草科 Rubiaceae

乔木、灌木或草本，少数为具肥大块茎的适蚁植物；植物体中常累积铝；含多种生物碱。叶对生或有时轮生，有时具不等叶；托叶通常生叶柄间，较少生叶柄内。花序各式，通常花柱异长，动物（主要是昆虫）传粉；萼通常4～5裂；花冠合瓣，管状、漏斗状、高脚碟状或辐状，通常4～5裂；雄蕊与花冠裂片同数而互生，偶有2，着生在花冠管的内壁上；雌蕊通常由2心皮、极少3或更多心皮组成，合生，子房下位，子房室数与心皮数相同，通常为中轴胎座或有时为侧膜胎座，花柱顶生；胚珠每子房室1至多数，倒生、横生或曲生。浆果、蒴果或核果。种子裸露或嵌于果肉或肉质胎座中，种皮膜质或革质，较少脆壳质，极少骨质，胚乳核型，肉质或角质；胚直或弯，子叶扁平或半柱状。

全球属、种数无准确记载，600～800属6000～10 000种，广布全世界的热带和亚热带，少数分布至北温带。我国有98属约676种，主要分布于东南部、南部和西南部，少数分布于西北部和东北部。东北地区产4属21种8变种。

48.1 茜草 Rubia cordifolia L.

草质攀援藤木，长通常 1.5 ～ 3.5 米。根状茎和其节上的须根均红色。茎数至多条，从根状茎的节上发出，细长，方柱形，有 4 棱，棱上生倒生皮刺，中部以上多分枝。叶通常 4 片轮生，纸质，披针形或长圆状披针形，长 0.7 ～ 3.5 厘米，顶端渐尖，有时钝尖，基部心形，边缘有齿状皮刺，两面粗糙，脉上有微小皮刺；基出脉 3，极少外侧有 1 对很小的基出脉；叶柄长通常 1 ～ 2.5 厘米，有倒生皮刺。聚伞花序腋生和顶生，多回分枝，有花 10 余朵至数十朵，花序和分枝均细瘦，有微小皮刺；花冠淡黄色，干时淡褐色，盛开时花冠檐部直径 3 ～ 3.5 毫米，花冠裂片近卵形，微伸展，长约 1.5 毫米，外面无毛。果球形，直径通常 4 ～ 5 毫米，成熟时橘黄色。花期 8 ～ 9 月，果期 10 ～ 11 月。

常生于疏林、林缘、灌丛或草地上。

解剖图

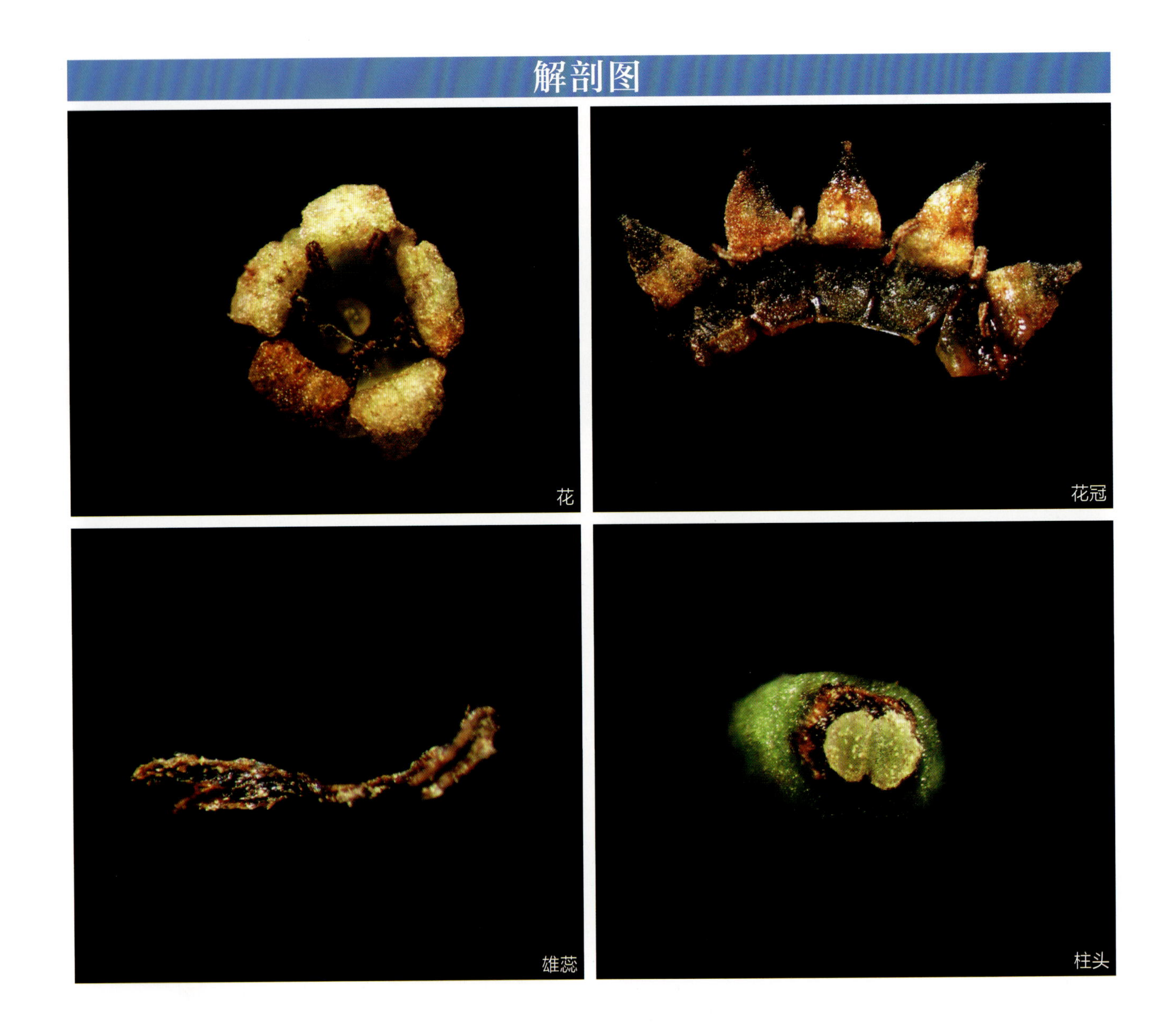

花

花冠

雄蕊

柱头

旋花科 Convolvulaceae

草本、亚灌木或灌木，偶为乔木；被各式单毛或分叉的毛；植物体常有乳汁；具双韧维管束。茎缠绕或攀援。叶互生，螺旋排列，通常为单叶；无托叶；通常有叶柄。花通常美丽，单生于叶腋，或少花至多花组成腋生聚伞花序；苞片成对，通常很小；花整齐，两性，5数；花萼分离或仅基部联合。花冠合瓣，漏斗状、钟状、高脚碟状或坛状；冠檐近全缘或5裂，蕾期旋转折扇状或镊合状至内向镊合状；花冠外常有5条明显的被毛或无毛的瓣中带；雄蕊与花冠裂片等数互生，花丝丝状；花药2室，内向开裂或侧向纵长开裂；花粉粒无刺或有刺；花盘环状或杯状；子房上位，由2（稀3～5）心皮组成，1～2室，或因有发育的假隔膜而为4室，稀3室，心皮合生，极少深2裂；中轴胎座；花柱1～2，丝状；柱头各式。通常为蒴果，室背开裂、周裂、盖裂或不规则破裂，或为不开裂的肉质浆果，或果皮干燥坚硬呈坚果状。种子和胚珠同数，或由于不育而减少，通常呈三棱形；胚乳小；胚大。

全球约56属1800种以上，广泛分布于热带、亚热带和温带，主产美洲和亚洲的热带、亚热带。我国有22属约125种，南北均有，大部分属种产西南和华南地区。东北地区产6属18种。

49.1 菟丝子 Cuscuta chinensis Lam.

一年生寄生草本。茎缠绕，黄色，纤细，直径约1毫米，无叶。花序侧生，少花或多花簇生成小伞形或小团伞花序，近于无总花序梗；苞片及小苞片小，鳞片状；花梗稍粗壮，长仅1毫米；花萼杯状，中部以下联合，裂片三角状，长约1.5毫米，顶端钝；花冠白色，壶形，长约3毫米，裂片三角状卵形，顶端锐尖或钝，向外反折，宿存；雄蕊着生花冠裂片弯缺微下处；鳞片长圆形，边缘长流苏状；子房近球形，花柱2，等长或不等长，柱头球形。蒴果球形，直径约3毫米，几乎全为宿存的花冠所包围，成熟时整齐的周裂。种子2～49粒，淡褐色，卵形，长约1毫米，表面粗糙。花期7～9月，果期8～10月。

生于海拔200～3000米的田边、山坡阳处、路边灌丛或海边沙丘，通常寄生于豆科、菊科、蒺藜科等多种植物上。

解剖图

49.2 金灯藤 *Cuscuta japonica* Choisy

一年生寄生缠绕草本。茎较粗壮，肉质，直径1～2毫米，黄色，常带紫红色瘤状斑点，无毛，多分枝，无叶。花无柄或几无柄，形成穗状花序，长达3厘米，基部常多分枝；苞片及小苞片鳞片状，卵圆形，长约2毫米，顶端尖，全缘，沿背部增厚；花萼碗状，肉质，长约2毫米，5裂几达基部，裂片卵圆形或近圆形，相等或不相等，顶端尖，背面常有紫红色瘤状突起；花冠钟状，淡红色或绿白色，长3～5毫米，顶端5浅裂，裂片卵状三角形，钝，直立或稍反折，短于花冠筒2～2.5倍；雄蕊5，着生于花冠喉部裂片之间，花药卵圆形，黄色，花丝无或几无；鳞片5，长圆形，边缘流苏状，着生于花冠筒基部，伸长至冠筒中部或中部以上；子房球状，平滑，无毛，2室，花柱细长，合生为1，与子房等长或稍长，柱头2裂。蒴果卵圆形，长约5毫米，近基部周裂。种子1～2粒，光滑，长2～2.5毫米，褐色。花期8月，果期9月。

寄生于草本或灌木上。

解剖图

花侧面观

花腹面观

5 雄蕊着生位置

花纵切

子房

胚珠

49.3 圆叶牵牛 Ipomoea purpurea (L.) Roth

一年生缠绕草本，茎上被倒向的短柔毛杂有倒向或开展的长硬毛。叶圆心形或宽卵状心形，基部圆，心形，顶端锐尖、骤尖或渐尖，通常全缘，偶有3裂，两面疏或密被刚伏毛。花腋生，单一或2～5朵着生于花序梗顶端成伞形聚伞花序；苞片线形，被开展的长硬毛；花梗被倒向短柔毛及长硬毛；萼片近等长；花冠漏斗状，长4～6厘米，紫红色、红色或白色，花冠管通常白色，瓣中带于内面色深，外面色淡；雄蕊与花柱内藏；雄蕊不等长，花丝基部被柔毛；子房无毛，3室，每室2胚珠，柱头头状；花盘环状。蒴果近球形，直径9～10毫米，3瓣裂。种子卵状三棱形，长约5毫米，黑褐色或米黄色，被极短的糠秕状毛。花期6～9月，果期7～9月。

生于平地以至海拔2800米的田边、路边、宅旁或山谷林内，栽培或沦为野生。

解剖图

花萼　雌蕊

花药　花丝基部被毛

花药　子房横切，示侧膜胎座

50

紫草科 Boraginaceae

多数为草本，较少为灌木或乔木，一般被有硬毛或刚毛。叶为单叶，互生，极少对生，不具托叶。花序为聚伞花序或镰状聚伞花序，极少花单生，有苞片或无苞片。花两性，辐射对称，很少左右对称；花萼具5枚基部至中部合生的萼片，大多宿存；花冠筒状、钟状、漏斗状或高脚碟状，一般可分筒部、喉部、檐部3部分；雄蕊5，着生花冠筒部，稀上升到喉部，轮状排列，极少螺旋状排列，内藏，稀伸出花冠外，花药内向，2室，基部背着，纵裂；蜜腺在花冠筒内面基部环状排列，或在子房下的花盘上；雌蕊由2心皮组成，子房2室，每室含2胚珠，或由内果皮形成隔膜而成4室，每室含1胚珠，或子房（2～）4裂，每裂瓣含1胚珠；胚珠近直生、倒生或半倒生。果实为含1～4粒种子的核果，或为子房（2～）4裂瓣形成的（2～）4小坚果，果皮多汁或大多干燥，常具各种附属物。种子直立或斜生，种皮膜质，无胚乳，稀含少量内胚乳；胚伸直，很少弯曲，子叶平，肉质，胚根在上方。

全球约100属2000种，分布于世界的温带和热带，地中海地区为其分布中心。我国有48属269种，遍布全国，但以西南部最为丰富。东北地区产17属34种1变种2变型。

50.1 附地菜 Trigonotis peduncularis (Trev.) Benth.

一年生或二年生草本。茎通常多条丛生，稀单一，密集，铺散，高5～30厘米，基部多分枝，被短糙伏毛。基生叶呈莲座状，有叶柄，叶片匙形，长2～5厘米，先端圆钝，基部楔形或渐狭，两面被糙伏毛，茎上部叶长圆形或椭圆形，无叶柄或具短柄。花序生茎顶，幼时卷曲，后渐次伸长，长5～20厘米，通常占全茎的1/2～4/5，只在基部具2～3枚叶状苞片，其余部分无苞片；花梗短，花后伸长，长3～5毫米，顶端与花萼连接部分变粗呈棒状；花萼裂片卵形，长1～3毫米，先端急尖；花冠淡蓝色或粉色，筒部甚短，檐部直径1.5～2.5毫米，裂片平展，倒卵形，先端圆钝，喉部附属5，白色或带黄色；花药卵形，长0.3毫米，先端具短尖。小坚果4，斜三棱锥状四面体形，长0.8～1毫米，有短毛或平滑无毛，背面三角状卵形，具3锐棱，腹面的2个侧面近等大而基底面略小，凸起，具短柄，柄长约1毫米，向一侧弯曲。花期5～8月，果期5～9月。

生于平原、丘陵草地、林缘、田间及荒地。

解剖图

花序

花

花

花，示花冠筒喉部

花萼

雄蕊群

50.2 山茄子 **Brachybotrys paridiformis** Maxim.

多年生草本。根状茎粗约3毫米。茎直立，高30～40厘米，不分枝，上部疏生短伏毛。基部茎生叶鳞片状；中部茎生叶具长叶柄，叶片倒卵状长圆形，长2～5厘米，下面稍有短伏毛；叶柄长3～5厘米，有狭翅，下面有长柔毛；上部5～6叶假轮生，具短柄，叶片倒卵形至倒卵状椭圆形，长6～12厘米，宽2～5厘米，上面几无毛，下面有稀疏短伏毛，先端短渐尖，基部楔形。花序顶生，长约5厘米，具纤细的花序轴，花集于花序轴的上部，通常约为6朵；花梗长4～15毫米，无苞片，花序轴、花梗及花萼都有密短伏毛；花萼长约8毫米，5裂至近基部，裂片钻状披针形，果期长约11毫米；花冠紫色，长约11毫米，筒部约比檐部短2倍，檐部裂片倒卵状长圆形，长约6毫米，附属物舌状；雄蕊着生附属物之下，花丝长约4毫米，花药伸出喉部，长约3毫米，先端具小尖头；子房4裂，花柱长约1.7毫米，有弯曲，柱头微小，头状。小坚果长3～3.5毫米，背面三角状卵形，腹面由3个面组成，着生面在腹面近基部。花期5～6月，果期8～9月。

生于林下、草坡、田边等地。

解剖图

50.3 聚合草 Symphytum officinale L.

从生型多年生草本，高 30 ～ 90 厘米，全株被向下稍弧曲的硬毛和短伏毛。根发达、主根粗壮，淡紫褐色。茎数条，直立或斜升，有分枝。基生叶通常 50 ～ 80 片，最多可达 200 片，具长柄，叶片带状披针形、卵状披针形至卵形，长 30 ～ 60 厘米，宽 10 ～ 20 厘米，稍肉质，先端渐尖；茎中部和上部叶较小，无柄，基部下延。花序含多数花；花萼裂至近基部，裂片披针形，先端渐尖；花冠长 14 ～ 15 毫米，淡紫色、紫红色至黄白色，裂片三角形，先端外卷，喉部附属物披针形，长约 4 毫米，不伸出花冠檐；花药长约 3.5 毫米，顶端有稍突出的药隔，花丝长约 3 毫米，下部与花药近等宽；子房通常不育，偶尔个别花内成熟 1 个小坚果。小坚果歪卵形，长 3 ～ 4 毫米，黑色，平滑，有光泽。花期 5 ～ 10 月，果期 8 ～ 10 月。

生于山林地带，为典型的中生植物。

解剖图

51

唇形科 Labiatae

一年生至多年生草本，半灌木或灌木，常具含芳香油的表皮，常具有4棱及沟槽的茎和对生或轮生的枝条。叶为单叶，稀为复叶，对生（常交互对生），稀3～8枚轮生，极稀部分互生。花很少单生；花序聚伞式；苞叶常在茎上向上逐渐过渡成苞片；花两侧对称，稀多少辐射对称，两性，或经过退化而成雌花两性花异株，稀杂性；花萼下位，宿存；花冠合瓣，通常有色，大小不一；雄蕊通常4，二强，有时退化为2枚，稀具第5枚（后）退化雄蕊；药隔伸出或否；花药2室，内向；下位花盘通常肉质，显著；雌蕊由2心皮形成；子房上位；胚珠单被。果通常裂成4枚果皮干燥的小坚果，稀核果状。种子每坚果单生，直立，基生，稀侧生；胚具扁平，稀凸或有折，微肉质，与果轴平行或横生的子叶。

全球220余属3500余种，大多数属产亚洲、非洲、欧洲。我国有99属800余种，南北均产。东北地区产28属74种10变种6变型。

51.1 藿香 **Agastache rugosa** (Fisch. et C. A. Mey.) Kuntze

多年生草本。茎直立，高0.5～1.5米，四棱形，粗达7～8毫米，上部被极短的细毛，下部无毛，在上部具能育的分枝。叶心状卵形至长圆状披针形，向上渐小，先端尾状长渐尖，基部心形，稀截形，边缘具粗齿，纸质，上面橄榄绿色，近无毛，下面略淡，被微柔毛及点状腺体。轮伞花序多花，在主茎或侧枝上组成顶生密集的圆筒形穗状花序；花序基部的苞叶长披针状线形，长渐尖，苞片形状与之相似，较小；轮伞花序具短梗，总梗长约3毫米，被腺微柔毛；花萼管状倒圆锥形，被腺微柔毛及黄色小腺体，多少染成浅紫色或紫红色，喉部微斜，萼齿三角状披针形，后3齿长约2.2毫米，前2齿稍短；花冠淡紫蓝色，外被微柔毛，冠筒基部宽约1.2毫米，微超出于萼，向上渐宽，至喉部宽约3毫米，冠檐二唇形，上唇直伸，先端微缺，下唇3裂，中裂片较宽大，平展，边缘波状，基部宽，侧裂片半圆形；雄蕊伸出花冠，花丝细，扁平，无毛；花柱与雄蕊近等长，丝状，先端相等的2裂；花盘厚环状；子房裂片顶部具绒毛。成熟小坚果卵状长圆形，腹面具棱，先端具短硬毛，褐色。花期6～9月，果期9～11月。

常见栽培。

解剖图
花
雄蕊群
花药
子房
花盘
花柱

51.2 多花筋骨草 *Ajuga multiflora* Bunge

多年生草本。茎直立，不分枝，高 6～20 厘米，四棱形，密被灰白色绵毛状长柔毛，幼嫩部分尤密。基生叶具柄，茎上部叶无柄；叶片均纸质，椭圆状长圆形或椭圆状卵圆形，先端钝或微急尖，基部楔状下延，抱茎，边缘有不甚明显的波状齿或波状圆齿，具长柔毛状缘毛，上面密被下面疏被柔毛状糙伏毛，脉三或五出，两面突起。轮伞花序自茎中部向上渐靠近，至顶端呈一密集的穗状聚伞花序；苞叶大，下部者与茎叶同形，向上渐小，呈披针形或卵形，渐变为全缘；花梗极短，被柔毛；花萼宽钟形，外面被绵毛状长柔毛，以萼齿上毛最密，内面无毛，萼齿 5，整齐，钻状三角形，长为花萼的 2/3，先端锐尖，具柔毛状缘毛；花冠蓝紫色或蓝色，筒状，内外两面被微柔毛，内面近基部有毛环，冠檐二唇形，上唇短，直立，先端 2 裂，裂片圆形，下唇伸长，宽大，3 裂，中裂片扇形，侧裂片长圆形；雄蕊 4，二强；花柱细长，微弯，超出雄蕊，上部被疏柔毛，先端 2 浅裂；花盘环状，裂片不明显，前面呈指状膨大；子房顶端被微柔毛。小坚果倒卵状三棱形，背部具网状皱纹，腹部中间隆起，具 1 大果脐，其长度占腹面 2/3，边缘被微柔毛。花期 4～5 月，果期 5～6 月。

生于开旷的山坡疏草丛或河边草地或灌丛中。

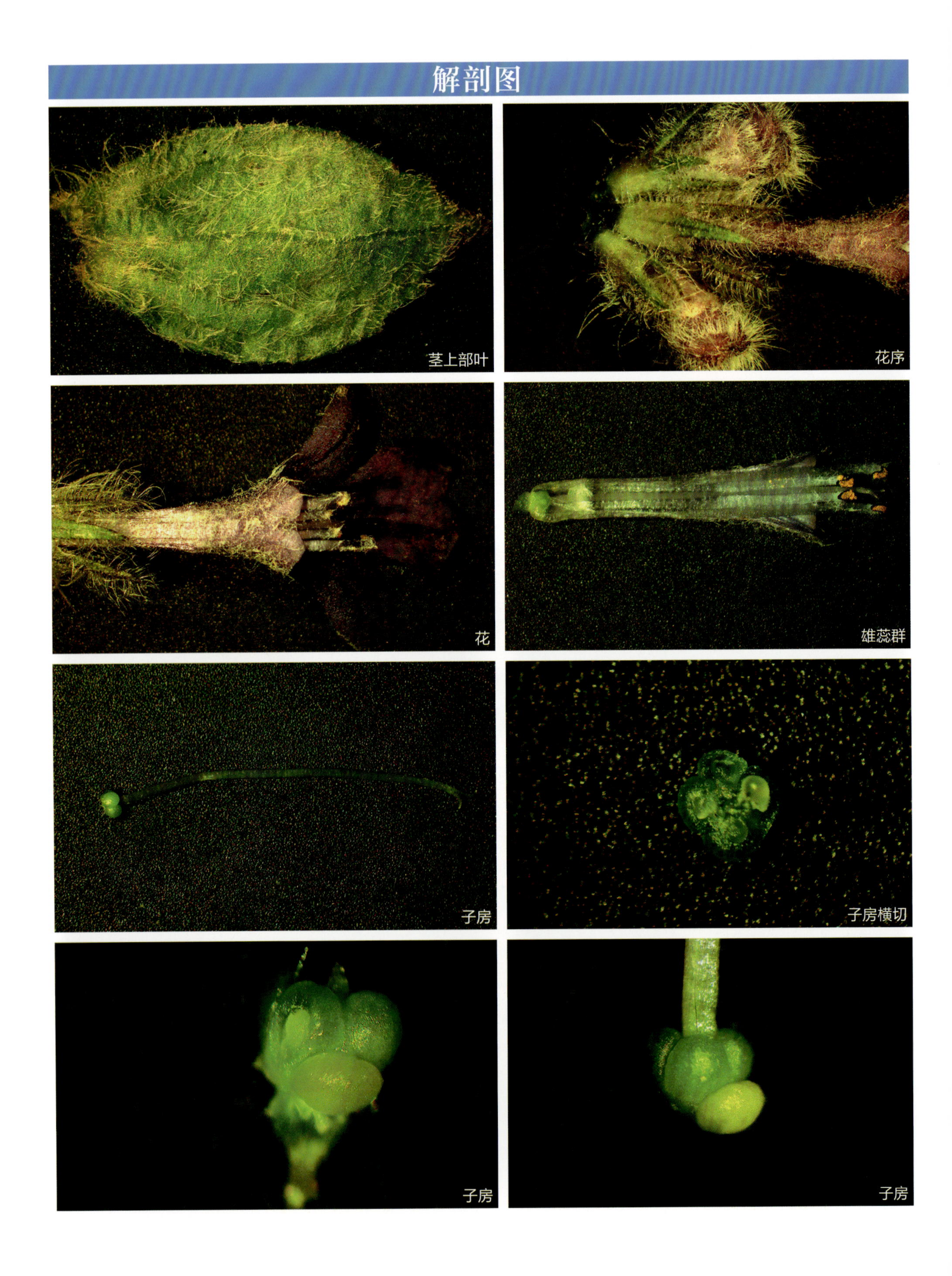
解剖图
茎上部叶
花序
花
雄蕊群
子房
子房横切
子房
子房

51.3 益母草 *Leonurus japonicus* Houtt.

一年生或二年生草本，有于其上密生须根的主根。茎直立，钝四棱形，微具槽，有倒向糙伏毛，在节及棱上尤为密集。叶轮廓变化很大，茎下部叶轮廓为卵形，基部宽楔形，掌状3裂，裂片呈长圆状菱形至卵圆形，裂片上再分裂；茎中部叶轮廓为菱形，较小，通常分裂成3个或偶有多个长圆状线形的裂片；花序最上部的苞叶近于无柄，线形或线状披针形。轮伞花序腋生，具8～15花；小苞片刺状，向上伸出，基部略弯曲，比萼筒短，有贴生的微柔毛；花梗无；花萼管状钟形，外面有贴生微柔毛，内面于离基部1/3以上被微柔毛，5脉，显著，齿5；花冠粉红色至淡紫红色，冠筒内面在离基部1/3处有近水平向的不明显鳞毛毛环，毛环在背面间断，其上部多少有鳞状毛，冠檐二唇形，上唇直伸，内凹，长圆形，下唇略短于上唇，内面在基部疏被鳞状毛，3裂，中裂片倒心形；雄蕊4，均延伸至上唇片之下，平行；花柱丝状，略超出于雄蕊而与上唇片等长，无毛，先端相等2浅裂，裂片钻形；花盘平顶；子房褐色，无毛。小坚果长圆状三棱形，淡褐色，光滑。花期通常6～9月，果期9～10月。

生海拔可高达3400米的多种生境，尤以阳处为多。

解剖图

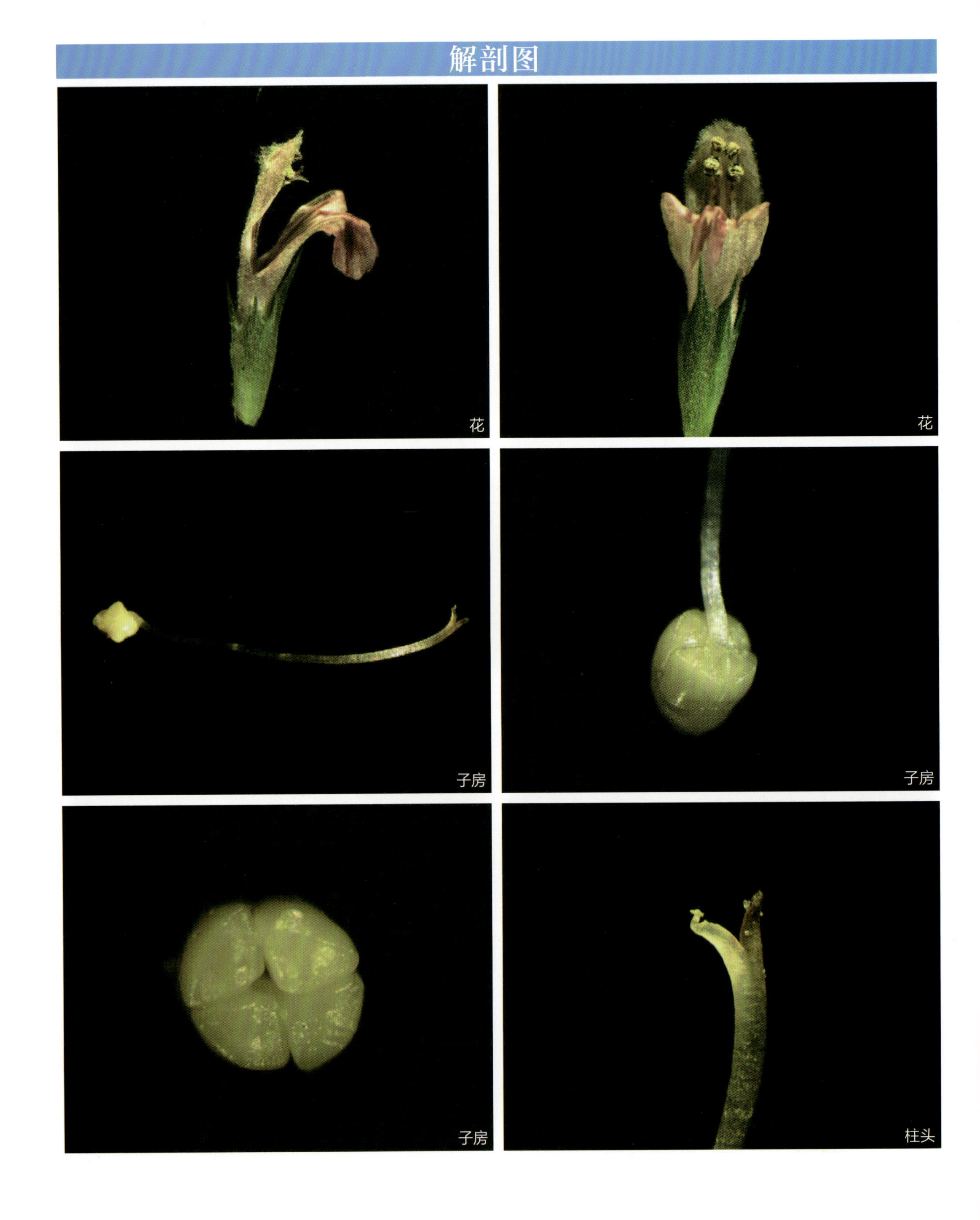

51.4 荨麻叶龙头草 Meehania urticifolia (Miq.) Makino

多年生草本，丛生，直立，高 20 ～ 40 厘米。茎细弱，不分枝，顶端无花者，常伸出细长柔软的匍匐茎，逐节生根。叶具柄；叶片纸质，心脏形或卵状心脏形。花组成轮伞花序，稀成对组成顶生假总状花序；苞片向上渐变小，卵形至披针形；花梗被长柔毛，常在中部具一对小苞片；小苞片钻形；花萼花时呈钟形，具 15 脉，齿 5，略呈二唇形，上唇具 3 齿，略高，下唇具 2 齿，齿卵形或卵状三角形，稀近三角形，具缘毛，先端突尖或急尖，稀渐尖，果时花萼呈钟形，基部略膨大；花冠淡蓝紫色至紫红色，冠筒管状，上半部逐渐扩大，冠檐二唇形，上唇直立，椭圆形，顶端 2 浅裂或深裂，下唇伸长，增大，3 裂，中裂片扇形，两侧裂片小，近卵形或长圆形，长不及中裂片之半或为其 2/5；雄蕊 4，略二强，不伸出花冠外，花丝略扁而无毛，花药 2 室，无毛，成熟后贯通为 1 室；子房 4 裂，被微柔毛；花柱细长，较雄蕊长，微伸出花冠外，先端 2 浅裂；花盘杯状，裂片不明显，前方呈指状膨大。小坚果卵状长圆形，被短柔毛，近基部腹面微呈三棱形，基部具一小果脐。花期 5 ～ 6 月，果期 6 月。

生于混交林或针叶林林下苔藓中阴湿处。

解剖图

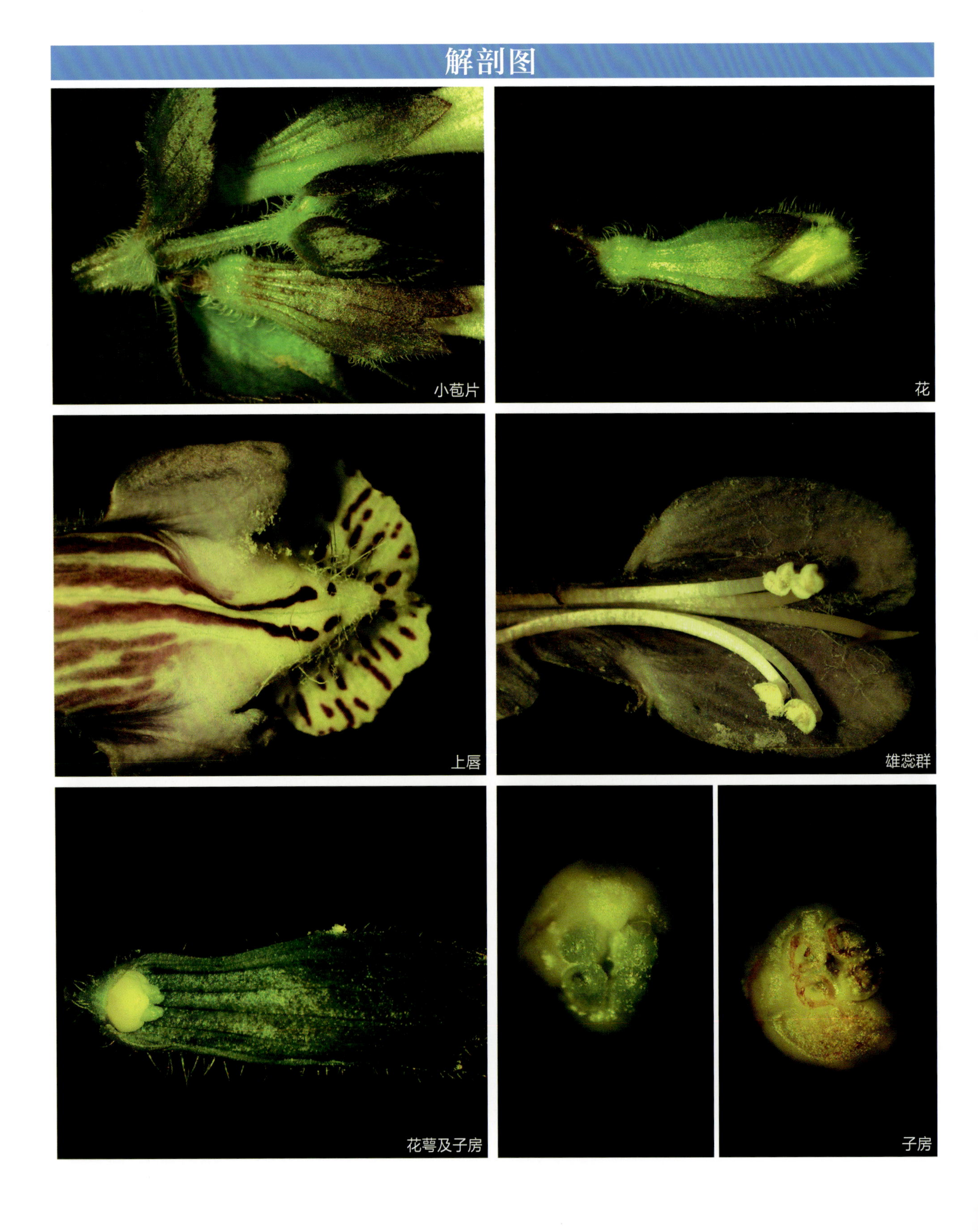

51.5 薄荷 Mentha canadensis L.

多年生草本。茎直立，高 30 ～ 60 厘米，下部数节具纤细的须根及水平匍匐根状茎，锐四棱形，具 4 槽，上部被倒向微柔毛，下部仅沿棱上被微柔毛，多分枝。叶片长圆状披针形，披针形，椭圆形或卵状披针形，稀长圆形，先端锐尖，基部楔形至近圆形，边缘在基部以上疏生粗大的牙齿状锯齿，侧脉 5 ～ 6 对，与中肋在上面微凹陷下面显著，上面绿色；沿脉上密生余部疏生微柔毛，或除脉外余部近于无毛，上面淡绿色，通常沿脉上密生微柔毛。轮伞花序腋生，具梗或无梗，被微柔毛。花萼管状钟形，外被微柔毛及腺点，内面无毛，10 脉，不明显，萼齿 5，狭三角状钻形，先端长锐尖；花冠淡紫色，长 4 毫米，外面略被微柔毛，内面在喉部以下被微柔毛，冠檐 4 裂，上裂片先端 2 裂，较大，其余 3 裂片近等大，长圆形，先端钝；雄蕊 4，前对较长，均伸出于花冠之外，花丝丝状，无毛，花药卵圆形，2 室，室平行；花柱略超出雄蕊，先端近相等 2 浅裂，裂片钻形；花盘平顶。小坚果卵珠形，黄褐色，具小腺窝。花期 7 ～ 9 月，果期 10 月。

生于海拔可达 3500 米的水旁潮湿处。

解剖图

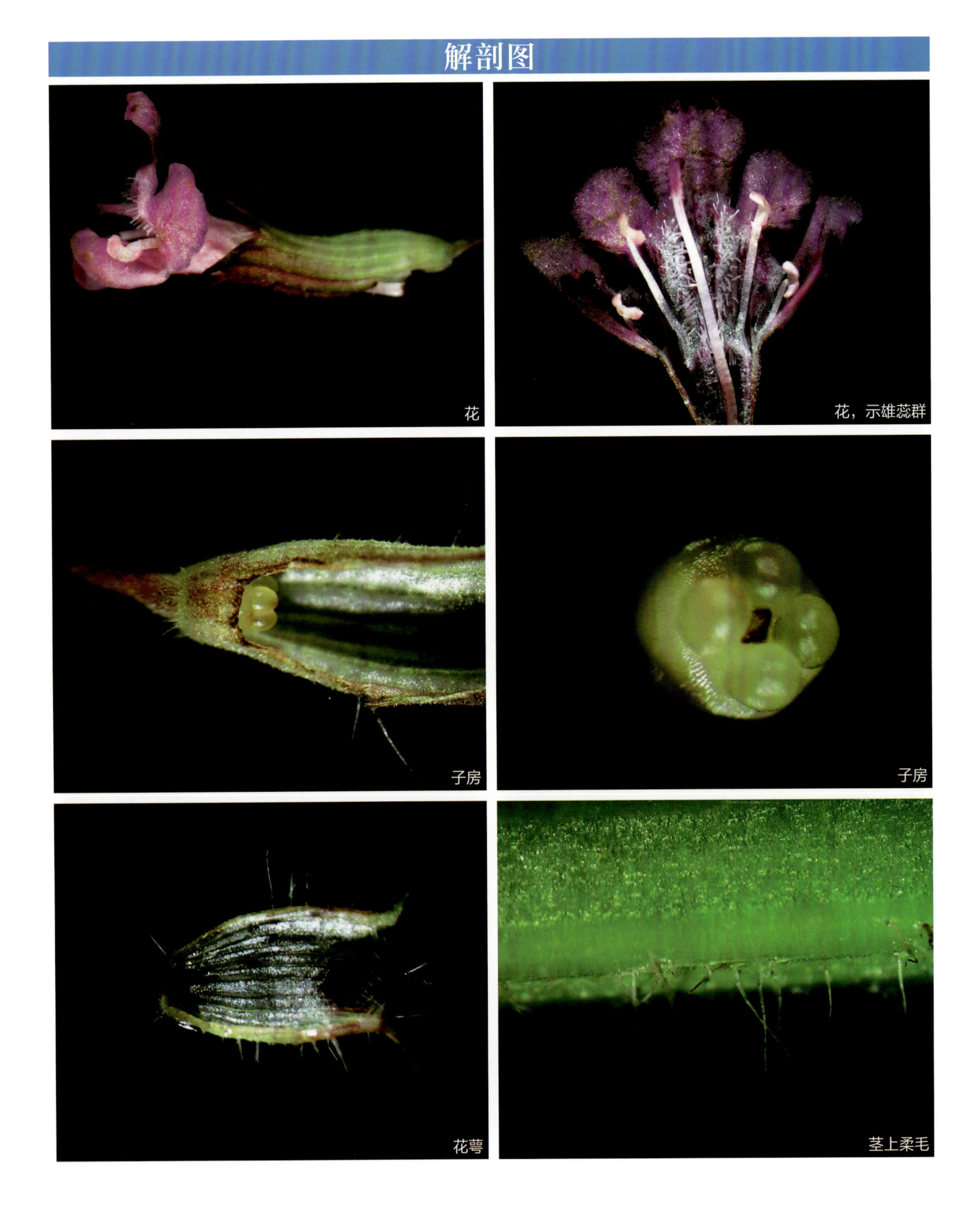

花

花，示雄蕊群

子房

子房

花萼

茎上柔毛

51.6 狭叶黄芩 Scutellaria regeliana Nakai

多年生草本，根茎直伸或斜行，纤细，在节上生须根及匍枝。茎直立，四棱形，具沟，基部被有上曲短小柔毛。叶具极短的柄；叶片披针形或三角状披针形，先端钝，基部不明显浅心形或近截形，边缘全缘但稍内卷，有分散的细粒状腺体，侧脉约3对。花单生于茎中部以上的叶腋内，偏向一侧；花梗基部有一对被疏柔毛的针状小苞片；花萼外面密被短柔毛，盾片很小；花冠紫色，外面被短柔毛，内面在冠筒囊大部分上方及上唇与2侧裂片接合处疏被疏柔毛；冠檐2唇形，上唇盔状，先端微缺，下唇中裂片大，近扁圆形，全缘，2侧裂片长圆形，宽3.5毫米；雄蕊4，均内藏，前对较长，具能育半药，退化半药不明显，后对较短，具全药，药室裂口具髯毛；花丝扁平，前对内侧后对两侧中部被疏柔毛；花柱细长，扁平，先端锐尖，微裂；花盘环状，前方微膨大，后方延伸成长0.5毫米的子房柄，子房与花盘间有白色泡状体；子房4裂，裂片等大。小坚果黄褐色，卵球形，具瘤状突起，腹面基部具果脐。花期6～7月，果期7～9月。

见于海拔480～1000米的河岸或沼泽地。

解剖图

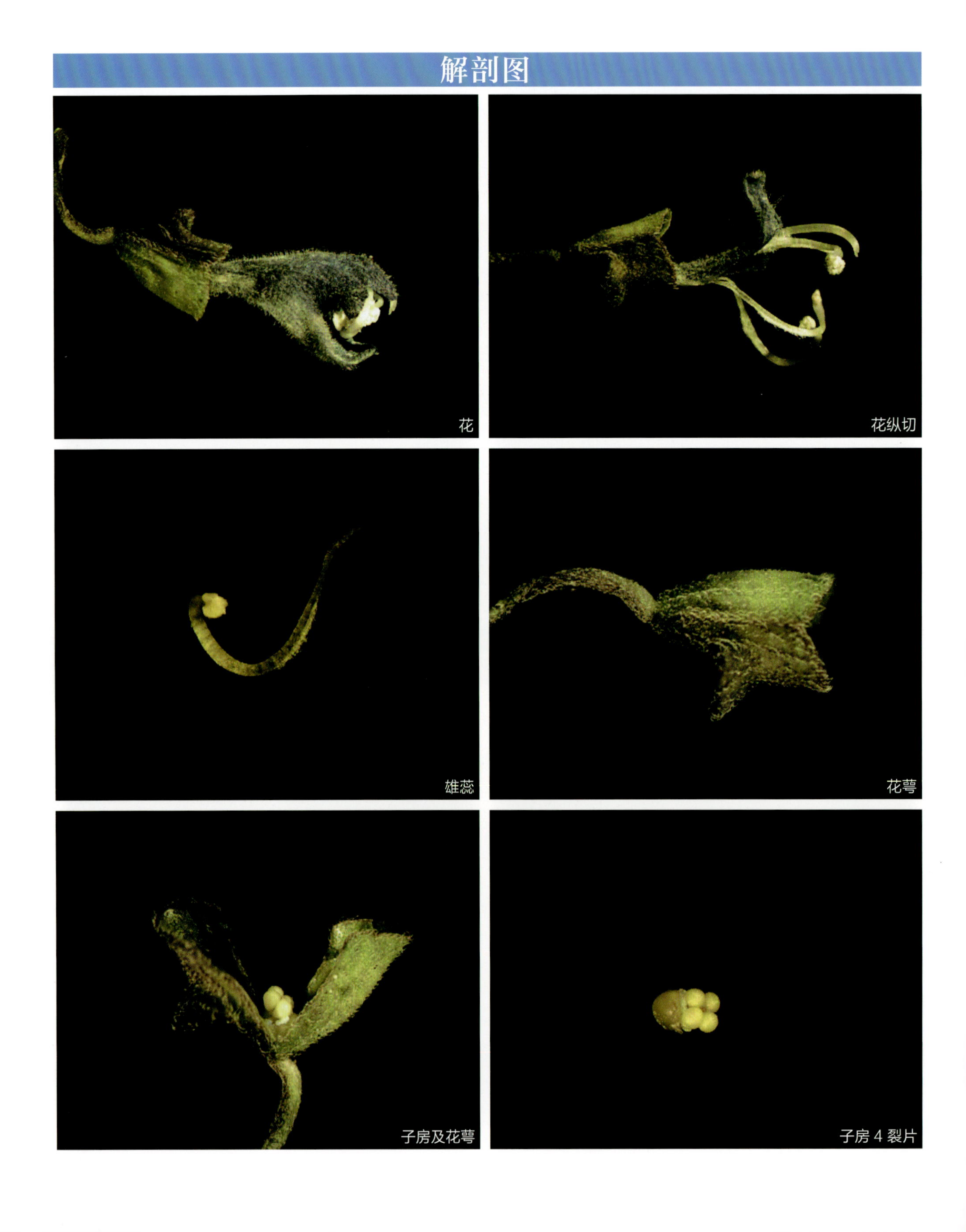

51.7 并头黄芩 Scutellaria scordifolia Fisch. ex Schrank

一年生草本。根茎斜行或近直伸，节上生须根。茎直立，高 12 ～ 36 厘米，四棱形。叶具很短的柄或近无柄，腹凹背凸，被小柔毛；叶片三角状狭卵形，三角状卵形，或披针形，先端大多钝，稀微尖，基部浅心形，近截形，边缘大多具浅锐牙齿，稀生少数不明显的波状齿，极少近全缘，上面绿色，无毛，下面较淡，沿中脉及侧脉疏被小柔毛，具多数凹点，侧脉约 3 对，上面凹陷，下面明显凸起。花单生于茎上部的叶腋内，偏向一侧；花梗近基部有一对针状小苞片；花萼被短柔毛及缘毛；花冠蓝紫色，外面被短柔毛，内面无毛；冠筒基部浅囊状膝曲；冠檐二唇形，上唇盔状，内凹，先端微缺，下唇中裂片圆状卵圆形，先端微缺，2 侧裂片卵圆形，先端微缺；雄蕊 4，均内藏，前对较长，具能育半药，退化半药明显，后对较短，具全药，药室裂口具髯毛；花丝扁平，前对内侧后对两侧下部被疏柔毛；花柱细长，先端锐尖，微裂；花盘前方隆起，后方延伸成短子房柄；子房 4 裂，裂片等大。小坚果黑色，椭圆形，具瘤状突起，腹面近基部具果脐。花期 6 ～ 8 月，果期 8 ～ 9 月。

生于海拔 2100 米以下的草地或湿草甸。

解剖图

茄科 Solanaceae

一年生至多年生草本、半灌木、灌木或小乔木。单叶全缘、不分裂或分裂；无托叶。花单生，簇生或组成花序；两性或稀杂性，辐射对称或稍微两侧对称，通常5基数、稀4基数；花萼通常具5牙齿、5中裂或5深裂；花冠具短筒或长筒，辐状、漏斗状、高脚碟状、钟状或坛状，檐部5（稀4～7或10）浅裂、中裂或深裂，裂片大小相等或不相等；雄蕊与花冠裂片同数而互生，花丝丝状或在基部扩展，花药药室2，纵缝开裂或顶孔开裂；子房通常由2心皮合生而成，2室、有时1室或有不完全的假隔膜而在下部分隔成4室，稀3～5（～6）室，花柱细瘦，具头状或2浅裂的柱头；中轴胎座；胚珠多数、稀少数至1，倒生、弯生或横生。果实为多汁浆果或干浆果，或者为蒴果。种子圆盘形或肾脏形；胚乳丰富、肉质；胚弯曲成钩状、环状或螺旋状卷曲、位于周边而埋藏于胚乳中，或直而位于中轴位上。

全球约30属3000种，广泛分布于全世界温带及热带，美洲热带种类最为丰富。我国有24属105种35变种，南北均产。东北地区产13属33种9变种2变型。

52.1 曼陀罗 Datura stramonium L.

草本或半灌木状，高 0.5 ～ 1.5 米，全体近于平滑或在幼嫩部分被短柔毛。茎粗壮，圆柱状，淡绿色或带紫色，下部木质化。叶广卵形，顶端渐尖，基部不对称楔形，边缘有不规则波状浅裂，裂片顶端急尖，有时亦有波状牙齿，侧脉每边 3 ～ 5 条，直达裂片顶端，长 8 ～ 17 厘米，宽 4 ～ 12 厘米；叶柄长 3 ～ 5 厘米。花单生于枝杈间或叶腋，直立，有短梗；花萼筒状，长 4 ～ 5 厘米，筒部有 5 棱角，两棱间稍向内陷，基部稍膨大，顶端紧围花冠筒，5 浅裂，裂片三角形，花后自近基部断裂，宿存部分随果实而增大并向外反折；花冠漏斗状，下半部带绿色，上部白色或淡紫色，檐部 5 浅裂，裂片有短尖头，长 6 ～ 10 厘米，檐部直径 3 ～ 5 厘米；雄蕊不伸出花冠，花丝长约 3 厘米，花药长约 4 毫米；子房密生柔针毛，花柱长约 6 厘米。蒴果直立生，卵状，长 3 ～ 4.5 厘米，直径 2 ～ 4 厘米，表面生有坚硬针刺或有时无刺而近平滑，成熟后淡黄色，规则 4 瓣裂。种子卵圆形，稍扁，长约 4 毫米，黑色。花期 6 ～ 10 月，果期 7 ～ 11 月。

常生于住宅旁、路边或草地上，也有作药用或观赏而栽培。全株有毒。

解剖图

52.2 枸杞 Lycium chinense Mill.

多分枝灌木，高0.5～1米，栽培时可达2米多。枝条细弱，弓状弯曲或俯垂，淡灰色，有纵条纹，棘刺长0.5～2厘米，生叶和花的棘刺较长，小枝顶端锐尖成棘刺状。叶纸质或栽培者质稍厚，单叶互生或2～4簇生，卵形、卵状菱形、长椭圆形、卵状披针形，顶端急尖，基部楔形，长1.5～5厘米，宽0.5～2.5厘米，栽培者较大，可长达10厘米以上，宽达4厘米；叶柄长0.4～1厘米。花在长枝上单生或双生于叶腋，在短枝上则同叶簇生；花梗长1～2厘米，向顶端渐增粗；花萼长3～4毫米，通常3中裂或4～5齿裂，裂片多少有缘毛；花冠漏斗状，长9～12毫米，淡紫色，筒部向上骤然扩大，稍短于或近等于檐部裂片，5深裂，裂片卵形，顶端圆钝，平展或稍向外反曲，边缘有缘毛，基部耳显著；雄蕊较花冠稍短，或因花冠裂片外展而伸出花冠，花丝在近基部处密生一圈绒毛并交织成椭圆状的毛丛，与毛丛等高处的花冠筒内壁亦密生一环绒毛；花柱稍伸出雄蕊，上端弓弯，柱头绿色。浆果红色，卵状，栽培者可成长矩圆状或长椭圆状，顶端尖或钝，长7～15毫米，栽培者长可达2.2厘米，直径5～8毫米。种子扁肾脏形，长2.5～3毫米，黄色。花果期6～11月。

常生于山坡、荒地、丘陵地、盐碱地、路旁及村边宅旁。

解剖图

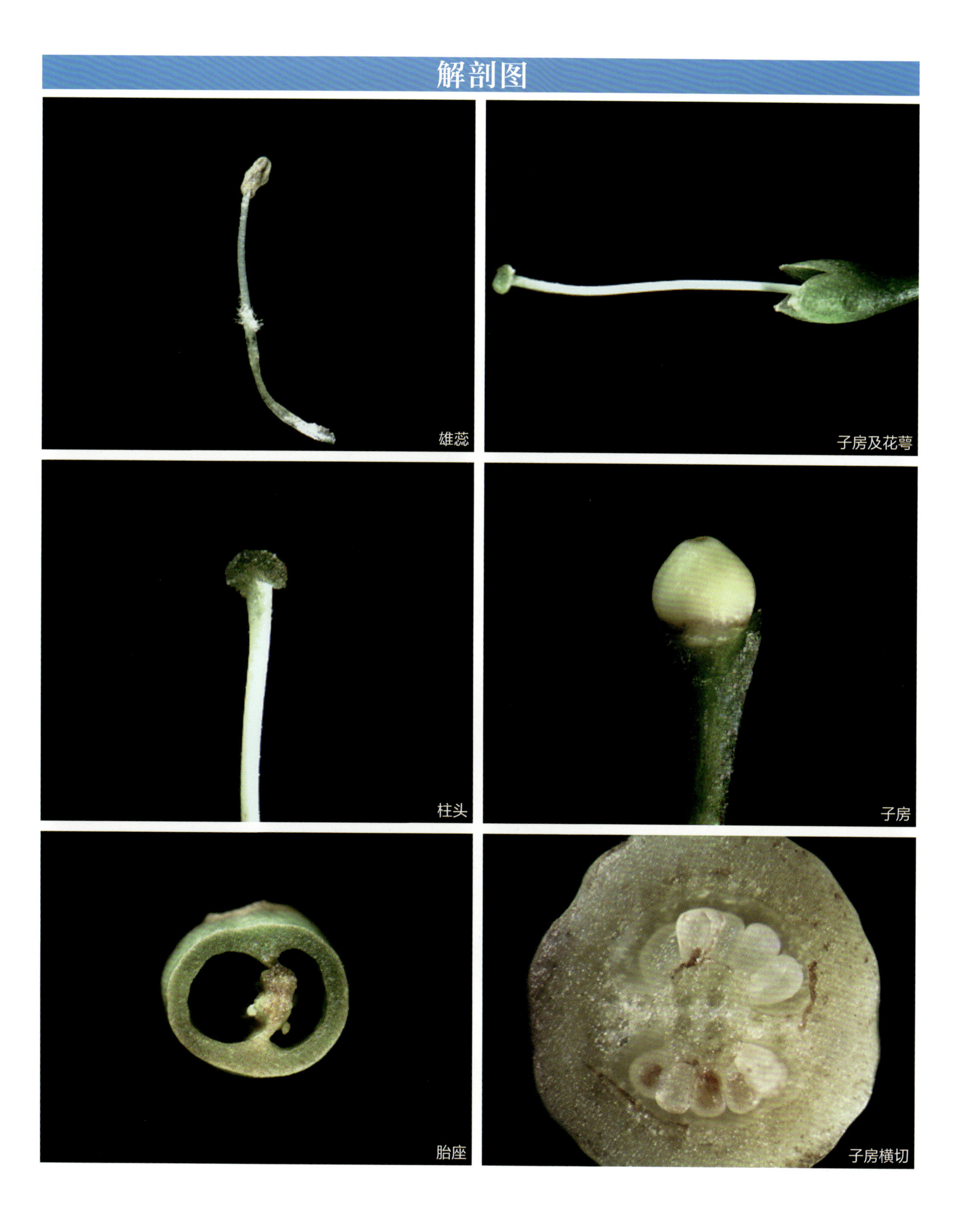

雄蕊

子房及花萼

柱头

子房

胎座

子房横切

52.3 假酸浆 Nicandra physalodes (L.) Gaertn.

一年生草本。茎直立，有棱条，无毛，高 0.4～1.5 米，上部交互不等的二歧分枝。叶卵形或椭圆形，草质，长 4～12 厘米，宽 2～8 厘米，顶端急尖或短渐尖，基部楔形，边缘有具圆缺的粗齿或浅裂，两面有稀疏毛；叶柄长为叶片长的 1/4～1/3。花单生于枝腋而与叶对生，通常具较叶柄长的花梗，俯垂；花萼 5 深裂，裂片顶端尖锐，基部心脏状箭形，有 2 尖锐的耳片，果时包围果实，直径 2.5～4 厘米；花冠钟状，浅蓝色，直径达 4 厘米，檐部有折襞，5 浅裂。浆果球状，直径 1.5～2 厘米，黄色。种子淡褐色，直径约 1 毫米。花果期夏秋季。

作药用或观赏栽培，也有逸为野生。生于田边、荒地或住宅区。

解剖图

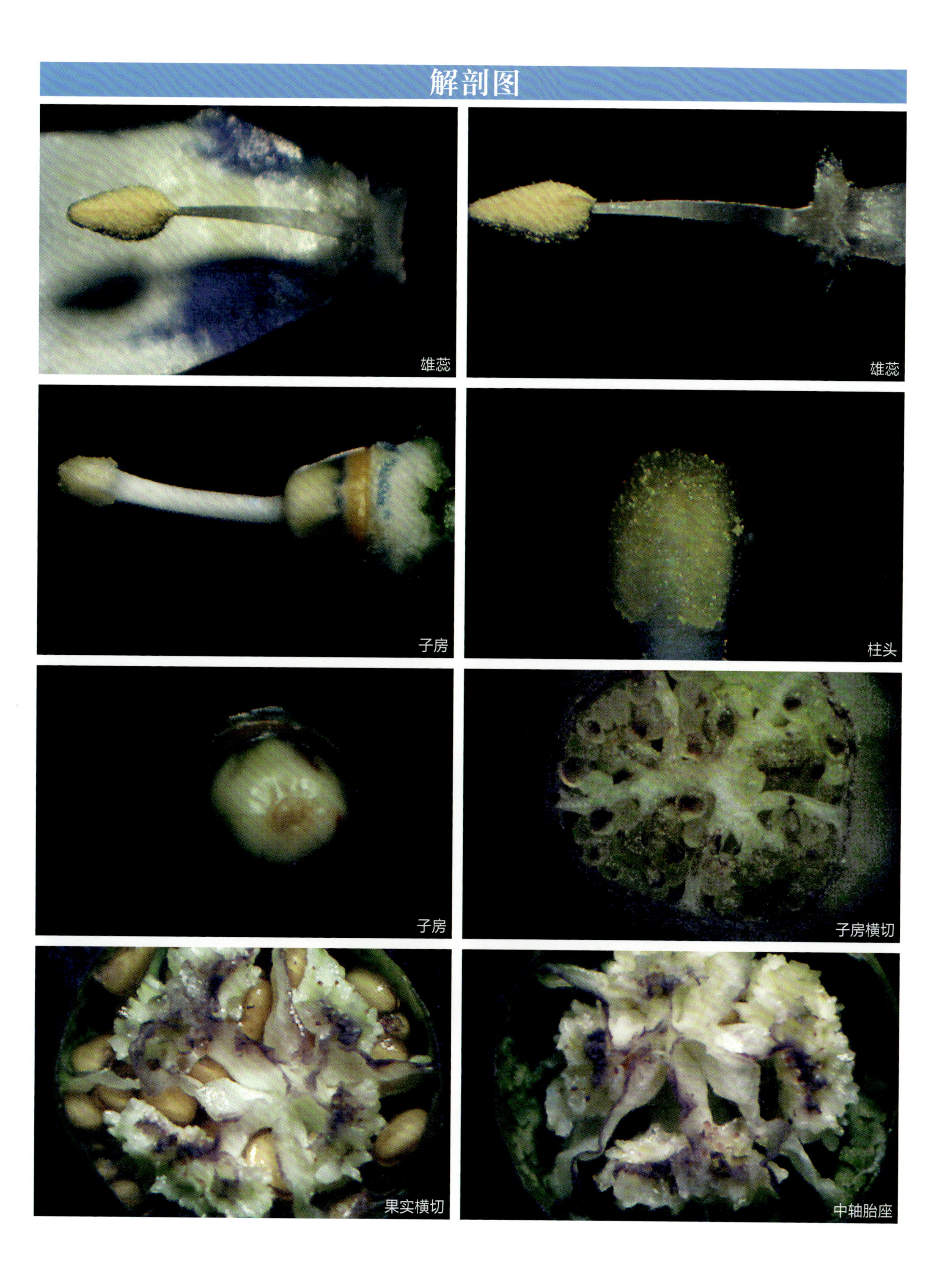

52.4 酸浆 Physalis alkekengi L.

多年生草本，基部常匍匐生根。茎高40～80厘米，基部略带木质，分枝稀疏或不分枝，茎节不甚膨大，常被有柔毛，尤其以幼嫩部分较密。叶长5～15厘米，宽2～8厘米，长卵形至阔卵形、有时菱状卵形，顶端渐尖，基部不对称狭楔形、下延至叶柄，全缘而波状或者有粗牙齿、有时每边具少数不等大的三角形大牙齿，两面被有柔毛，沿叶脉较密，上面的毛常不脱落，沿叶脉亦有短硬毛；叶柄长1～3厘米。花梗长6～16毫米，开花时直立，后来向下弯曲，密生柔毛而果时也不脱落；花萼阔钟状，长约6毫米，密生柔毛，萼齿三角形，边缘有硬毛；花冠辐状，白色，直径15～20毫米，裂片开展，阔而短，顶端骤然狭窄成三角形尖头，外面有短柔毛，边缘有缘毛；雄蕊及花柱均较花冠为短。果梗长2～3厘米，多少被宿存柔毛；果萼卵状，长2.5～4厘米，直径2～3.5厘米，薄革质，网脉显著，有10条纵肋，橙色或火红色，被宿存的柔毛，顶端闭合，基部凹陷；浆果球状，橙红色，直径10～15毫米，柔软多汁。种子肾脏形，淡黄色，长约2毫米。花期5～9月，果期6～10月。

常生于空旷地或山坡。

解剖图

果实

果萼

果实

果实横切

52.5 龙葵 *Solanum nigrum* L.

一年生直立草本，高 0.25 ～ 1 米。茎无棱或棱不明显，绿色或紫色，近无毛或被微柔毛。叶卵形，长 2.5 ～ 10 厘米，宽 1.5 ～ 5.5 厘米，先端短尖，基部楔形至阔楔形而下延至叶柄，全缘或每边具不规则的波状粗齿，光滑或两面均被稀疏短柔毛，叶脉每边 5 ～ 6 条，叶柄长 1 ～ 2 厘米。蝎尾状花序腋外生，由 3 ～ 6（～ 10）花组成，总花梗长 1 ～ 2.5 厘米，花梗长约 5 毫米，近无毛或具短柔毛；萼小，浅杯状，直径 1.5 ～ 2 毫米，齿卵圆形，先端圆，基部两齿间连接处成角度；花冠白色，筒部隐于萼内，长不及 1 毫米，冠檐长约 2.5 毫米，5 深裂，裂片卵圆形，长约 2 毫米；花丝短，花药黄色，长约 1.2 毫米，约为花丝长度的 4 倍，顶孔向内；子房卵形，直径约 0.5 毫米，花柱长约 1.5 毫米，中部以下被白色绒毛，柱头小，头状。浆果球形，直径约 8 毫米，熟时黑色。种子多数，近卵形，直径 1.5 ～ 2 毫米，两侧压扁。花期 5 ～ 8 月，果期 6 ～ 9 月。

喜生于田边、荒地及村庄附近。

解剖图

53

玄参科 Scrophulariaceae

草本、灌木或少有乔木。叶互生、下部对生而上部互生、或全对生、或轮生，无托叶。花序总状、穗状或聚伞状，常合成圆锥花序，向心或更多离心；花常不整齐；萼下位，常宿存，5少有4基数；花冠4～5裂，裂片多少不等或作二唇形；雄蕊常4，而有1退化，少有2～5或更多，药1～2室，药室分离或多少汇合；花盘常存在，环状、杯状或小而似腺；子房2室，极少仅有1室；花柱简单，柱头头状或2裂或2片状；胚珠多数，少有各室2，倒生或横生。果为蒴果，少有浆果状，聚生于一游离的中轴上或着生于果爿边缘的胎座上。种子细小，有时具翅或有网状种皮，脐点侧生或在腹面，胚乳肉质或缺少；胚伸直或弯曲。

全球约200属3000种，广布全球各地。我国有61属681种，南北均产。东北地区产26属69种4变种3变型。

53.1 柳穿鱼 Linaria vulgaris Mill.

多年生草本，植株高 20 ～ 80 厘米，茎叶无毛。茎直立，常在上部分枝。叶通常多数而互生，少下部的轮生，上部的互生，更少全部叶都成 4 枚轮生的，条形，常单脉，少 3 脉，长 2 ～ 6 厘米，宽 2 ～ 4（～ 10）毫米。总状花序，花期短而花密集，果期伸长而果疏离，花序轴及花梗无毛或有少数短腺毛；苞片条形至狭披针形，超过花梗；花梗长 2 ～ 8 毫米；花萼裂片披针形，长约 4 毫米，宽 1 ～ 1.5 毫米，外面无毛，内面多少被腺毛；花冠黄色，除去距长 10 ～ 15 毫米，上唇长于下唇，裂片长 2 毫米，卵形，下唇侧裂片卵圆形，宽 3 ～ 4 毫米，中裂片舌状，距稍弯曲，长 10 ～ 15 毫米。蒴果卵球状，长约 8 毫米。种子盘状，边缘有宽翅，成熟时中央常有瘤状突起。花期 6 ～ 9 月，果期 8 ～ 9 月。

生于山坡、路边、田边草地或多砂的草原。

解剖图
雄蕊群
花丝
雄蕊
子房及花萼
胚珠

53.2 返顾马先蒿 Pedicularis resupinata L.

多年生草本，高 30 ～ 70 厘米，直立，干时不变黑色。根多数丛生，细长而纤维状。茎常单出，上部多分枝，粗壮而中空，多方形有棱，有疏毛或几无毛。叶密生，均茎出，互生或有时下部甚或中部者对生；叶片膜质至纸质，卵形至长圆状披针形，前方渐狭，基部广楔形或圆形，边缘有钝圆的重齿，齿上有浅色的胼胝或刺状尖头，且常反卷，渐上渐小而变为苞片，两面无毛或有疏毛。花单生于茎枝顶端的叶腋中，无梗或有短梗；萼长卵圆形，多少膜质，脉有网结，几无毛，前方深裂，齿仅 2，宽三角形，全缘或略有齿，光滑或有微缘毛；花冠长 20 ～ 25 毫米，淡紫红色，管长 12 ～ 15 毫米，伸直，近端处略扩大，自基部起即向右扭旋，脉理清晰可见，此种扭旋使下唇及盔部成为回顾之状，盔的直立部分与花管同一指向，在此部分以上作两次多少膝盖状弓曲，第一次向前上方成为含有雄蕊的部分，其背部常多少有毛，第二次至额部再向前下方以形成长不超过 3 毫米的圆锥形短喙，下唇稍长于盔，以锐角开展，3 裂，中裂较小，略略向前凸出，广卵形；雄蕊花丝前面 1 对有毛；柱头伸出于喙端。蒴果斜长圆状披针形，仅稍长于萼。花期 6 ～ 8 月，果期 7 ～ 9 月。

生于海拔 300 ～ 2000 米的湿润草地及林缘。

解剖图

54

透骨草科 Phrymaceae

多年生直立草本。茎4棱形。叶为单叶，对生，具齿，无托叶。穗状花序生茎顶及上部叶腋，纤细，具苞片及小苞片，有长梗；花两性，左右对称，虫媒；花槽合生成筒状，具5棱，檐部2唇形，上唇3个萼齿钻形，先端呈钩状反曲，下唇2个萼齿较短，三角形；花冠蓝紫色、淡紫色至白色，合瓣，漏斗状筒形，檐部2唇形，上唇直立，近全缘、微凹至2浅裂，下唇较大，开展，3浅裂，裂片在蕾中呈覆瓦状排列；雄蕊4，着生于冠筒内面，内藏，下方2枚较长；花丝狭线形；花药分生，肾状圆形，背着，2室，药室平行，纵裂，顶端不汇合；花粉粒具3沟；雌蕊由2背腹向心皮合生而成；子房上位，斜长圆状披针形，1室，基底胎座，有1直生胚珠，单珠被，薄珠心；花柱1，顶生，细长，内藏；柱头2唇形。果为瘦果，狭椭圆形，包藏于宿存萼筒内，含1粒基生种子。蓼型胚囊；胚长圆形，子叶宽而旋卷；胚乳薄，有2层细胞。

全球仅1属1种2亚种，间断分布于北美洲东部及亚洲东部；我国有1属1亚种，分布于东北、华北、陕西、甘肃（南部）、四川、云南、贵州和广西。东北地区产1属1种1变型。

54.1 透骨草 **Phryma leptostachya** L. subsp. **asiatica** (Hara) Kitamura

多年生草本。茎直立，4 棱形，不分枝或于上部有带花序的分枝，分枝叉开，遍布倒生短柔毛或于茎上部有开展的短柔毛，少数近无毛。叶对生；叶片卵状长圆形、卵状披针形、卵状椭圆形至卵状三角形或宽卵形，草质，先端渐尖、尾状急尖或急尖，稀近圆形，基部楔形、圆形或截形，中、下部叶基部常下延，边缘有（3～）5 至多数钝锯齿、圆齿或圆齿状牙齿，两面散生但沿脉被较密的短柔毛；侧脉每侧 4～6 条。穗状花序生茎顶及侧枝顶端，被微柔毛或短柔毛；苞片钻形至线形；小苞片 2，生于花梗基部，与苞片同形但较小。花通常多数，疏离，出自苞腋，在序轴上对生或于下部互生，具短梗，于蕾期直立，开放时斜展至平展，花后反折；花萼筒状，有 5 纵棱，外面常有微柔毛，内面无毛，萼齿直立；花上方萼齿 3，钻形，下方萼齿 2，三角形。花冠漏斗状筒形，蓝紫色、淡红色至白色，外面无毛，内面于筒部远轴面被短柔毛；檐部 2 唇形，上唇直立，先端 2 浅裂，下唇平伸，3 浅裂，中央裂片较大；雄蕊 4；花丝狭线形，远轴 2 枚较长；花药肾状圆形；雌蕊无毛；子房斜长圆状披针形；柱头 2 唇形，下唇较长，长圆形。瘦果狭椭圆形，包藏于棒状宿存花萼内，反折并贴近花序轴。种子 1 粒，基生，种皮薄膜质，与果皮合生。花期 6～10 月，果期 8～12 月。

生于海拔 380～2800 米的阴湿山谷或林下。

解剖图

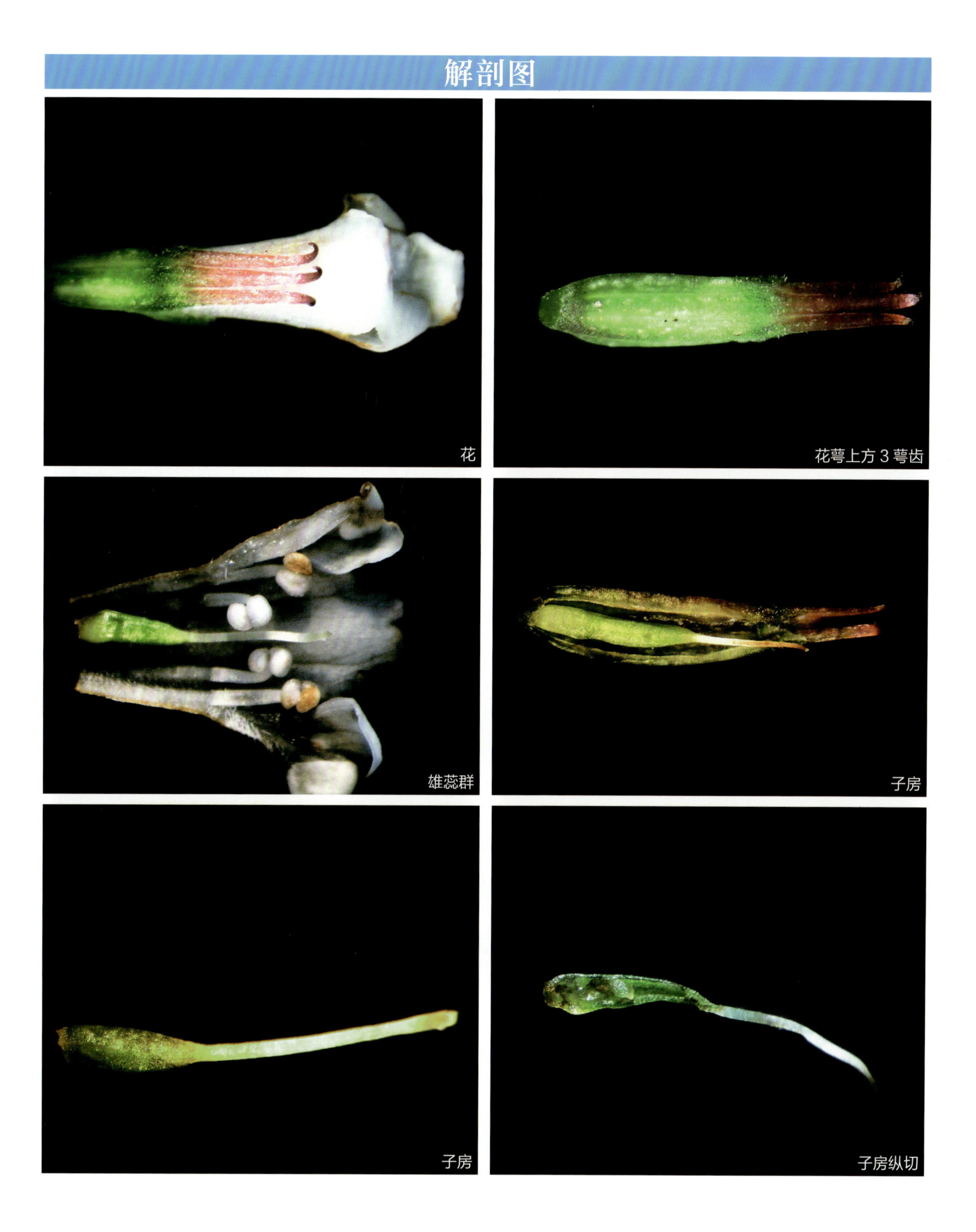

55

忍冬科 Caprifoliaceae

灌木或木质藤本，落叶或常绿。叶对生，很少轮生，多为单叶，具羽状脉，极少具基部或离基三出脉或掌状脉；叶柄短，通常无托叶。聚伞或轮伞花序，或由聚伞花序集合成伞房式或圆锥式复花序，极少花单生；花两性，极少杂性；苞片和小苞片存在或否；萼筒贴生于子房，萼裂片或萼齿（2～）4～5，宿存或脱落，较少于花开后增大；花冠合瓣，裂片（3～）4～5，覆瓦状或稀镊合状排列，有或无蜜腺；花盘不存在，或呈环状或为一侧生的腺体；雄蕊5，或4而二强，着生于花冠筒，花药背着，2室，纵裂，通常内向，很少外向，内藏或伸出于花冠筒外；子房下位，2～5（～7～10）室，中轴胎座，每室含1至多数胚珠。果实为浆果、核果或蒴果，具1至多数种子。种子具骨质外种皮，平滑或有槽纹，内含1直立的胚和丰富、肉质的胚乳。

全球13属约500种，主要分布于北温带和热带高海拔山地，东亚和北美洲东部种类最多，个别属分布在大洋洲和南美洲。中国有12属200余种，大多分布于华中和西南地区。东北地区产7属26种12变种4变型。

55.1 藏花忍冬 Lonicera tatarinowii Maxim.

落叶灌木，高达 2 米，幼枝、叶柄和总花梗均无毛。冬芽有 7 ～ 8 对宿存、顶尖的外鳞片。叶矩圆状披针形或矩圆形，长 3 ～ 7 厘米，顶端尖至渐尖，基部阔楔形至圆形，上面无毛，下面除中脉外有灰白色细绒毛，后毛变稀或秃净；叶柄长 2 ～ 5 毫米。总花梗纤细，长 1 ～ 2（～ 2.5）厘米；苞片三角状披针形，长约为萼筒之半，无毛；杯状小苞长为萼筒的 1/5 ～ 1/3，有缘毛；相邻两萼筒合生至中部以上，很少完全分离，长约 2 毫米，无毛，萼齿三角状披针形，不等形，比萼筒短；花冠黑紫色，唇形，长约 1 厘米，外面无毛，筒长为唇瓣的 1/2，基部一侧稍肿大，内面有柔毛，上唇两侧裂深达全长的 1/2，中裂较短，下唇舌状；雄蕊生于花冠喉部，约与唇瓣等长，花丝无毛或仅基部有柔毛；子房 2 ～ 3 室，花柱有短毛。果实红色，近圆形，直径 5 ～ 6 毫米。种子褐色，矩圆形或近圆形，长 3.5 ～ 4.5 毫米，表面颗粒状而粗糙。花期 5 ～ 6 月，果熟期 8 ～ 9 月。

生于海拔 400 ～ 1750 米的山坡杂木林或灌丛中。

解剖图

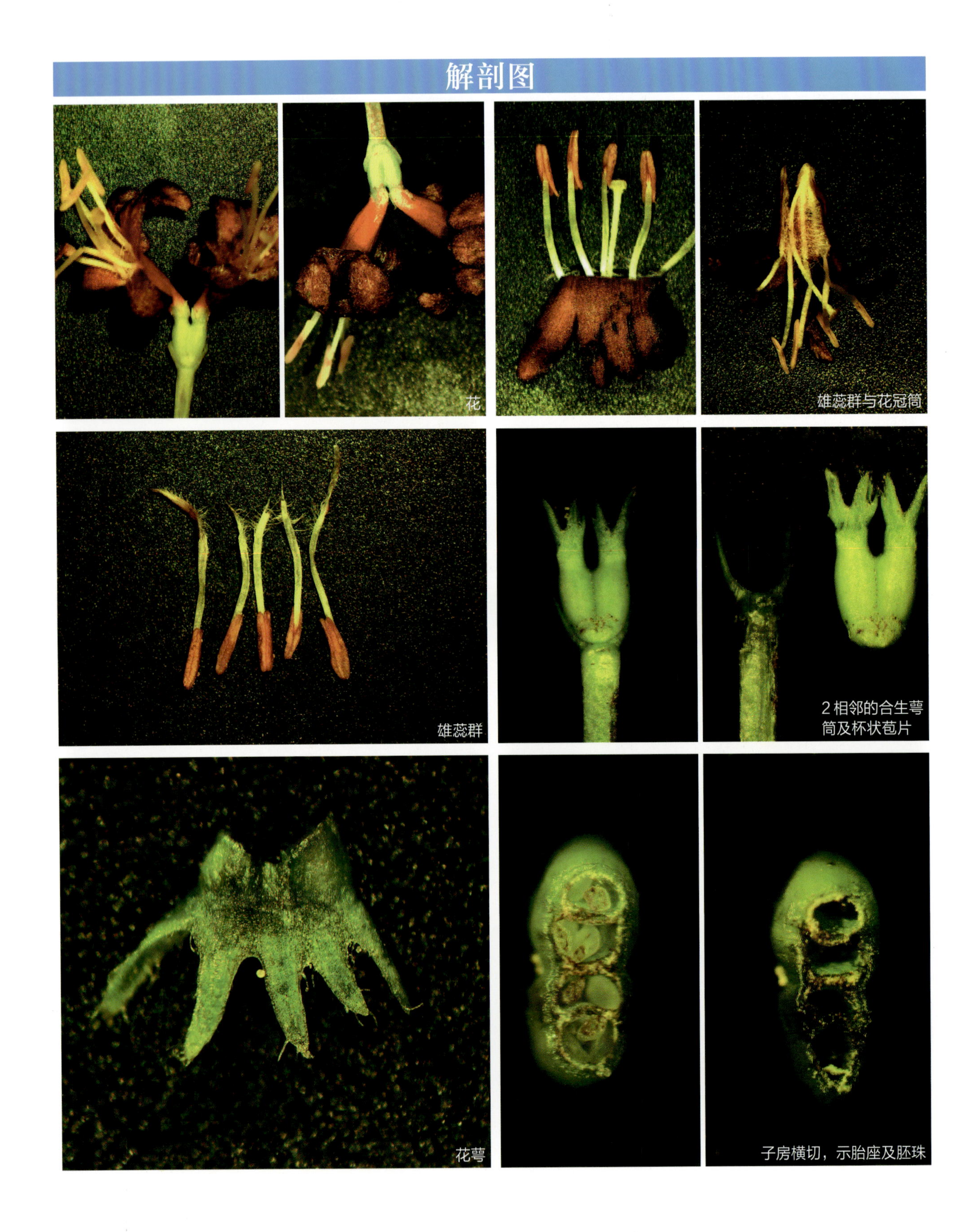
花
雄蕊群与花冠筒
雄蕊群
2 相邻的合生萼
筒及杯状苞片
花萼
子房横切，示胎座及胚珠

55.2 蓝果忍冬 *Lonicera caerulea* L.

落叶灌木。幼枝和叶柄无毛或具散生短糙毛。冬芽有1对船形外鳞片。叶宽椭圆形，有时圆卵形或倒卵形，厚纸质，长1.5～5厘米，无毛或沿中脉有疏硬毛。小苞片合生成一坛状壳斗，完全包被相邻两萼筒，果熟时变肉质；花冠黄白色，筒状漏斗形，稍不整齐，长9.5～11（～13）毫米，筒比裂片长2倍；花药与花冠等长。复果蓝黑色，圆形。花期5～6月，果期8～9月。

生于落叶林下或林椽荫处灌丛中。

解剖图

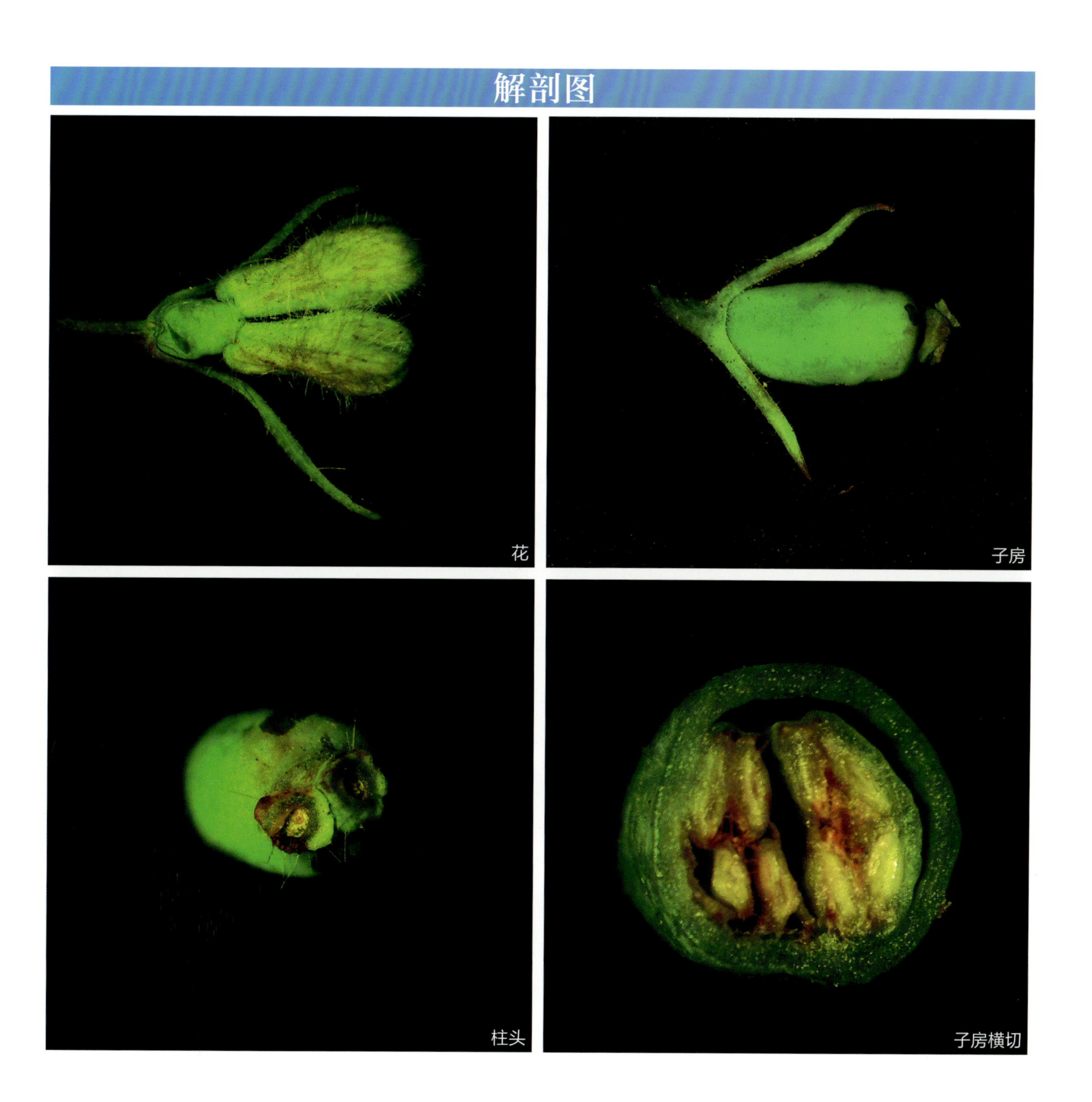

55.3 秦岭忍冬 Lonicera ferdinandii Franch.

落叶灌木，高达 3 米。幼枝有密或疏、开展或反曲的刚毛，常兼生微毛和红褐色腺毛，很少近无毛，老枝有乳头状突起而粗糙，壮枝的叶柄间有盘状托叶。冬芽叉开，有 1 对船形外鳞片，鳞片内面密生白色棉絮状柔毛。叶纸质或厚纸质，卵形至卵状披针形或矩圆状披针形，顶端尖或短渐尖，基部圆形、截形至浅心形，边缘有时波状，很少有不规则钝缺刻，有睫毛；叶柄和总花梗均极短。苞片大，叶状，披针形至卵形；小苞片合生成坛状壳斗，完全包被相邻两萼筒；萼齿三角形，顶端稍尖，被睫毛；花冠白色，后变淡黄色，外面密被反折短刚伏毛、开展的微硬毛及腺毛，很少无毛或稍有毛，内面有长柔毛，唇形，筒比唇瓣稍长或近等长，基部一侧肿大，上唇浅 4 裂，下唇细长反曲；花柱上部有柔毛。果实红色，卵圆形，外包以撕裂的壳斗，各内含 2～7 粒种子。种子椭圆形，扁平，密生锈色小凹孔。花期 4 月下旬至 6 月，果熟期 9～10 月。

生于海拔 1000～2000 米（辽宁仅 200 米）的向阳山坡林中或林缘灌丛中。

解剖图
花
花
小苞片
腺毛
雄蕊群
子房及花萼筒横切
花萼筒横切
子房横切

55.4 接骨木 **Sambucus williamsii** Hance

落叶灌木或小乔木，高 5 ～ 6 米。老枝淡红褐色，具明显的长椭圆形皮孔，髓部淡褐色。羽状复叶有小叶 2 ～ 3 对，有时仅 1 对或多达 5 对，侧生小叶片卵圆形、狭椭圆形至倒矩圆状披针形，顶端尖、渐尖至尾尖，边缘具不整齐锯齿，有时基部或中部以下具 1 至数枚腺齿，基部楔形或圆形，有时心形，两侧不对称，最下一对小叶有时具长 0.5 厘米的柄，顶生小叶卵形或倒卵形，顶端渐尖或尾尖，基部楔形，具长约 2 厘米的柄，初时小叶上面及中脉被稀疏短柔毛，后光滑无毛，叶搓揉后有臭气；托叶狭带形，或退化成带蓝色的突起。花与叶同出，圆锥形聚伞花序顶生，具总花梗，花序分枝多成直角开展；花小而密；萼筒杯状，长约 1 毫米，萼齿三角状披针形，稍短于萼筒；花冠蕾时带粉红色，开后白色或淡黄色，筒短，裂片矩圆形或长卵圆形，长约 2 毫米；雄蕊与花冠裂片等长，开展，花丝基部稍肥大，花药黄色；子房 3 室，花柱短，柱头 3 裂。果实红色，极少蓝紫黑色，卵圆形或近圆形；分核 2 ～ 3，卵圆形至椭圆形，略有皱纹。花期一般 4 ～ 5 月，果熟期 9 ～ 10 月。

生于海拔 540 ～ 1600 米的山坡、灌丛、沟边、路旁、宅边等。

解剖图
花，示下位子房
花
花瓣
花瓣及雄蕊群
花瓣
雄蕊群
子房横切
子房纵切，示顶生胎座
柱头
子房横切，
示顶生胎座
果序
未成熟果实

55.5 暖木条荚蒾 **Viburnum burejaeticum** Regel et Herd.

落叶灌木，高达 5 米。树皮暗灰色。当年小枝、冬芽、叶下面、叶柄及花序均被簇状短毛，二年生小枝黄白色，无毛。叶纸质，宽卵形至椭圆形或椭圆状倒卵形，顶端尖，稀稍钝，基部钝或圆形，两侧常不等，边缘有牙齿状小锯齿，初时上面疏被簇状毛或无毛，成长后下面常仅主脉及侧脉上有毛，侧脉 5 ～ 6 对，近缘前互相网结，连同中脉上面略凹陷，下面凸起。聚伞花序，第一级辐射枝 5 条，花大部生于第二级辐射枝上，萼筒矩圆筒形，长约 4 毫米，无毛，萼齿三角形；花冠白色，辐状，直径约 7 毫米，无毛，裂片宽卵形，长 2.5 ～ 3 毫米，比筒部长近 2 倍；花药宽椭圆形，长约 1 毫米。果实红色，后变黑色，椭圆形至矩圆形，长约 1 厘米；核扁，矩圆形，有 2 条背沟和 3 条腹沟。花期 5 ～ 6 月，果熟期 8 ～ 9 月。

生于海拔 600 ～ 1350 米的针阔叶混交林中。

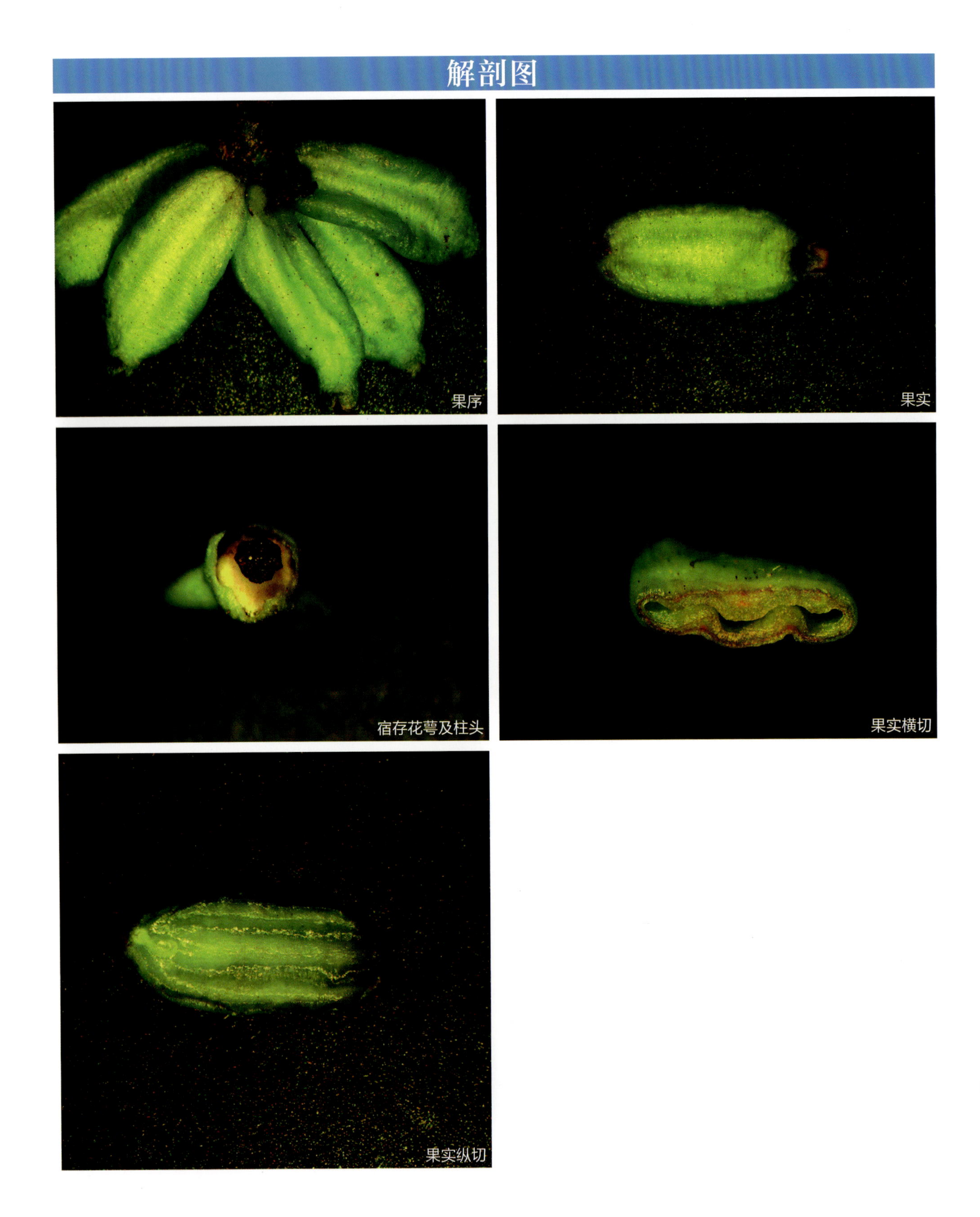
解剖图
果序
果实
宿存花萼及柱头
果实横切
果实纵切

56

败酱科 Valerianaceae

二年生或多年生草本，极少为亚灌木。根茎或根常有陈腐气味、浓烈香气或强烈松脂气味。茎直立，常中空，极少蔓生。叶对生或基生，通常一回奇数羽状分裂；基生叶与茎生叶、茎上部叶与下部叶常不同形，无托叶。花序为聚伞花序组成的顶生密集或开展的伞房花序、复伞房花序或圆锥花序，稀为头状花序，具总苞片；花小，两性或极少单性，常稍左右对称；具小苞片；花萼小，萼筒贴生于子房，萼齿小，宿存，果时常稍增大或成羽毛状冠毛；花冠钟状或狭漏斗形，冠筒基部一侧囊肿，有时具长距，裂片 3～5，稍不等形，花蕾时覆瓦状排列；雄蕊 3 或 4，有时退化为 1～2，花丝着生于花冠筒基部，花药背着，2 室，内向，纵裂；子房下位，3 室，仅 1 室发育，花柱单一，柱头头状或盾状；胚珠单生，倒垂。果为瘦果，顶端具宿存萼齿，并贴生于果时增大的膜质苞片上，呈翅果状，有种子 1 粒。种子无胚乳，胚直立。

全球 13 属约 400 种，大多数分布于北温带，有些种类分布于亚热带或寒带，大洋洲不产。我国有 3 属 30 余种，分布于全国各地。东北地区产 2 属 10 种 1 变种 2 变型。

56.1 异叶败酱 **Patrinia heterophylla** Bunge

多年生草本。根状茎较长，横走。茎直立，被倒生微糙伏毛。基生叶丛生，具长柄，叶片边缘圆齿状或具糙齿状缺刻，不分裂或羽状分裂至全裂，具1～4（～5）对侧裂片，裂片卵形至线状披针形，顶生裂片常较大，卵形至卵状披针形；茎生叶对生，茎下部叶常2～3（～6）对羽状全裂，先端渐尖或长渐尖，中部叶常具1～2对侧裂片，上部叶较窄，近无柄。花黄色，组成顶生伞房状聚伞花序，被短糙毛或微糙毛；总花梗下苞叶常具1或2对（较少为3～4对）线形裂片，分枝下者不裂，线形，常与花序近等长或稍长；萼齿5，明显或不明显，圆波状、卵形或卵状三角形至卵状长圆形；花冠钟形，冠筒基部一侧具浅囊肿，裂片5，卵形或卵状椭圆形；雄蕊4伸出，花丝2长2短；子房倒卵形或长圆形，花柱稍弯曲，柱头盾状或截头状。瘦果长圆形或倒卵形，顶端平截，不育子室上面疏被微糙毛，能育子室下面及上缘被微糙毛或几无毛；翅状果苞干膜质，倒卵形、倒卵状长圆形或倒卵状椭圆形，稀椭圆形，顶端钝圆，有时极浅3裂，或仅一侧有1浅裂，网状脉常具2主脉，较少3主脉。花期7～9月，果期8～10月。

生于海拔（300～）800～2100（～2600）米的山地岩缝中、草丛中、路边、砂质坡或土坡上。

解剖图

57

川续断科 Dipsacaceae

一年生、二年生或多年生草本植物，稀为灌木。茎光滑、被长柔毛或有刺，少数具腺毛。叶通常对生；无托叶；单叶全缘或有锯齿、浅裂至深裂，很少成羽状复叶。花序为一密集具总苞的头状花序或为间断的穗状轮伞花序；花生于伸长或球形花托上，花托具鳞片状小苞片或毛；两性，两侧对称，同形或边缘花与中央花异形，小总苞萼管状，具沟孔或棱脊；花萼整齐，杯状或不整齐筒状，边缘有刺或全裂成针刺状或羽毛状刚毛，成放射状；花冠合生成漏斗状，4～5裂；雄蕊4，着生在花冠管上，和花冠裂片互生，花药2室，纵裂；子房下位，2心皮合生，1室，包于宿存的小总苞内，花柱线形，柱头单一或2裂，胚珠1，倒生，悬垂于室顶。瘦果包于小总苞内，顶端常冠以宿存的萼裂。种子下垂，种皮膜质，胚直伸，子叶细长或成卵形。

全球[包括双参科(Triplostegiaceae)和刺参科(Morinaceae)]约12属300种，主产地中海地区、亚洲及非洲(南部)。我国有5属25种5变种，主要分布于东北、华北、西北、西南及台湾等地。东北地区产2属4种。

57.1 华北蓝盆花 **Scabiosa comosa** Roem. et Schult.

多年生草本，高 30 ～ 60 厘米，茎自基部分枝，具白色卷伏毛。根粗壮，木质，表面棕褐色，里面黄色。基生叶簇生；叶片卵状披针形或窄卵形至椭圆形，先端急尖或钝，有疏钝锯齿或浅裂片，偶成深裂，基部楔形；茎生叶对生，羽状深裂至全裂，侧裂片披针形，顶裂片卵状披针形或宽披针形，先端急尖，叶柄短或向上渐无柄；近上部叶羽状全裂，裂片条状披针形。总花梗长 15 ～ 30 厘米，上面具浅纵沟，密生白色卷曲伏柔毛，近花序处最密；头状花序在茎上部成三出聚伞状；总苞苞片 10 ～ 14，披针形，具 3 脉，先端渐尖，基部宽，外面及边缘密生短柔毛；花托苞片披针形，具不明显的 3 脉，被短柔毛；小总苞果时方柱状，具 8 条肋，肋上生白色长柔毛，顶端具 8 窝孔，膜质冠直伸，白色或紫色，边缘牙齿状，具 16 ～ 19 条棕褐色脉，脉上疏生短柔毛；萼 5 裂，刚毛状，基部五角星状，棕褐色，上面疏生白色短柔毛；边花花冠二唇形，蓝紫色，外面密生白色短柔毛，裂片 5，不等大，上唇 2 裂片较短，下唇 3 裂，筒部长约 2 毫米，裂片 5，近等长；雄蕊 4，花开时伸出花冠筒外；花柱细长，伸出花外，柱头头状，下位子房包藏在小总苞内。瘦果椭圆形。头花在结果时卵形或卵状椭圆形，果脱落时花托成长圆棒状。花期 7 ～ 8 月，果熟期 8 ～ 9 月。

生于海拔 300 ～ 1500 米的山坡草地或荒坡上。

解剖图

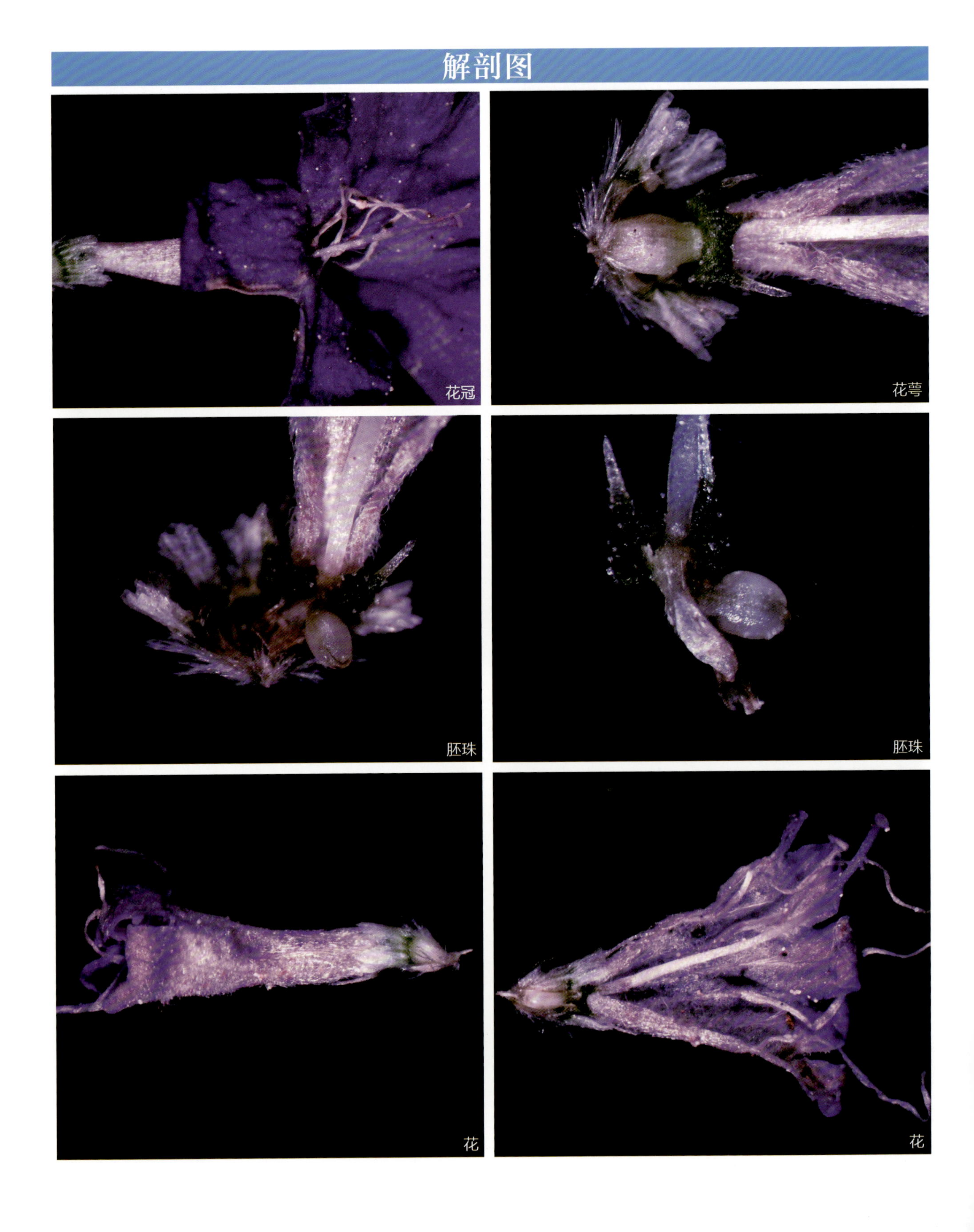

58

桔梗科 Campanulaceae

一年生草本或多年生草本，稀少为灌木，小乔木或草质藤本；具根状茎，或具茎基；大多数种类具乳汁管。叶为单叶，互生，少对生或轮生。花常常集成聚伞花序；花两性，稀少单性或雌雄异株，大多5数，辐射对称或两侧对称；花萼5裂，筒部与子房贴生，也有花萼无筒，5全裂，完全不与子房贴生，裂片大多离生，常宿存，镊合状排列；花冠为合瓣的，浅裂或深裂；雄蕊5；花丝基部常扩大成片状，无毛或边缘密生绒毛；花药内向，极少侧向；花盘有或无，分离或为筒状（或环状）；子房下位，或半上位，少完全上位的，2～5（～6）室；花柱单一，常在柱头下有毛，柱头2～5（～6）裂，胚珠多数，大多着生于中轴胎座上。果通常为蒴果，顶端瓣裂或在侧面（在宿存的花萼裂片之下）孔裂，或盖裂，或为不规则撕裂的干果，少为浆果。种子多数，胚直，具胚乳。

全球60～70属约2000种，广布于全世界，但主产于温带和亚热带。我国有16属约170种，南北均产。东北地区产6属26种4变种1变型。

58.1 荠苨 *Adenophora trachelioides* Maxim.

多年生草本。茎单生，高 40 ～ 120 厘米，直径近 1 厘米，无毛，常多少“之”字形曲折，有时具分枝。基生叶心脏肾形，宽超过长；茎生叶具 2 ～ 6 厘米长的叶柄，叶片心形或在茎上部的叶基部近于平截形，通常叶基部不向叶柄下延成翅，顶端钝至短渐尖，边缘为单锯齿或重锯齿，长 3 ～ 13 厘米，宽 2 ～ 8 厘米，无毛或仅沿叶脉疏生短硬毛。花序分枝大多长而几乎平展，组成大圆锥花序，或分枝短而组成狭、圆锥花序；花萼筒部倒三角状圆锥形，裂片长椭圆形或披针形，长 6 ～ 13 毫米，宽 2.5 ～ 4 毫米；花冠钟状，蓝色、蓝紫色或白色，长 2 ～ 2.5 厘米，裂片宽三角状半圆形，顶端急尖，长 5 ～ 7 毫米；花盘筒状，长 2 ～ 3 毫米，上下等粗或向上渐细；花柱与花冠近等长。蒴果卵状圆锥形，长 7 毫米，直径 5 毫米。种子黄棕色，两端黑色，长矩圆状，稍扁，有一条棱，棱外缘黄白色，长 0.8 ～ 1.5 毫米。花期 7 ～ 9 月，果期 8 ～ 9 月。

生于林下。

解剖图

58.2 锯齿沙参 **Adenophora tricuspidata** (Fisch. ex Schult.) A. DC.

多年生草本。茎单生，少两支发自一条茎基上，不分枝，高 70 ～ 100 厘米，无毛。茎生叶互生，无柄亦无毛，长椭圆形至卵状椭圆形，顶端急尖，基部钝或楔形，边缘具齿尖向叶顶的锯齿，长 4 ～ 8 厘米，宽 1 ～ 2 厘米。花序分枝极短，仅 2 ～ 3 厘米长，具 2 至数朵花，组成狭窄的圆锥花序；花梗很短；花萼无毛，筒部球状卵形或球状倒圆锥形，裂片卵状三角形，下部宽而重叠，常向侧后反叠，顶端渐尖，有两对长齿；花冠宽钟状，蓝色，蓝紫色或紫蓝色，长 12 ～ 20 毫米，裂片卵圆状三角形，顶端钝，长为花冠全长的 1/3；花盘短筒状，长 1 ～ 2 毫米，无毛；花柱比花冠短。蒴果近于球状。花期 6 ～ 9 月，果期 8 ～ 9 月。

生于湿草甸、桦木林下或向阳草坡。

解剖图

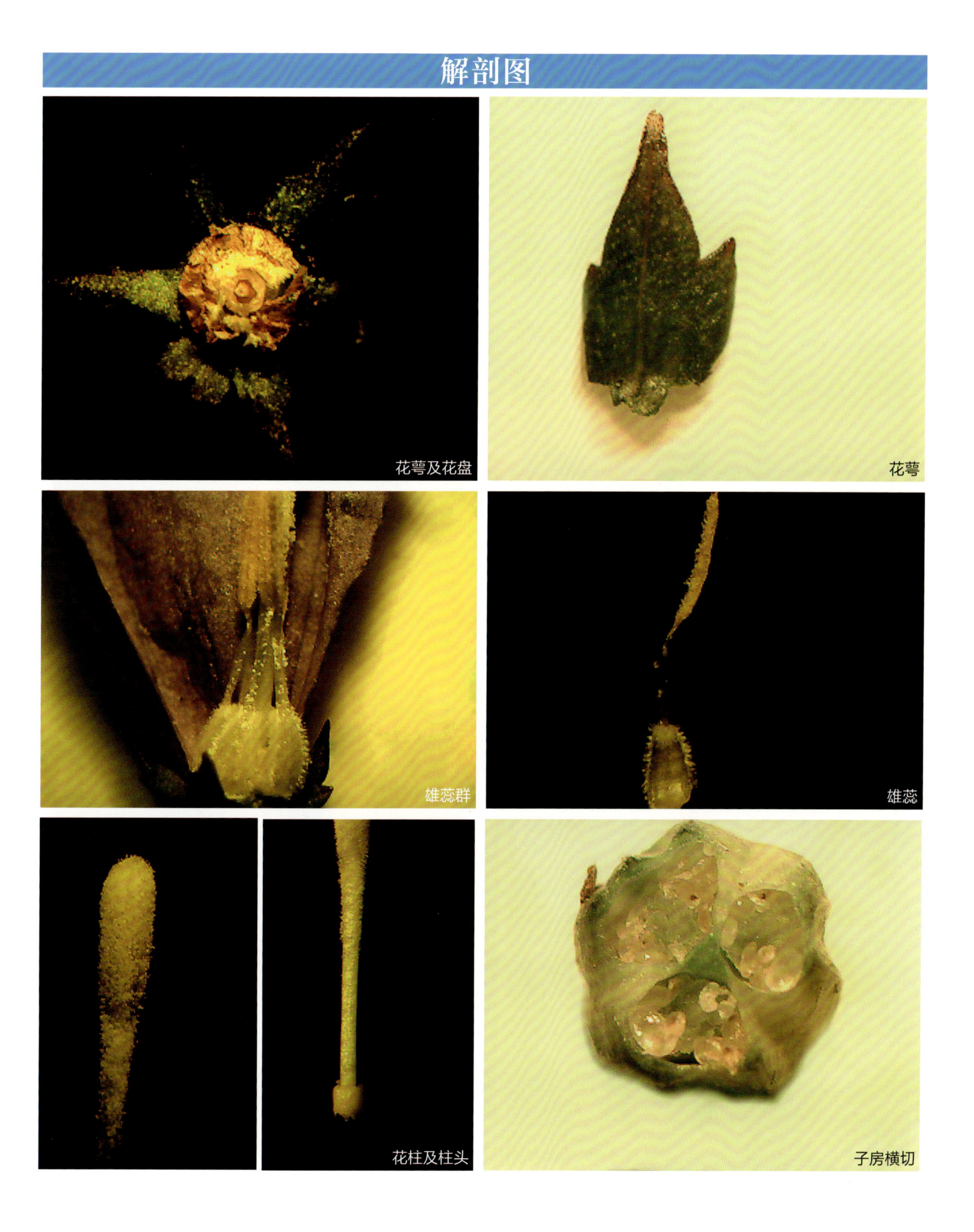
花萼及花盘
花萼
雄蕊群
雄蕊
花柱及柱头
子房横切

58.3 牧根草 **Asyneuma japonicum** (Miq.) Briq.

多年生草本。根肉质，胡萝卜状，直径达 1.5 厘米，长可达 20 厘米，分枝或否。茎单生或数支丛生，直立，高大而粗壮，高 60 厘米以上，不分枝，或有时上部分枝，无毛。叶在茎下部的有长达 3.5 厘米的长柄，在茎上部的近无柄，叶片在茎下部的卵形或卵圆形，至茎上部的为披针形或卵状披针形，长 3 ～ 12 厘米，宽 2 ～ 5.5 厘米，基部楔形，或有时圆钝，顶端急尖至渐尖，边缘具锯齿，上面疏生短毛，下面无毛。花除花丝和花柱外各部分均无毛；花萼筒部球状，裂片条形，长 4 ～ 6 毫米；花冠紫蓝色或蓝紫色，裂片长 8 ～ 10 毫米；花柱长 9 ～ 14 毫米。蒴果球状，直径约 5 毫米。种子卵状椭圆形，棕褐色，长近 1 毫米。花期 7 ～ 8 月，果期 9 月。

生于阔叶林下或杂木林下，偶见于草地中。

解剖图

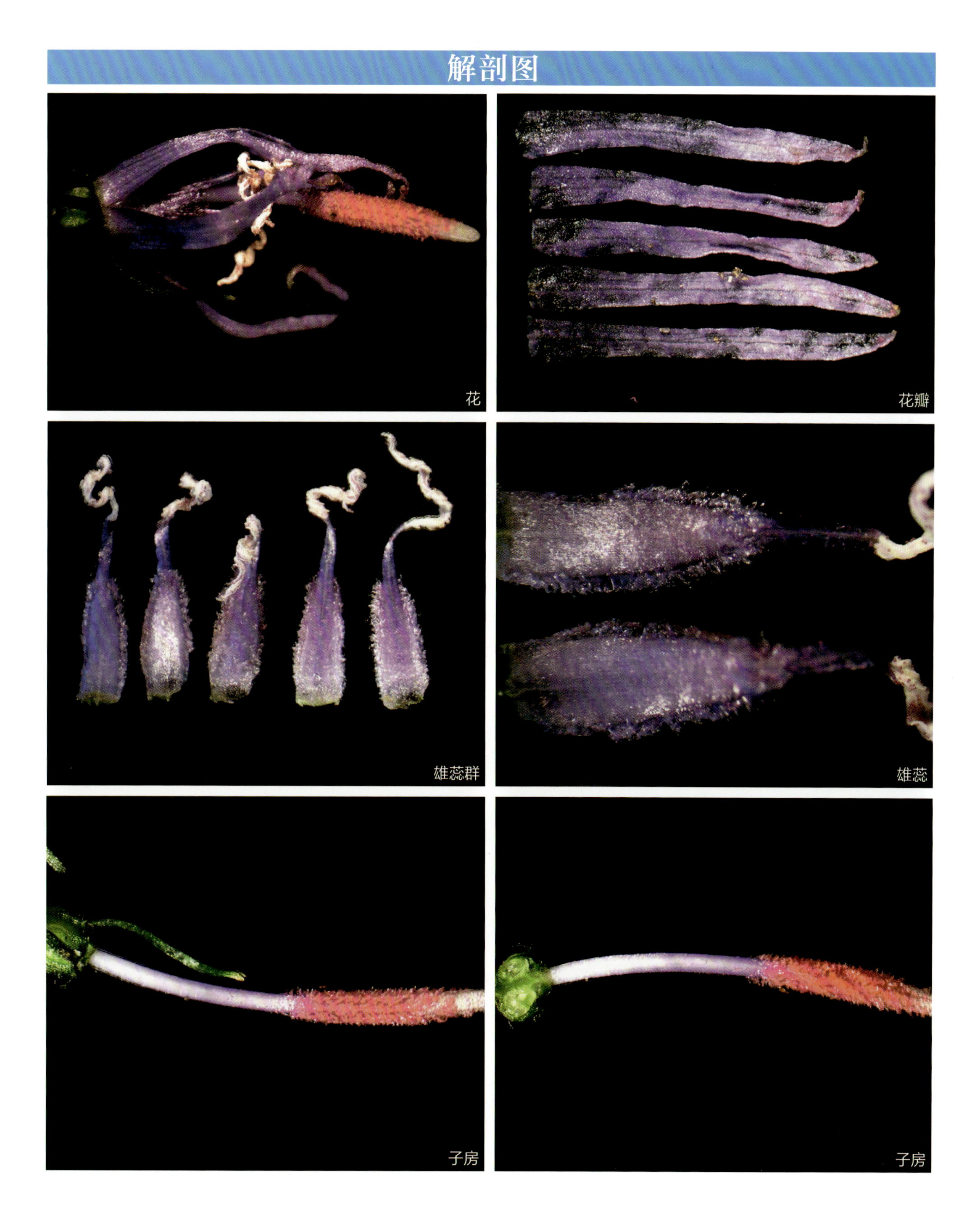

58.4 聚花风铃草 **Campanula glomerata** L. subsp. **speciosa** (Hornem. ex Spreng.) Domin

解剖图

花

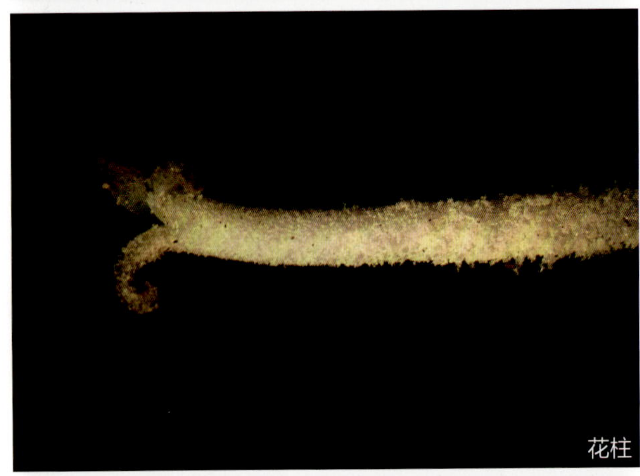
花柱

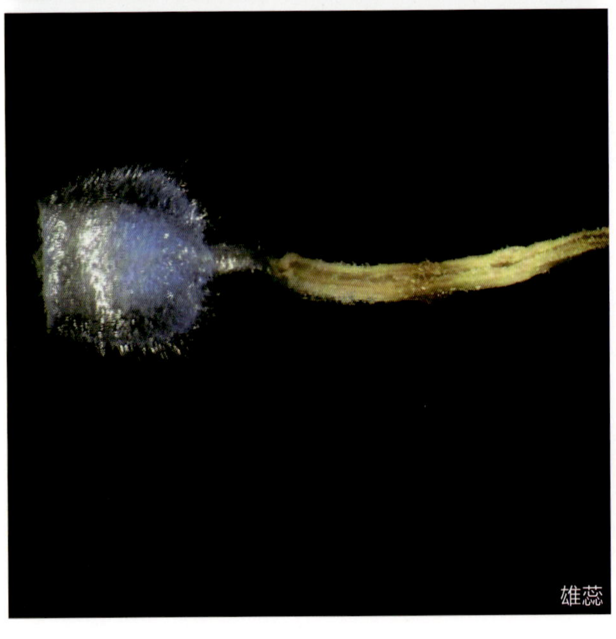
雄蕊

多年生草本。植株高 40 ～ 125 厘米，茎叶几乎无毛或疏生白色硬毛或密被白色绒毛。茎有时在上部分枝。叶长 7 ～ 15 厘米，宽 1.7 ～ 7 厘米。头状花序通常很多，除茎顶有复头状花序外还有多个单生的头状花序。种子长圆形。花期 7 ～ 9 月，果期 8 ～ 9 月。

生于草地及灌丛中。

58.5 桔梗 **Platycodon grandiflorus** (Jacq.) A. DC.

多年生草本。茎高 20 ～ 120 厘米，通常无毛，偶密被短毛，不分枝，极少上部分枝。叶全部轮生，部分轮生至全部互生，无柄或有极短的柄，叶片卵形，卵状椭圆形至披针形，长 2 ～ 7 厘米，宽 0.5 ～ 3.5 厘米，基部宽楔形至圆钝，顶端急尖，上面无毛而绿色，下面常无毛而有白粉，有时脉上有短毛或瘤突状毛，边缘具细锯齿。花单朵顶生，或数朵集成假总状花序，或有花序分枝而集成圆锥花序；花萼筒部半圆球状或圆球状倒锥形，被白粉，裂片三角形，或狭三角形，有时齿状；花冠大，长 1.5 ～ 4 厘米，蓝色或紫色。蒴果球状，或球状倒圆锥形，或倒卵状，长 1 ～ 2.5 厘米，直径约 1 厘米。花期 7 ～ 9 月，果期 8 ～ 9 月。

生于海拔 2000 米以下的阳处草丛、灌丛中，少生于林下。

解剖图

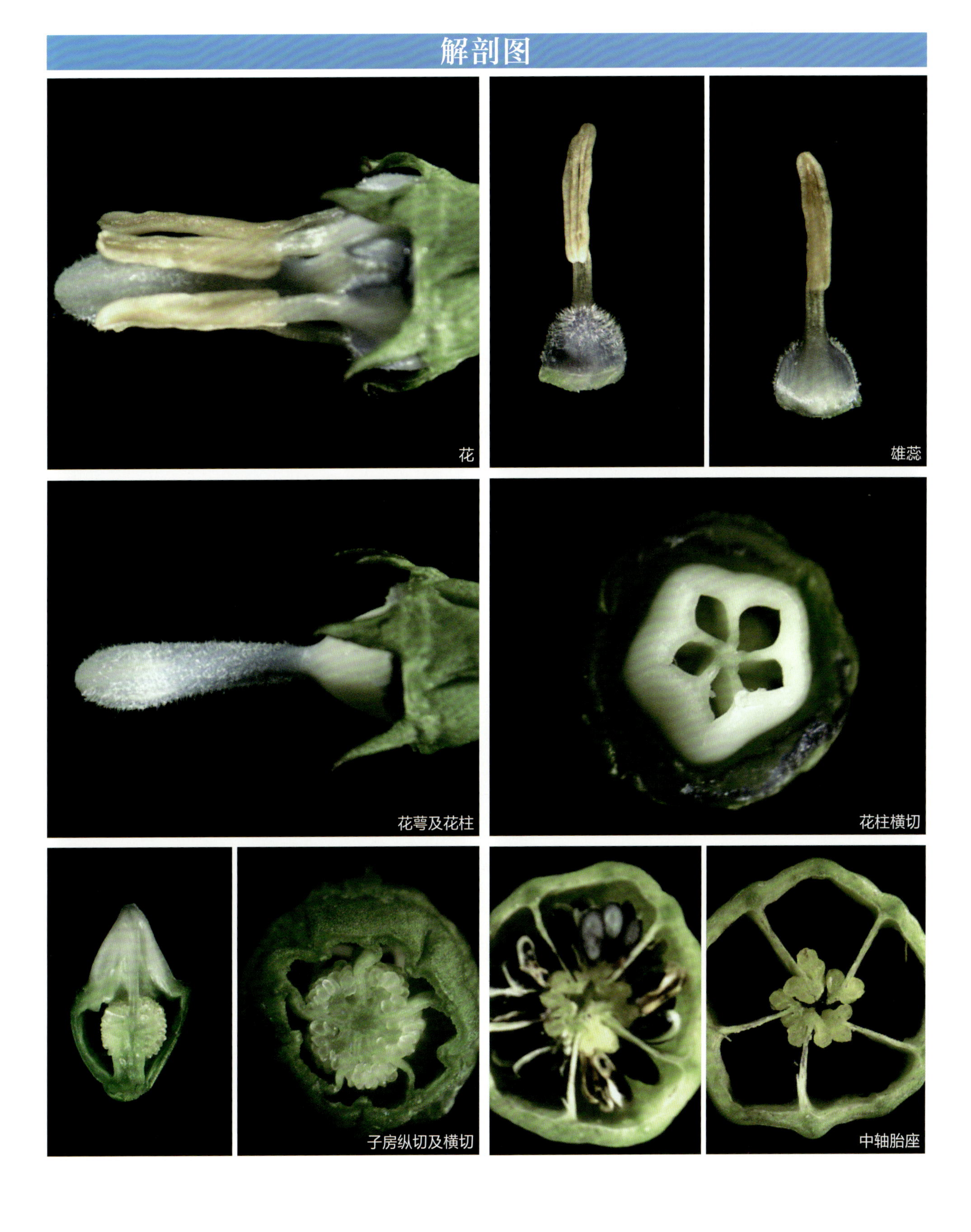

花

雄蕊

花萼及花柱

花柱横切

子房纵切及横切

中轴胎座

59

菊科 Asteraceae

草本、亚灌木或灌木，稀为乔木；有时有乳汁管或树脂道。叶通常互生，稀对生或轮生，全缘或具齿或分裂，无托叶。花两性或单性，极少有单性异株，整齐或左右对称，5基数，少数或多数密集成头状花序或为短穗状花序，为1层或多层总苞片组成的总苞所围绕；头状花序单生或数个至多数排列成总状、聚伞状、伞房状或圆锥状；花序托平或凸起，具窝孔或无窝孔，无毛或有毛；具托片或无托片；萼片不发育，通常形成鳞片状、刚毛状或毛状的冠毛；花冠常辐射对称，管状，或左右对称，二唇形，或舌状，头状花序盘状或辐射状，有同形的小花，全部为管状花或舌状花，或有异形小花；雄蕊4～5，着生于花冠管上，花药内向，合生成筒状，基部钝，锐尖，戟形或具尾；花柱上端两裂；子房下位，合生心皮2，1室，具1直立的胚珠。果为不开裂的瘦果。种子无胚乳，具2、稀1子叶。

全球约1000属25 000～30 000种，广布于全世界，热带较少。我国有200余属2000多种，产于全国各地。东北地区产89属311种36变种13变型。

59.1 腺梗菜 **Adenocaulon himalaicum** Edgew.

多年生草本。根状茎匍匐，直径 1 ～ 1.5 厘米，自节上生出多数的纤维根。茎直立，高 30 ～ 100 厘米，中部以上分枝，稀自基部分枝，分枝纤细、斜上，或基部的分枝粗壮，被蛛丝状绒毛，有长 2 ～ 4 厘米的节间。根生叶或有时下部的茎叶花期凋落；下部茎叶肾形或圆肾形，基部心形，顶端急尖或钝，边缘有不等形的波状大牙齿，齿端有突尖，叶上面沿脉被尘状柔毛，下面密被蛛丝状毛，基出 3 脉，叶柄有狭或较宽的翼，翼全缘或有不规则的钝齿；中部茎叶三角状圆形，向上的叶渐小，三角状卵形或菱状倒卵形，最上部的叶长约 1 厘米，披针形或线状披针形，无柄，全缘。头状花序排成狭或宽大的圆锥状花序，花梗短，被白色绒毛，花后花梗伸长，密被稠密头状具柄腺毛。总苞半球形，宽 2.5 ～ 5 毫米；总苞片 5 ～ 7，宽卵形，全缘，果期向外反曲；雌花白色，檐部比管部长，裂片卵状长椭圆形，两性花淡白色，檐部短于管部 2 倍。瘦果棍棒状，被多数头状具柄的腺毛。花果期 6 ～ 11 月。

生于河岸、湖旁、峡谷、阴湿密林下，在干燥山坡亦有生长，从平原到海拔 3400 米的山地均可见。

解剖图

花序　花序　花　聚药雄蕊　聚药雄蕊　子房　头状具柄的腺毛　胚珠

59.2 亚洲蓍 Achillea asiatica Serg.

多年生草本，有匍匐生根的细根茎。茎直立，具细条纹，被显著的棉状长柔毛。叶条状矩圆形，条状披针形或条状倒披针形，(二至)三回羽状全裂，上面具腺点，疏生长柔毛，下面无腺点，被较密的长柔毛，叶轴上毛尤密；中上部叶无柄，一回裂片多数，中部叶羽状全裂，末回裂片条形至披针形，顶端渐狭成软骨质尖头；下部叶裂片向下渐变疏小。头状花序多数，密集成伞房花序；总苞矩圆形，总苞片3～4层，覆瓦状排列，卵形、矩圆形至披针形，顶端钝，背部中间黄绿色，中脉凸起，有棕色或淡棕色膜质边缘；托片矩圆状披针形，膜质，边缘透明，上部具疏伏毛，上部边缘棕色；舌状花5，管部略扁，具黄色腺点；舌片粉红色或淡紫红色，半椭圆形或近圆形，顶端近截形，具3圆齿；管状花长3毫米，5齿裂，具腺点。瘦果矩圆状楔形，顶端截形，光滑，具边肋。花期7～8月，果期8～9月。

生于海拔590～2600米的山坡草地、河边、草场、林缘湿地。

解剖图

59.3 豚草 Ambrosia artemisiifolia L.

一年生草本，高 20 ～ 150 厘米。茎直立，上部有圆锥状分枝，有棱，被疏生密糙毛。下部叶对生，具短叶柄，二次羽状分裂，裂片狭小，长圆形至倒披针形，全缘，有明显的中脉，上面深绿色，被细短伏毛或近无毛，背面灰绿色，被密短糙毛；上部叶互生，无柄，羽状分裂。雄头状花序半球形或卵形，径 4 ～ 5 毫米，具短梗，下垂，在枝端密集成总状花序；总苞宽半球形或碟形；总苞片全部结合，无肋，边缘具波状圆齿，稍被糙伏毛；花托具刚毛状托片；每个头状花序有 10 ～ 15 朵不育的小花；花冠淡黄色，长 2 毫米，有短管部，上部钟状，有宽裂片；花药卵圆形；花柱不分裂，顶端膨大成画笔状；雌头状花序无花序梗，在雄头花序下面或在下部叶腋单生，或 2 ～ 3 个密集成团伞状，有 1 个无被能育的雌花，总苞闭合，具结合的总苞片，倒卵形或卵状长圆形，长 4 ～ 5 毫米，宽约 2 毫米，顶端有围裹花柱的圆锥状嘴部，在顶部以下有 4 ～ 6 个尖刺，稍被糙毛；花柱 2 深裂，丝状，伸出总苞的嘴部。瘦果倒卵形，无毛，藏于坚硬的总苞中。花期 8 ～ 9 月，果期 9 ～ 10 月。

在我国长江流域已驯化野生成路旁杂草。

解剖图

59.4 三裂叶豚草 *Ambrosia trifida* L.

一年生粗壮草本，高 50 ～ 120 厘米，有时可达 170 厘米，有分枝，被短糙毛，有时近无毛。叶对生，有时互生，具叶柄，下部叶 3 ～ 5 裂，上部叶 3 裂或有时不裂，裂片卵状披针形或披针形，顶端急尖或渐尖，边缘有锐锯齿，有 3 基出脉，粗糙，上面深绿色，背面灰绿色，两面被短糙伏毛；叶柄长 2 ～ 3.5 厘米，被短糙毛，基部膨大，边缘有窄翅，被长缘毛。雄头状花序多数，圆形，径约 5 毫米，有长 2 ～ 3 毫米的细花序梗，下垂，在枝端密集成总状花序；总苞浅碟形，绿色；总苞片结合，外面有 3 肋，边缘有圆齿，被疏短糙毛；花托无托片，具白色长柔毛，每个头状花序有 20 ～ 25 不育的小花；小花黄色，长 1 ～ 2 毫米，花冠钟形，上端 5 裂，外面有 5 紫色条纹；花药离生，卵圆形；花柱不分裂，顶端膨大成画笔状；雌头状花序在雄头状花序下面上部的叶状苞叶的腋部聚作团伞状，具 1 朵无被能育的雌花；总苞倒卵形，长 6 ～ 8 毫米，宽 4 ～ 5 毫米，顶端具圆锥状短嘴，嘴部以下有 5 ～ 7 肋，每肋顶端有瘤或尖刺，无毛，花柱 2 深裂，丝状，上伸出总苞的嘴部之外。瘦果倒卵形，无毛，藏于坚硬的总苞中。花期 8 月，果期 9 ～ 10 月。

在东北地区已驯化，常见于田野、路旁或河边的湿地。

解剖图

花序　小花　聚药雄蕊　子房

59.5 牛蒡 Arctium lappa L.

二年生草本，具粗大的肉质直根，有分枝支根。茎直立，高达 2 米，粗壮，基部直径达 2 厘米，通常带紫红色或淡紫红色，有多数高起的条棱，分枝斜升，多数，全部茎枝被稀疏的乳突状短毛及长蛛丝毛并混杂以棕黄色的小腺点。基生叶宽卵形，边缘稀疏的浅波状凹齿或齿尖，基部心形，两面异色，上面绿色，有稀疏的短糙毛及黄色小腺点，下面灰白色或淡绿色，被薄绒毛或绒毛稀疏，有黄色小腺点，叶柄灰白色，被稠密的蛛丝状绒毛及黄色小腺点，但中下部常脱毛；茎生叶与基生叶同形或近同形，具等样的及等量的毛被，花序下部的叶小，基部平截或浅心形。头状花序多数或少数在茎枝顶端排成疏松的伞房花序或圆锥状伞房花序，花序梗粗壮；总苞卵形或卵球形；总苞片多层，多数；全部苞近等长，顶端有软骨质钩刺；小花紫红色。瘦果倒长卵形或偏斜倒长卵形，两侧压扁，浅褐色，有多数细脉纹，有深褐色的色斑或无色斑；冠毛多层，浅褐色；冠毛刚毛糙毛状，不等长，基部不连合成环，分散脱落。花果期 6 ～ 9 月。

生于海拔 750 ～ 3500 米的山坡、山谷、林缘、林中、灌木丛中、河边潮湿地、村庄路旁或荒地。

解剖图

小花

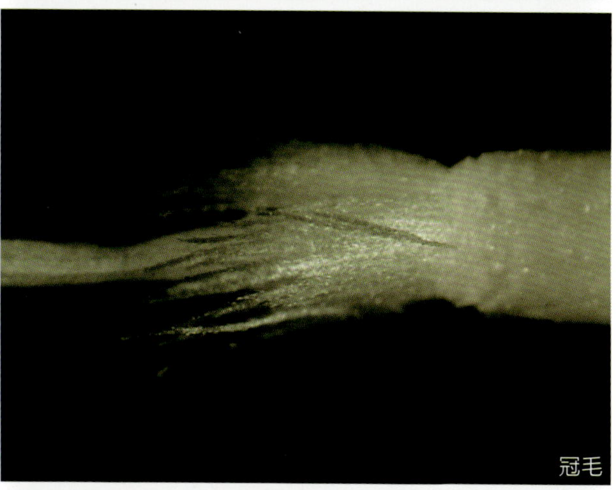
冠毛

冠毛

59.6 宽叶山蒿 **Artemisia stolonifera** (Maxim.) Kom.

多年生草本。主根明显，直径 4 ～ 8 毫米，侧根多，具多数细的纤维根。根状茎横卧、细长，具营养枝及多数细长的匍匐枝。茎少数或单生，纵棱明显。叶厚纸质，叶面暗绿色，具小凹点及白色腺点，背面密生灰白色蛛丝状绒毛；基生叶、茎下部叶与营养枝叶椭圆形或椭圆状倒卵形，不分裂，花期均萎谢；中部叶椭圆状倒卵形、长卵形或卵形，叶下半部楔形，渐狭成短柄状，基部常有小型分裂、半抱茎的假托叶；上部叶小，卵形、长卵形或卵状披针形，基部有小型假托叶。头状花序多数，具短梗或近无梗，下倾，有小苞叶，在短的分枝上密集排成穗状花序或穗状花序状的总状花序，而在茎上组成狭窄的圆锥花序；总苞片 3 ～ 4 层，外层总苞片较短，三角状卵形，背面深褐色，被蛛丝状绒毛，边狭膜质，中层总苞片倒卵形或长卵形，背面被蛛丝状毛，边宽膜质，内层总苞片长卵形或匙形，半膜质，背面近无毛；花序托圆锥形，凸起；雌花 10 ～ 12 朵，花冠狭管状，檐部有 2 ～ 3 裂齿，花柱细长，伸出花冠外，先端 2 叉；两性花 12 ～ 15 朵，花冠管状或高脚杯状，花药线形，先端附属物尖，花柱与花冠等长。瘦果球卵形或椭圆形，略扁。花果期 7 ～ 11 月。

多生于低海拔湿润地区的林缘、疏林下、路旁及荒地与沟谷等处，东北、华北地区还生于森林草原地带。

解剖图

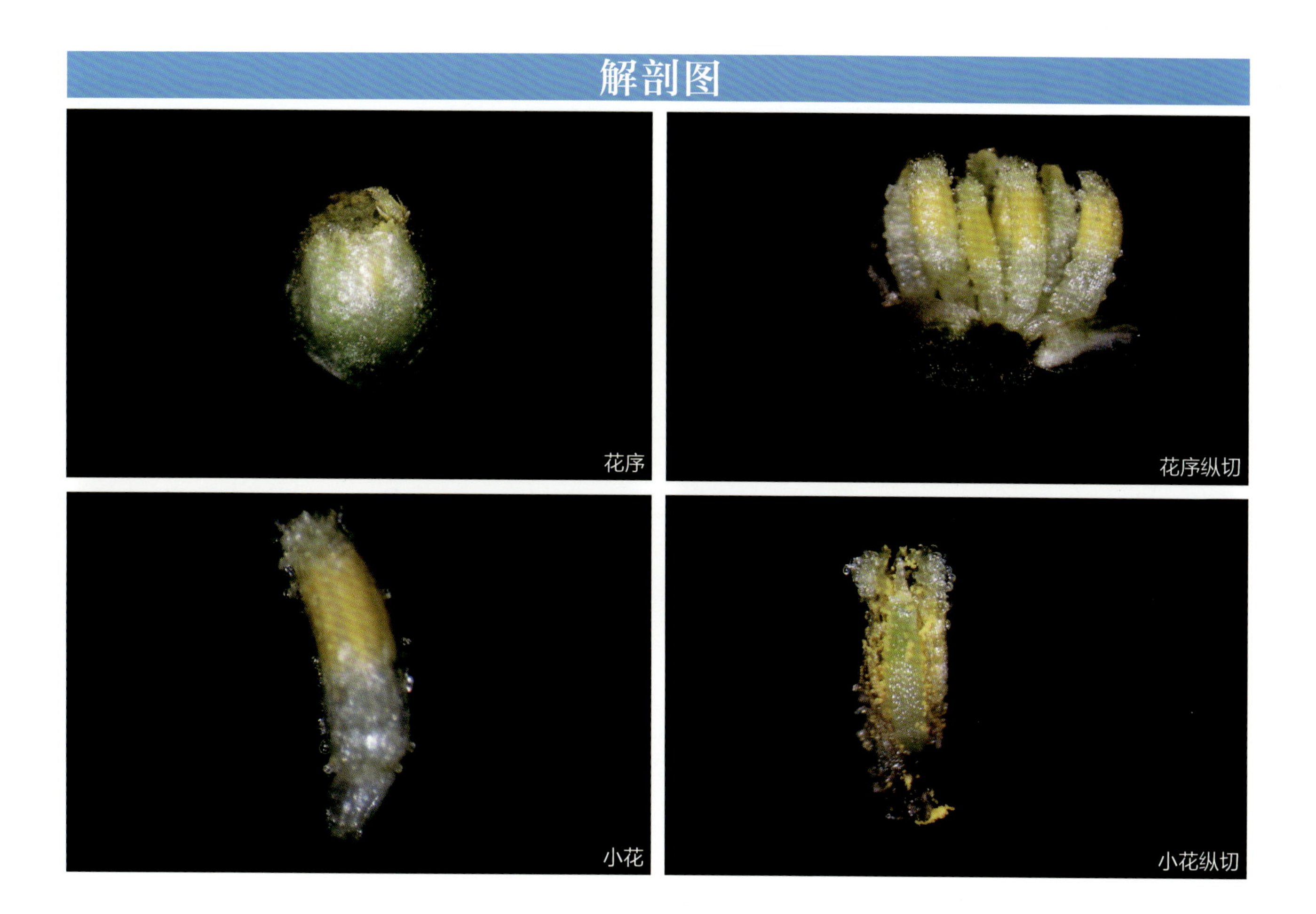
花序　花序纵切　小花　小花纵切

62
61
60
59
58
57
56
55
54
53
52
51
50
49
46
45
44

59.7 三基脉紫菀 *Aster trinervius* D. Don

多年生草本。根状茎粗壮，常木质。茎直立，高 60 ～ 200 厘米，粗壮，有棱及细沟，上部被细毛，或全部被密粗毛，上部有时曲折，有分枝。下部叶在花期枯落，茎部叶卵圆披针形，基部近圆形，急狭成短柄，顶端渐尖，边缘有 4 ～ 7 对浅锯齿，上部叶卵圆形或披针形，有齿或全缘，无柄；全部叶厚质或近革质，有时薄质，上面被糙毛，下面浅色，被细或粗毛且有腺点，或近无毛，有 3 基出脉及 2 ～ 4 对侧脉，网脉显明。头状花序径 2 厘米，排列成伞房或圆锥伞房状，有长花序梗；总苞倒锥状或半球状，径 8 ～ 15 毫米；总苞片 3 层，覆瓦状排列，匙状长圆形，下部近革质，上部绿色，有时带红色，被短柔毛或无毛，长 4 ～ 7.5 毫米，边缘膜质，常有缘毛；舌状花十余朵，管部长 2 ～ 3 毫米，舌片常白色，有时浅黄色，线状长圆形，长达 10 毫米，宽达 3 毫米；管状花黄色，长 4 ～ 6.5 毫米，管部长 2 毫米，裂片长 1.2 ～ 2 毫米；花柱附片长达 1 毫米；冠毛污白色或带红褐色，长 4.5 ～ 6 毫米。瘦果倒卵圆形，灰褐色，长 2.5 ～ 4 毫米，有 2 边肋，有时一面常有肋，被疏粗毛，有时有腺点。花果期 7 ～ 12 月。

生于次生林林缘及林下。

解剖图

59.8 朝鲜苍术 **Atractylodes coreana** (Nakai) Kitam.

多年生草本，根状茎粗而长，生等粗或近等粗的不定根。茎直立，单生或少数茎成簇生，高25～50厘米，不分枝或上部分枝，全部茎枝光滑无毛。最下部或基部茎叶花期枯萎，脱落；中下部茎叶椭圆形或长椭圆形，半抱茎或贴茎；上部或接头状花序下部的叶与中下部茎叶同形，或卵状长椭圆形，但较小；全部叶质地薄，纸质或稍厚而为厚纸质，两面同色或近同色，绿色或下面色淡，无毛，顶端短渐尖或近急尖，边缘针刺状缘毛或三角形的细密刺齿或稀疏的三角形长针齿；苞叶绿色，刺齿状羽状深裂。头状花序单生茎端或植株有少数单生茎枝顶端，但并不形成明显的花序式排列；总苞钟状或楔钟状，直径达1厘米；总苞片6～7层，外层及最外层卵形，长2～4毫米；中层椭圆形，长6～7毫米；最内层长倒披针形或线状倒披针形，长11毫米；全部苞片顶端钝或圆形，边缘有稀疏的蛛丝状毛或无毛，最内层苞片顶端常红紫色；小花白色，长约8毫米。瘦果倒卵圆形，被稠密的顺向贴伏的长直毛，有时变稀毛；冠毛刚毛褐色，羽毛状，基部结合成环。花果期7～9月。

生于海拔200～700米的山坡灌丛中或林下灌丛中或干燥山坡。

解剖图

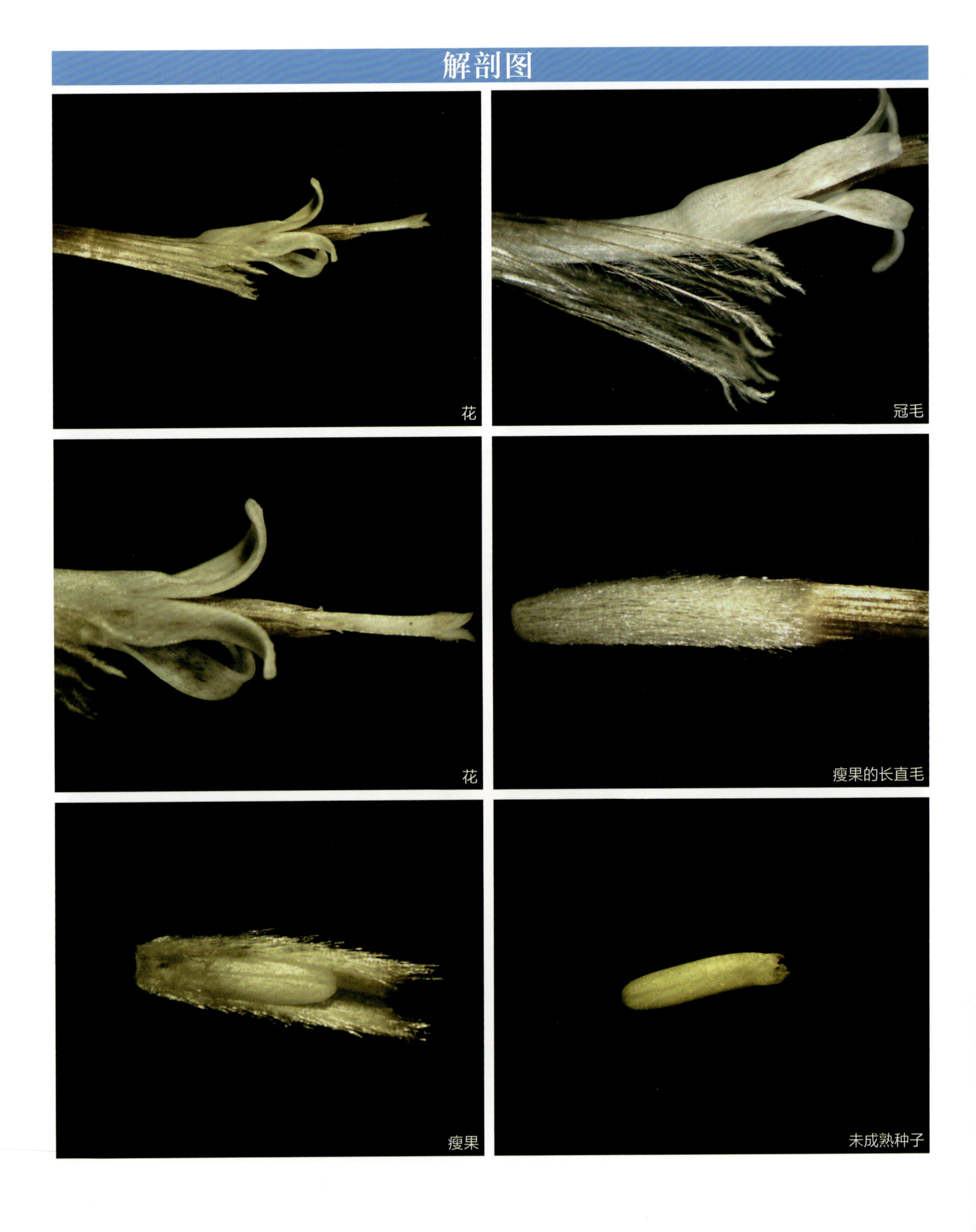

59.9 苍术 Atractylodes lancea (Thunb.) DC.

多年生草本。根状茎平卧或斜升，粗长或通常呈疙瘩状，生多数等粗等长或近等长的不定根。茎直立，单生或少数茎成簇生，下部或中部以下常紫红色，不分枝或上部但少有自下部分枝的，全部茎枝被稀疏的蛛丝状毛或无毛。基部叶花期脱落；中下部茎叶，3～5（～7～9）羽状深裂或半裂；中部以上或仅上部茎叶不分裂；或全部茎叶不裂，中部茎叶倒卵形、长倒卵形、倒披针形或长倒披针形，基部楔状；全部叶质地硬，硬纸质，两面同色，绿色，无毛，边缘或裂片边缘有针刺状缘毛或三角形刺齿或重刺齿。头状花序单生茎枝顶端，但不形成明显的花序式排列，植株有多数或少数（2～5个）头状花序；总苞钟状；苞叶针刺状羽状全裂或深裂；总苞片5～7层，覆瓦状排列；全部苞片顶端钝或圆形，边缘有稀疏蛛丝毛；小花白色。瘦果倒卵圆状，被稠密的顺向贴伏的白色长直毛，有时变稀毛；冠毛刚毛褐色或污白色，长7～8毫米，羽毛状，基部联合成环。花果期6～10月。

生于山坡草地、林下、灌丛及岩缝隙中。各地药圃广有栽培。

解剖图

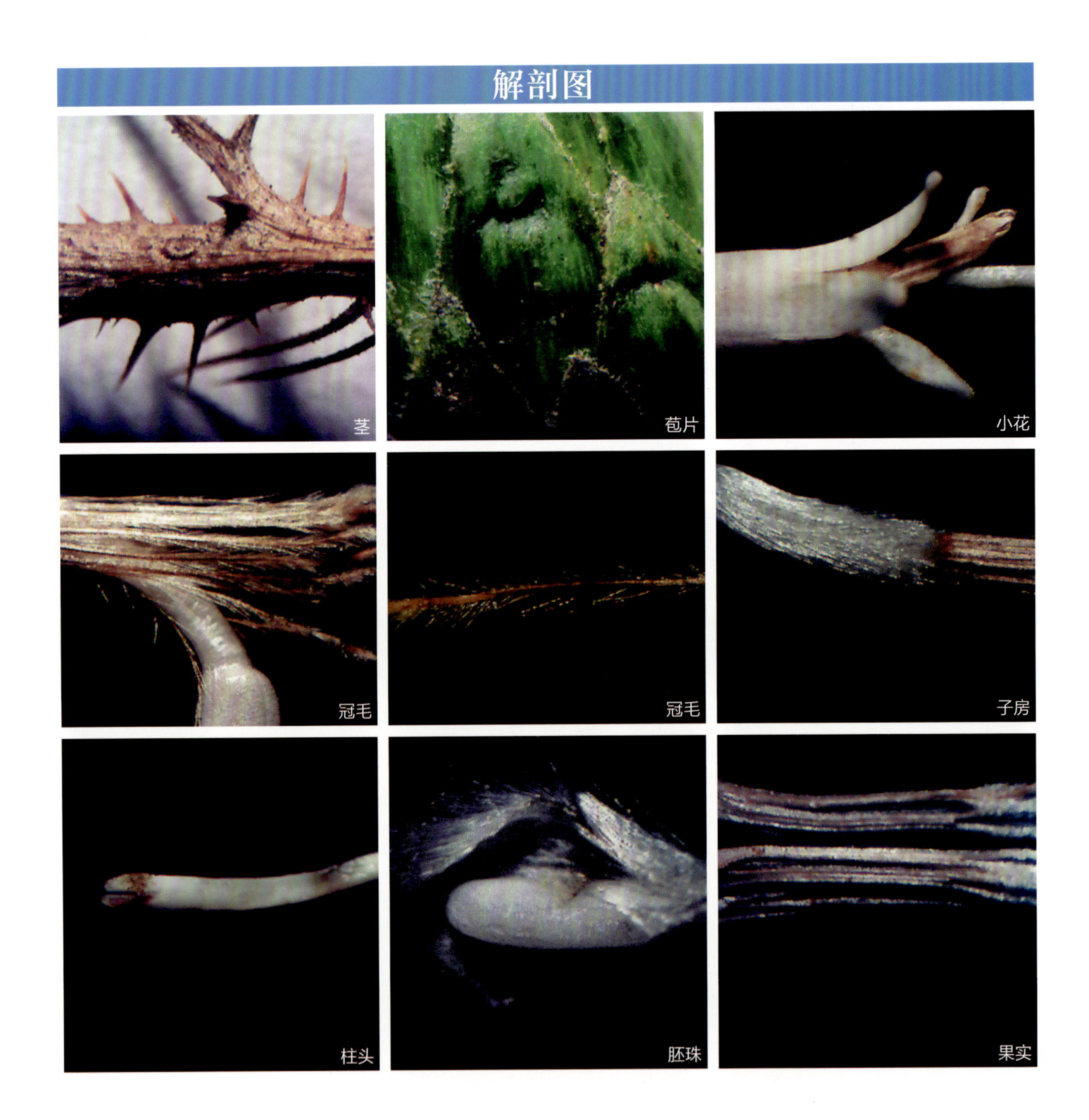

59.10 屋根草 Crepis tectorum L.

一年生或二年生草本。根长倒圆锥状，生多数须根。茎直立，自基部或自中部伞房花序状或伞房圆锥花序状分枝，分枝多数，斜升，全部茎枝被白色的蛛丝状短柔毛，上部粗糙，被稀疏的头状具柄的短腺毛或被淡白色的小刺毛。基生叶及下部茎叶全披针状线形、披针形或倒披针形；中部茎叶与基生叶及下部茎叶同形或线形，基部尖耳状或圆耳状抱茎；上部茎叶线状披针形或线形，基部亦不抱茎；全部叶两面被稀疏的小刺毛及头状具柄的腺毛。头状花序多数或少数，在茎枝顶端排成伞房花序或伞房圆锥花序；总苞钟状；总苞片 3 ～ 4 层；全部总苞片外面被稀疏的蛛丝状毛及头状具柄的长或短腺毛；舌状小花黄色，花冠管外面被白色短柔毛。瘦果纺锤形，向顶端渐狭，顶端无喙，有 10 条等粗的纵肋，沿肋有指上的小刺毛；冠毛白色。花果期 7 ～ 10 月。

生于海拔 900 ～ 1800 米的山地林缘、河谷草地、田间或撂荒地。

解剖图

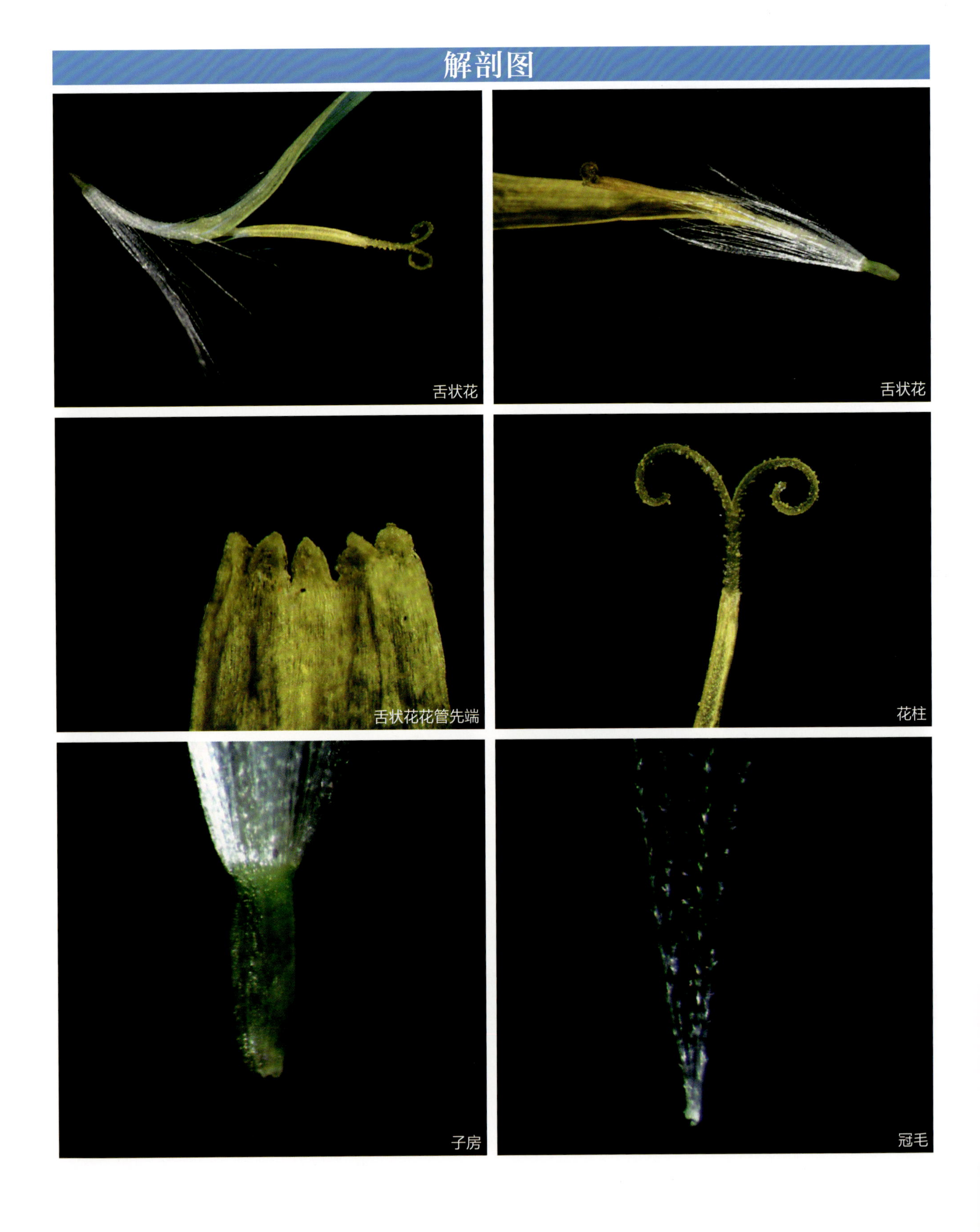

59.11 东风菜 Doellingeria scabra (Thunb.) Nees

多年生草本。根状茎粗壮。茎直立，高 100 ～ 150 厘米，上部有斜升的分枝，被微毛。基部叶在花期枯萎，叶片心形，长 9 ～ 15 厘米，宽 6 ～ 15 厘米，边缘有具小尖头的齿，顶端尖，基部急狭成长 10 ～ 15 厘米被微毛的柄；中部叶较小，卵状三角形，基部圆形或稍截形，有具翅的短柄；上部叶小，矩圆披针形或条形；全部叶两面被微糙毛，下面浅色，有 3 或 5 出脉，网脉显明。头状花序径 18 ～ 24 毫米，圆锥伞房状排列；花序梗长 9 ～ 30 毫米；总苞半球形，宽 4 ～ 5 毫米；总苞片约 3 层，无毛，边缘宽膜质，有微缘毛，顶端尖或钝，覆瓦状排列，外层长 1.5 毫米；舌状花约 10 朵，舌片白色，条状矩圆形，长 11 ～ 15 毫米，管部长 3 ～ 3.5 毫米；管状花长 5.5 毫米，檐部钟状，有线状披针形裂片，管部急狭，长 3 毫米。瘦果倒卵圆形或椭圆形，长 3 ～ 4 毫米，除边肋外，一面有 2 条脉，一面有 1 ～ 2 条脉，无毛；冠毛污黄白色，长 3.5 ～ 4 毫米，有多数微糙毛。花期 6 ～ 10 月，果期 8 ～ 10 月。

生于山谷坡地、草地和灌丛中，极常见。

解剖图

59.12 牛膝菊 **Galinsoga parviflora** Cav.

一年生草本，高 10 ～ 80 厘米。茎纤细，不分枝或自基部分枝，分枝斜升，全部茎枝被疏散或上部稠密的贴伏短柔毛和少量腺毛。叶对生，卵形或长椭圆状卵形，基部圆形、宽或狭楔形，顶端渐尖或钝，基出 3 脉或不明显 5 出脉；向上及花序下部的叶渐小，通常披针形；全部茎叶两面粗涩，被白色稀疏贴伏的短柔毛，沿脉和叶柄上的毛较密，边缘浅或钝锯齿或波状浅锯齿。头状花序半球形，有长花梗，多数在茎枝顶端排成疏松的伞房花序；总苞半球形或宽钟状；总苞片 1 ～ 2 层，约 5 片，外层短，内层卵形或卵圆形，顶端圆钝，白色，膜质；舌状花 4 ～ 5 朵，舌片白色，顶端 3 齿裂，筒部细管状，外面被稠密白色短柔毛；管状花花冠长约 1 毫米，黄色，下部被稠密的白色短柔毛；托片倒披针形或长倒披针形，纸质，顶端 3 裂或不裂或侧裂。3 棱或中央的瘦果 4 ～ 5 棱，黑色或黑褐色，常压扁，被白色微毛；舌状花冠毛毛状，脱落；管状花冠毛膜片状，白色，披针形，边缘流苏状，固结于冠毛环上，正体脱落。花果期 7 ～ 10 月。

生于林下、河谷地、荒野、河边、田间、溪边或市郊路旁。

解剖图

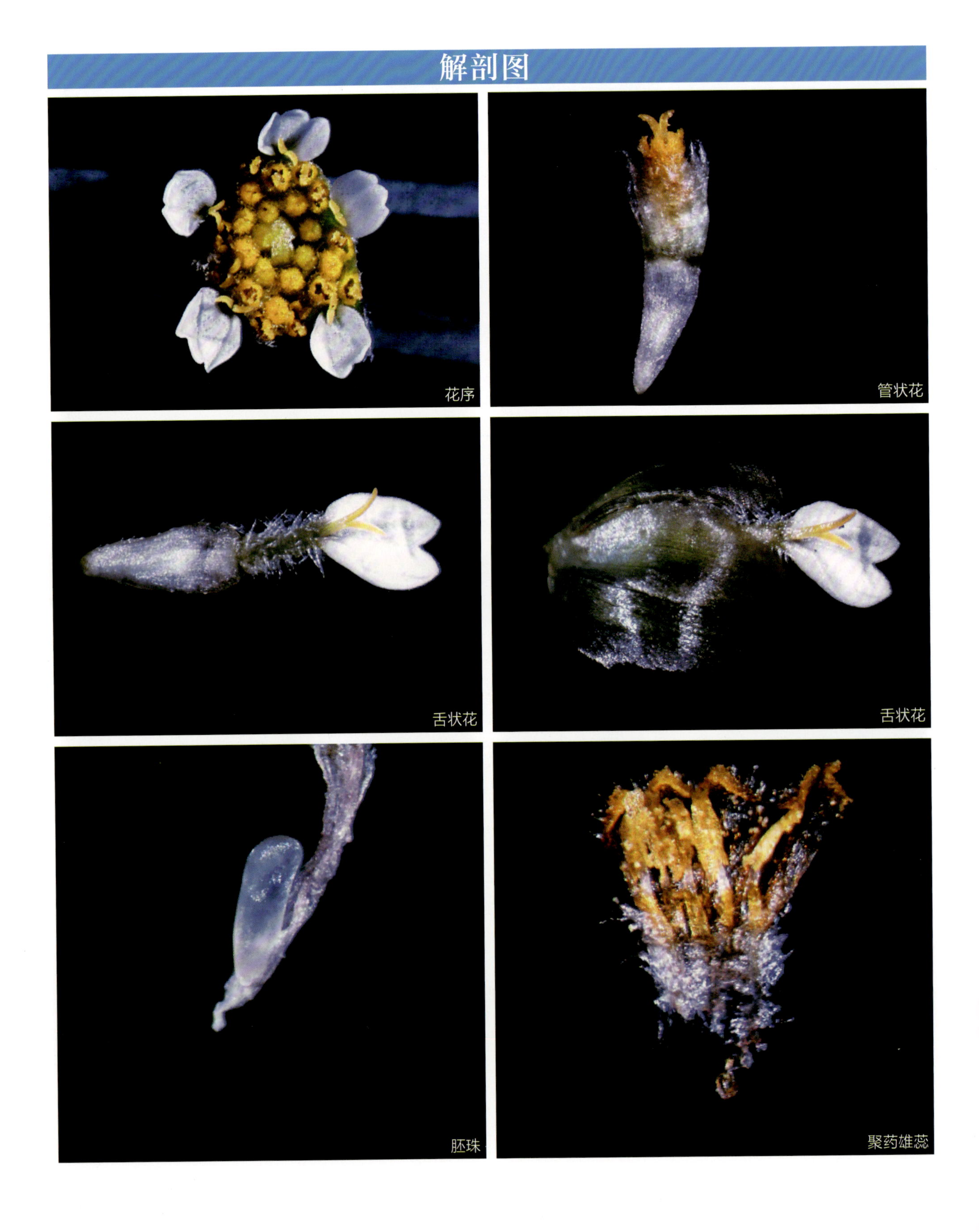

59.13 菊芋 Helianthus tuberosus L.

多年生草本，高 1 ～ 3 米，具块状地下茎。茎直立，上部分枝，被短糙毛或刚毛。基部叶对生，上部叶互生，矩卵形至卵状椭圆形，有长柄，长 10 ～ 15 厘米，宽 3 ～ 9 厘米，3 脉，上面粗糙，下面有柔毛，边缘有锯齿，顶端急尖或渐尖，基部宽楔形或圆形，叶柄上部有狭翅。头状花序数个，生于枝端，有 1 ～ 2 个线状披针形的苞叶，直立，直径 5 ～ 9 厘米；总苞片多层，披针形，开展；托片长圆形，长 8 毫米，背面有肋、上端不等 3 浅裂；舌状花淡黄色，开展，筒状花黄色。瘦果楔形，有毛，上端常有 2 ～ 4 个具毛的扁芒。花期 8 ～ 9 月。本种在帽儿山不结果实。

我国各地常有栽培。

解剖图

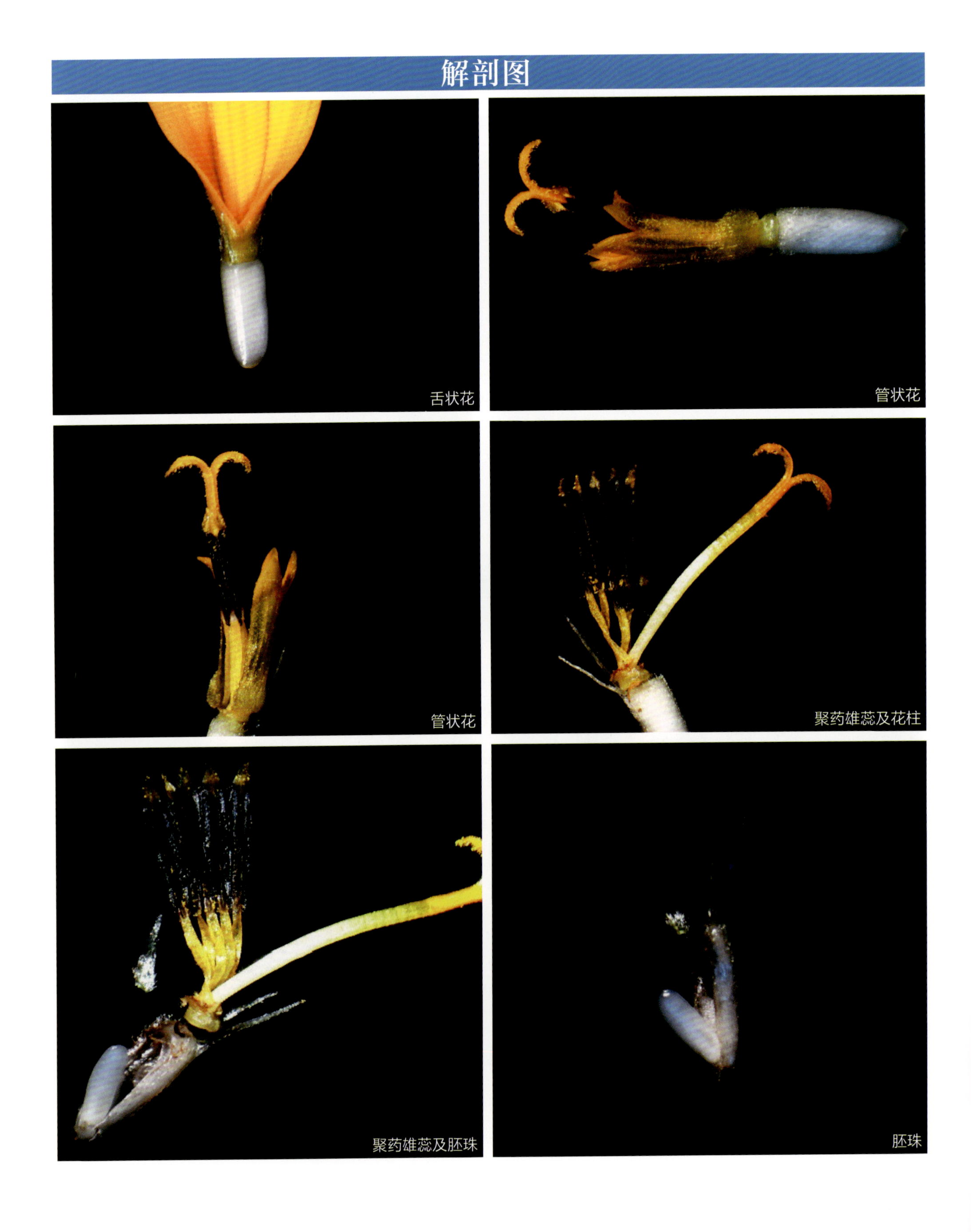

59.14 祁州漏芦 Stemmacantha uniflora (L.) Dittrich

多年生草本，高（6～）30～100厘米。根状茎粗厚。茎直立，不分枝，簇生或单生，灰白色，被棉毛，基部被褐色残存的叶柄。基生叶及下部茎叶羽状深裂或几全裂，有长叶柄；侧裂片5～12对，边缘有锯齿或锯齿稍大而使叶呈现二回羽状分裂状态，中部侧裂片稍大，向上或向下的侧裂片渐小，最下部的侧裂片小耳状，顶裂片长椭圆形或几匙形，边缘有锯齿；中上部茎叶渐小，与基生叶及下部茎叶同形并等样分裂；全部叶质地柔软，两面灰白色，被稠密的或稀疏的蛛丝毛及多细胞糙毛和黄色小腺点；叶柄灰白色，被稠密的蛛丝状棉毛。头状花序单生茎顶；总苞半球形；总苞片约9层，覆瓦状排列，向内层渐长；内层及最内层不包括顶端附属物披针形；全部苞片顶端有膜质附属物，附属物宽卵形或几圆形，浅褐色；全部小花两性，管状，花冠紫红色。瘦果3～4棱，楔状，顶端有果缘，果缘边缘细尖齿，侧生着生面；冠毛褐色，多层，不等长，向内层渐长，基部联合成环，整体脱落；冠毛刚毛糙毛状。花果期4～9月。

生于海拔390～2700米的山坡丘陵地、松林下或桦木林下。

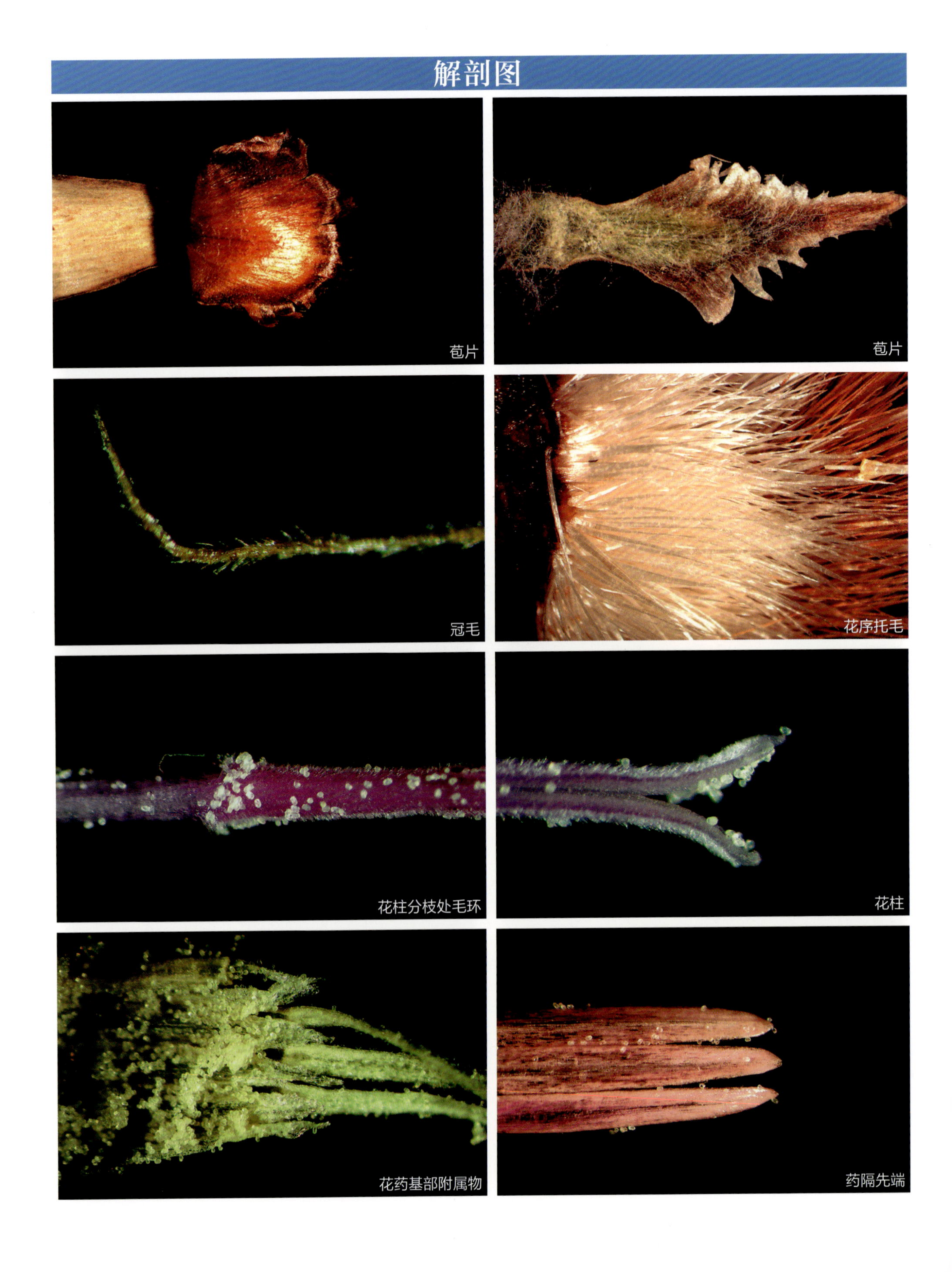
解剖图
苞片
苞片
冠毛
花序托毛
花柱分枝处毛环
花柱
花药基部附属物
药隔先端

59.15 苍耳 Xanthium sibiricum Patrin ex Widder

一年生草本，高达 90 厘米。根纺锤状，分枝或不分枝。叶三角状卵形或心形，长 4 ～ 9 厘米，宽 5 ～ 10 厘米，顶端尖或钝，基部稍心形或截形，与叶柄连接处成相等的楔形，边缘有不规则的粗锯齿，基出 3 脉，两面被贴生的糙伏毛；叶柄长 3 ～ 11 厘米。雄头状花序球形，密生柔毛；雌头状花序椭圆形，内层总苞片结成囊状，绿色、淡绿色或有时带红褐色。成熟瘦果的总苞变坚硬，绿色、淡黄色或红褐色，外面疏生具钩的总苞刺，苞刺长 1 ～ 1.5 毫米，喙长 1.5 ～ 2.5 毫米。瘦果 2 颗，倒卵形。花期 7 ～ 8 月，果期 9 ～ 10 月。

常生于平原、丘陵、低山、荒地、路旁、田间。

解剖图

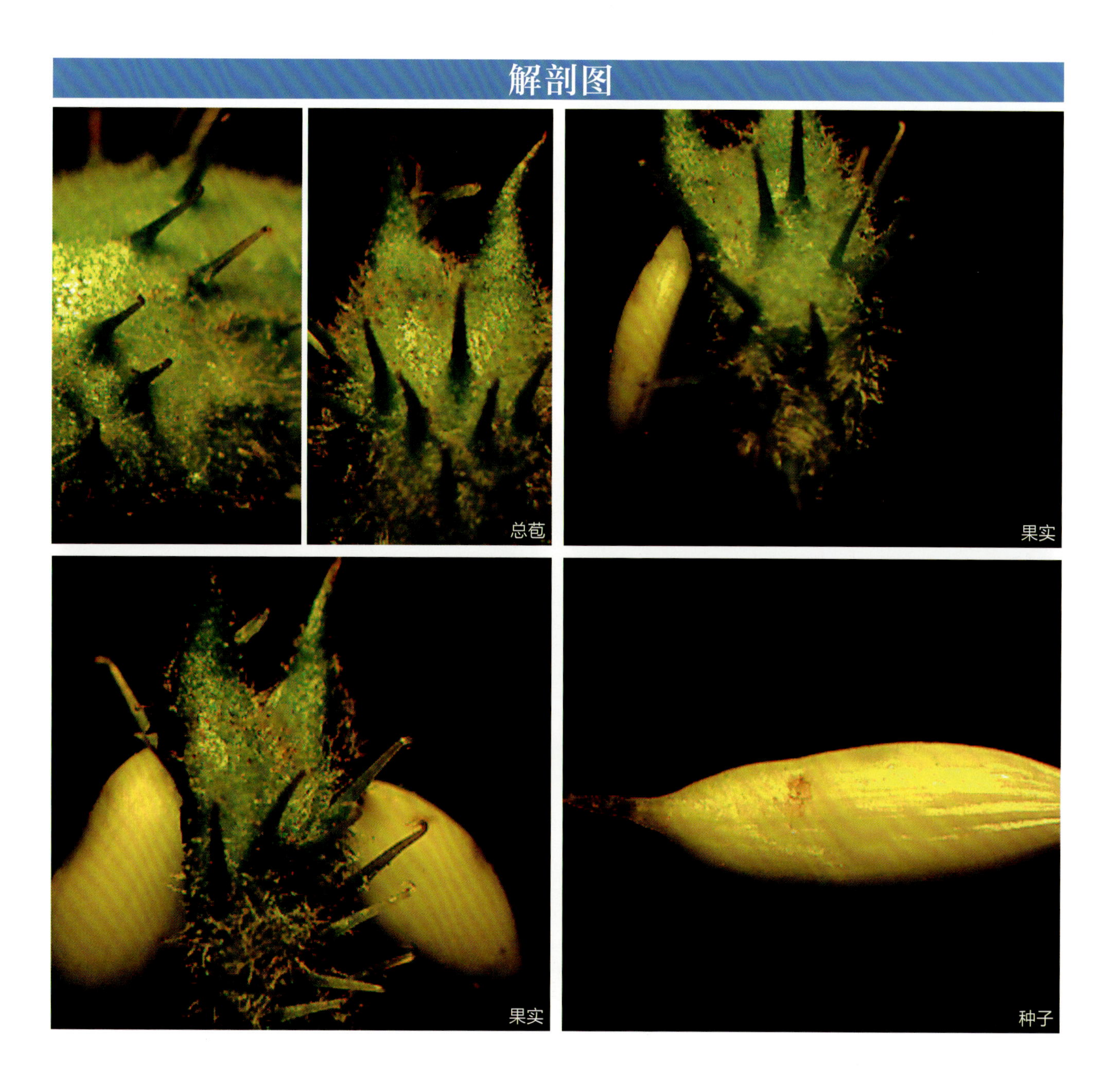

百合科 Liliaceae

通常为具根状茎、块茎或鳞茎的多年生草本，很少为亚灌木、灌木或乔木状。叶基生或茎生，后者多为互生，较少为对生或轮生，通常具弧形平行脉，极少具网状脉。花两性，很少为单性异株或杂性，通常辐射对称，极少稍两侧对称；花被片 6，少有 4 或多数，离生或不同程度的合生（成筒），一般为花冠状；雄蕊通常与花被片同数，花丝离生或贴生于花被筒上；花药基着或“丁”字状着生；药室 2，纵裂，较少汇合成一室而为横缝开裂；心皮合生或不同程度的离生；子房上位，极少半下位，一般 3 室（很少为 2、4、5 室），具中轴胎座，少有 1 室而具侧膜胎座；每室具 1 至多数倒生胚珠。果实为蒴果或浆果，较少为坚果。种子具丰富的胚乳，胚小。

全球约 230 属 3500 种，广布于全世界，特别是温带和亚热带。我国有 60 属约 560 种，分布遍及全国。东北地区产 26 属 96 种 11 变种 8 变型。

60.1 山韭 Allium senescens L.

多年生草本，具平伸的粗壮根茎。鳞茎圆锥形，粗 0.8 ～ 1.5（～ 2）厘米，数枚聚生；鳞茎外皮黑色或灰白色，膜质。叶基生，条形，为花葶的 1/2 或略比它长，宽 2 ～ 6（～ 10）毫米。花葶高 20 ～ 65 厘米，圆柱形，有时具 2 很窄的纵翅而成二棱形；总苞宿存；伞形花序半球形，多花；花梗为花被的 2 ～ 4 倍长，有或无苞片；花被半球状，淡红色至紫红色；花被片 6，长 4 ～ 6 毫米，内轮的矩圆状卵形至卵形，外轮的舟状卵形；花丝比花被片略长至长为其 1.5 倍，基部合生并与花被贴生，内轮的狭三角形，外轮的锥形，内轮的基部为外轮的 1 倍宽。花期 7 ～ 8 月，果期 8 ～ 9 月。

生于海拔 2000 米以下的草原、草甸或山坡上。

解剖图

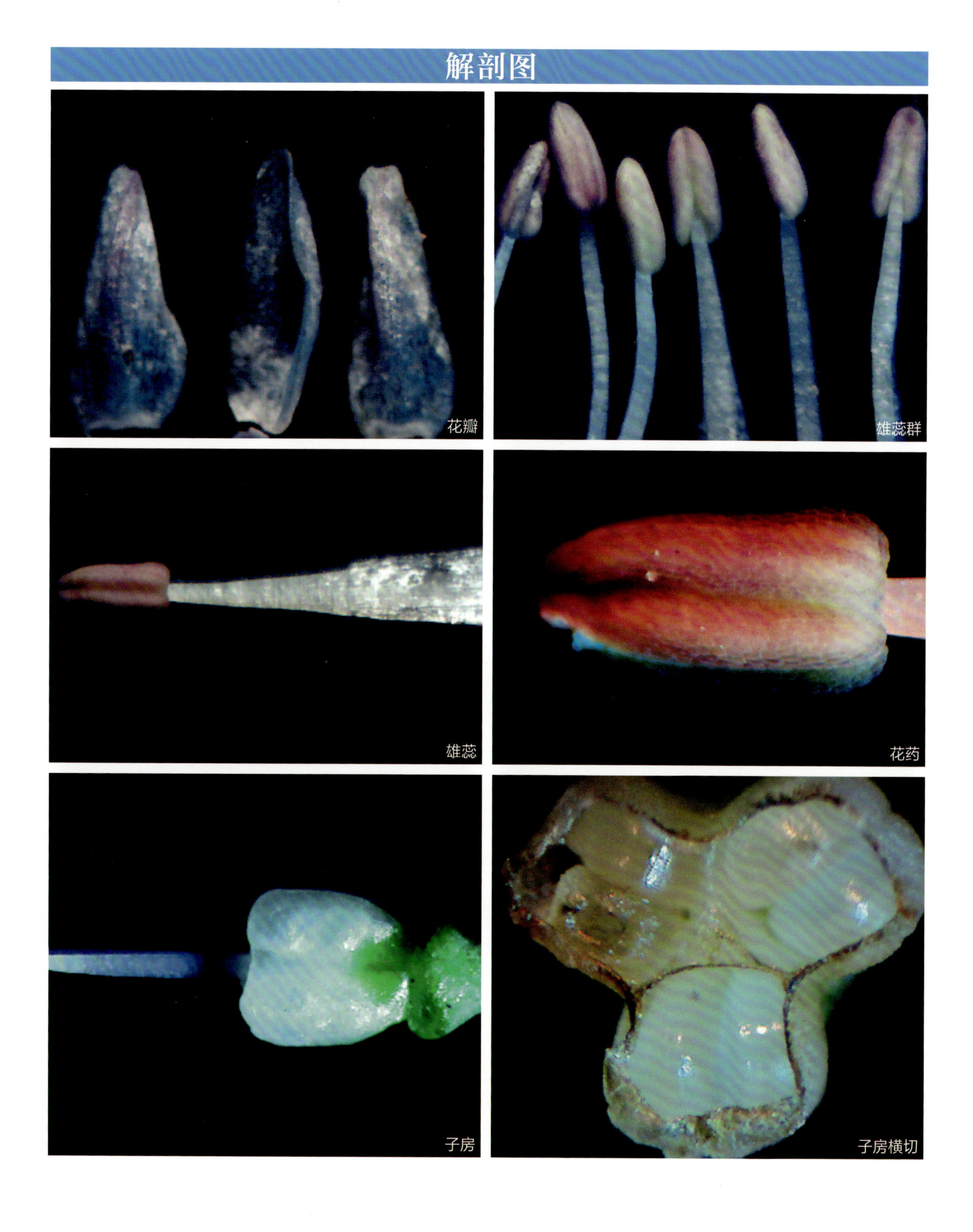

60.2 石刁柏 Asparagus officinalis L.

多年生直立草本，高可达 1 米。根粗 2 ～ 3 毫米。茎平滑，上部在后期常俯垂，分枝较柔弱。叶状枝每 3 ～ 6 枚成簇，近扁的圆柱形，略有钝棱，纤细，常稍弧曲，长 5 ～ 30 毫米，粗 0.3 ～ 0.5 毫米；鳞片状叶基部有刺状短距或近无距。花每 1 ～ 4 朵腋生，绿黄色；花梗长 8 ～ 12（～ 14）毫米，关节位于上部或近中部；雄花：花被长 5 ～ 6 毫米；花丝中部以下贴生于花被片上；雌花较小，花被长约 3 毫米。浆果直径 7 ～ 8 毫米，熟时红色，有 2 ～ 3 粒种子。花期 5 ～ 6 月，果期 9 ～ 10 月。

多为栽培，少数也有变为野生的。

解剖图

60.3 铃兰 Convallaria majalis L.

多年生草本，植株全部无毛，高 18 ~ 30 厘米，常成片生长。叶椭圆形或卵状披针形，长 7 ~ 20 厘米，宽 3 ~ 8.5 厘米，先端近急尖，基部楔形；叶柄长 8 ~ 20 厘米。花葶高 15 ~ 30 厘米，稍外弯；苞片披针形，短于花梗；花梗长 6 ~ 15 毫米，近顶端有关节，果熟时从关节处脱落；花白色，长宽各 5 ~ 7 毫米；裂片卵状三角形，先端锐尖，有 1 脉；花丝稍短于花药，向基部扩大，花药近矩圆形；花柱柱状，长 2.5 ~ 3 毫米。浆果直径 6 ~ 12 毫米，熟后红色，稍下垂。种子扁圆形或双凸状，表面有细网纹，直径 3 毫米。花期 5 ~ 6 月，果期 7 ~ 9 月。

生于海拔 850 ~ 2500 米的阴坡林下潮湿处或沟边。

解剖图

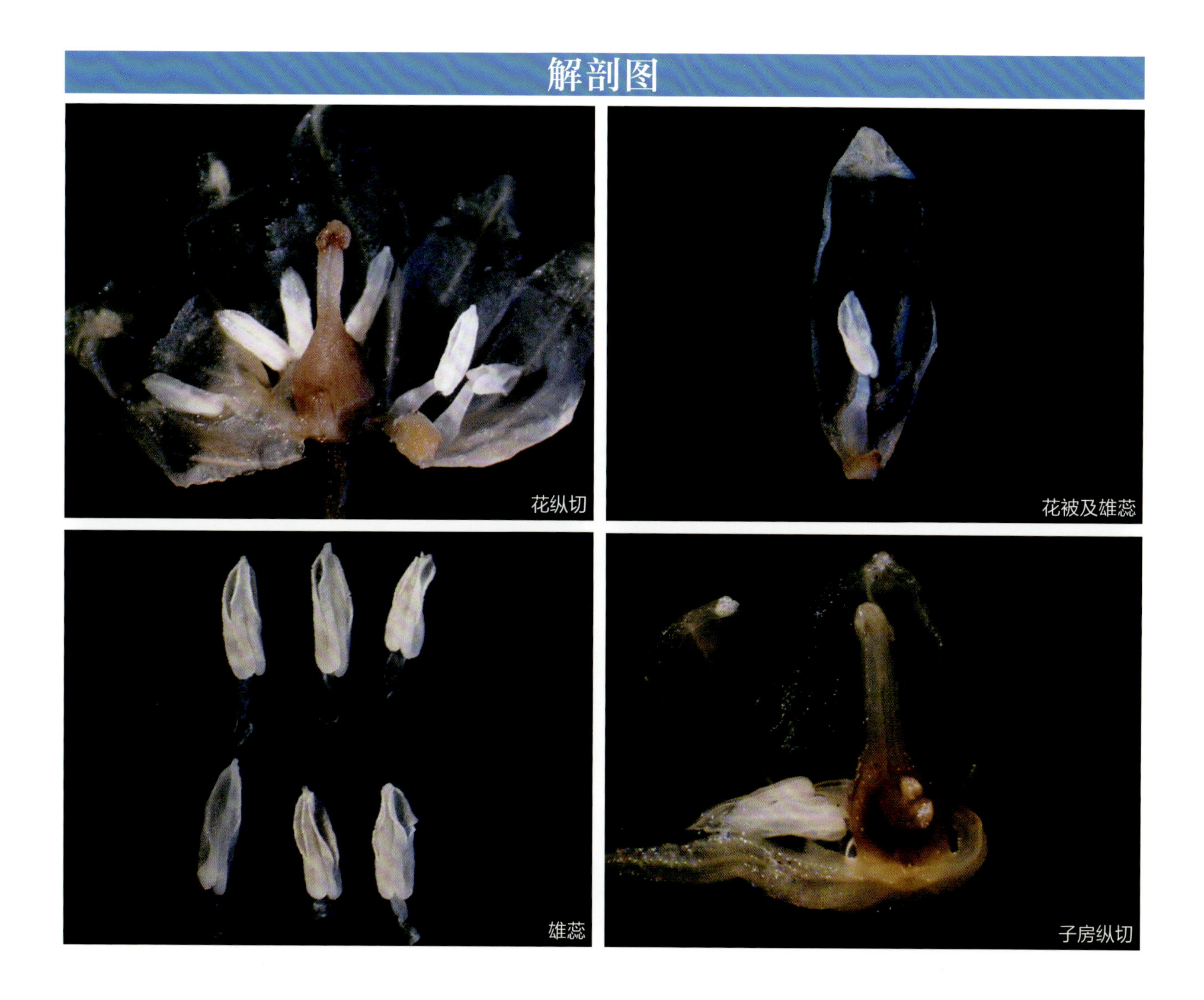

花纵切　花被及雄蕊　雄蕊　子房纵切

60.4 平贝母 **Fritillaria ussuriensis** Maxim.

多年生草本，植株长可达 1 米。鳞茎由 2 枚鳞片组成，直径 1 ～ 1.5 厘米，周围还常有少数小鳞茎，容易脱落。叶轮生或对生，在中上部常兼有少数散生的，条形至披针形，长 7 ～ 14 厘米，宽 3 ～ 6.5 毫米，先端不卷曲或稍卷曲。花 1 ～ 3 朵，紫色而具黄色小方格，顶端的花具 4 ～ 6 叶状苞片，苞片先端强烈卷曲；外花被片长约 3.5 厘米，宽约 1.5 厘米，比内花被片稍长而宽；蜜腺窝在背面明显凸出；雄蕊长约为花被片的 3/5，花药近基着，花丝具小乳突，上部更多；花柱也有乳突，柱头裂片长约 5 毫米。花期 5 ～ 6 月，果期 8 月。

生于低海拔地区的林下、草甸或河谷。

解剖图

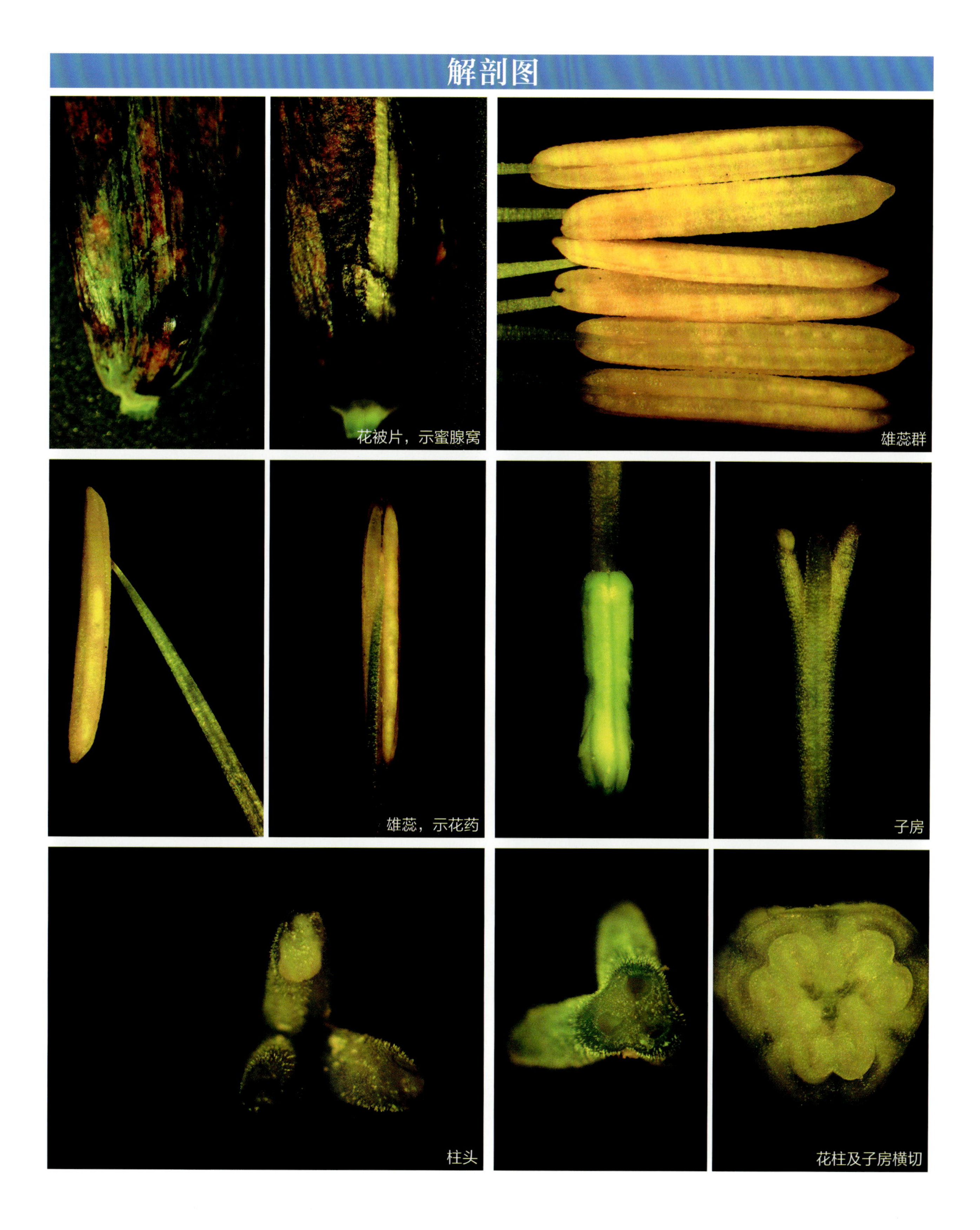
花被片，示蜜腺窝
雄蕊群
雄蕊，示花药
子房
柱头
花柱及子房横切

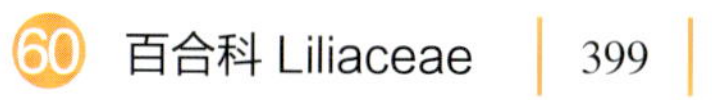

60.5 顶冰花 Gagea lutea (L.) Ker-Gawl.

多年生草本，植株高15～20厘米。鳞茎卵球形，直径5～10毫米，鳞茎皮褐黄色，无附属小鳞茎。基生叶1，条形，长15～22厘米，宽3～10毫米，扁平，中部向下收狭，无毛。总苞片披针形，与花序近等长，宽4～6毫米；花3～5朵，排成伞形花序；花梗不等长，无毛；花被片条形或狭披针形，长9～12毫米，宽约2毫米，黄色；雄蕊长为花被片的2/3；花药矩圆形，花丝基部扁平；子房矩圆形，花柱长为子房的1.5～2倍，柱头不明显的3裂。蒴果卵圆形至倒卵形，长为宿存花被的2/3。花果期4～5月。

生于林下、灌丛或草地。

解剖图

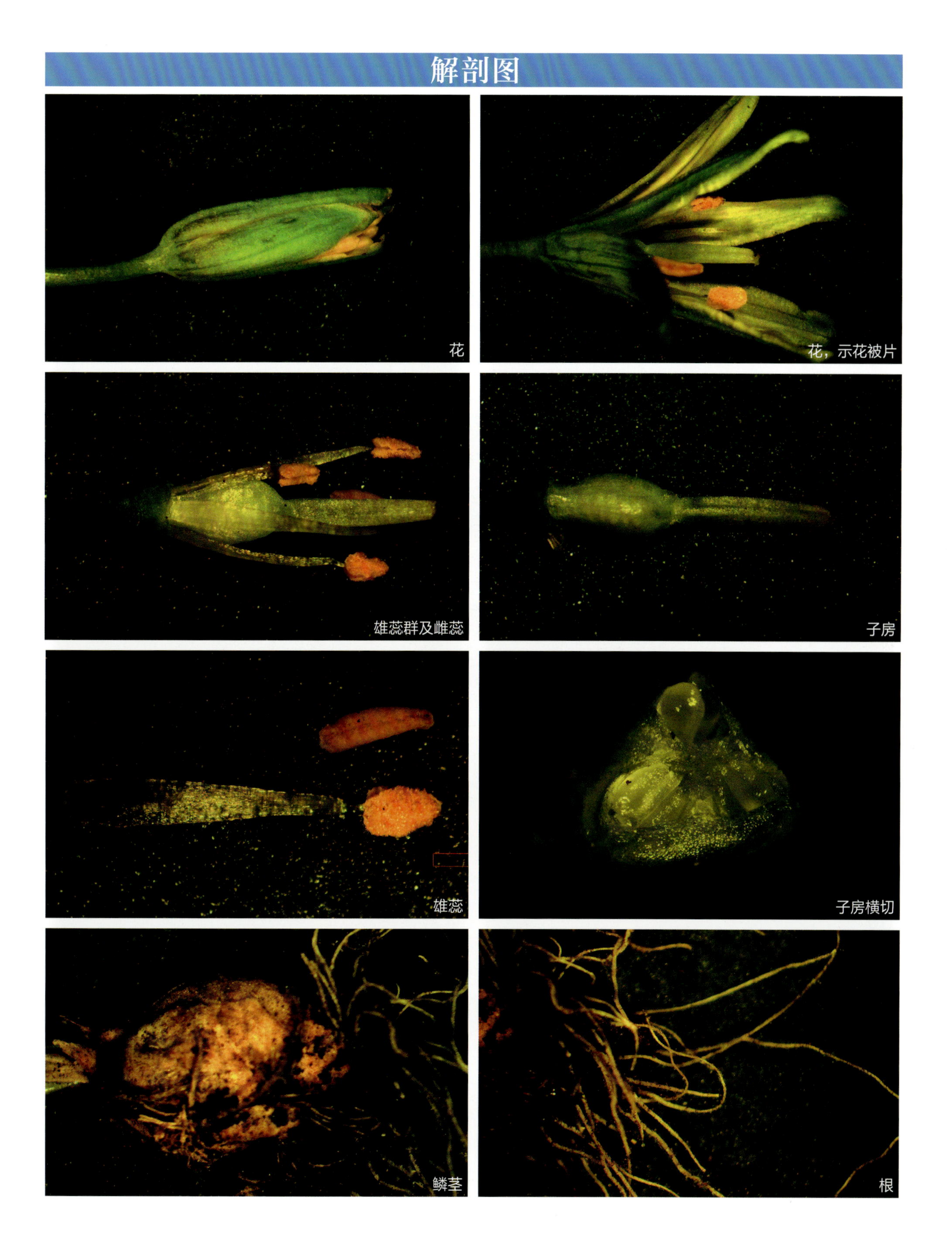

60.6 萱草 Hemerocallis fulva (L.) L.

多年生草本。根近肉质，中下部有纺锤状膨大。叶一般较宽。花早上开晚上凋谢，无香味，橘红色至橘黄色，内花被裂片下部一般有“Λ”形采斑。这些特征可以区别于我国产的其他种类。花果期为5～7月。

生于林下及林间草地。

解剖图
花骨朵
苞片
花药
子房
花柱
子房横切

60.7 舞鹤草 Maianthemum bifolium (L.) F. W. Schmidt

多年生矮小草本。根状茎细长匍匐。茎直立，高8～25厘米，不分枝。基生叶1，早落，茎生叶2，互生于茎的上部，叶柄长1～2厘米，有柔毛；叶片厚纸质，三角状卵形，长3～10厘米，宽2～5（～9）厘米，下面脉上有柔毛或微毛，边缘生柔毛或有锯齿状乳头突起，基部心形，弯缺张开，顶端尖至渐尖。总状花序顶生，长3～5厘米，有20左右花；总花轴有柔毛或乳突状毛；花白色，直径3～4毫米；花梗细，长约5毫米，基部有宿存苞片，顶端有关节；花被片4，矩圆形，长约2毫米，有1脉，广展或下弯；雄蕊4，花药长0.5毫米。浆果球形，红色到紫黑色，直径3～6毫米，有1～3粒卵形有皱纹的种子。花期5～6月，果期7～8月。

中生植物。生于高山林下。

解剖图

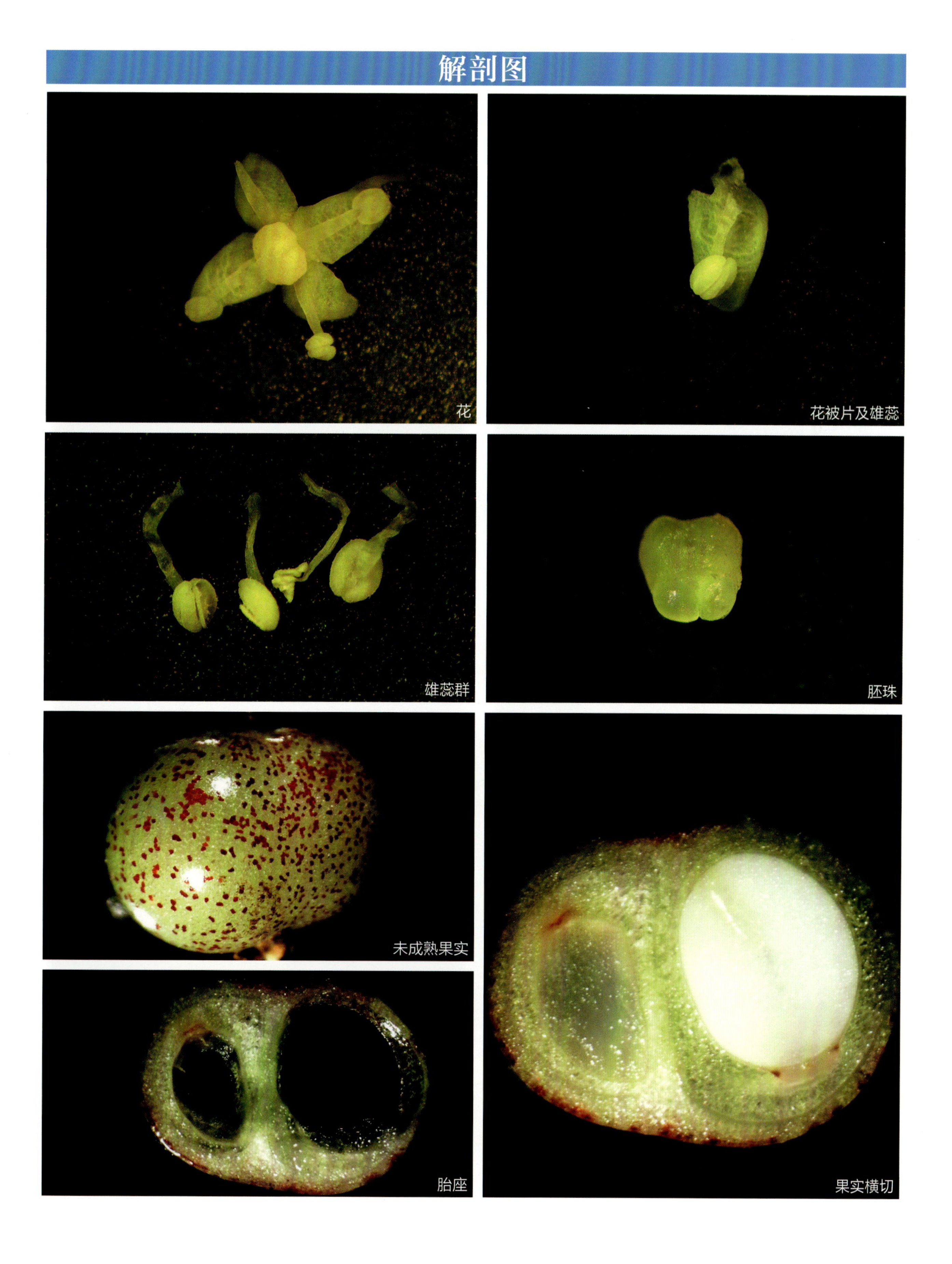
花
花被片及雄蕊
雄蕊群
胚珠
未成熟果实
胎座
果实横切

60.8 玉竹 **Polygonatum odoratum** (Mill.) Druce

多年生草本。根状茎圆柱形，直径5～14毫米。茎高20～50厘米，具7～12叶。叶互生，椭圆形至卵状矩圆形，长5～12厘米，宽3～16厘米，先端尖，下面带灰白色，下面脉上平滑至呈乳头状粗糙。花序具1～4花（在栽培情况下，可多至8花），总花梗（单花时为花梗）长1～1.5厘米，无苞片或有条状披针形苞片；花被黄绿色至白色，全长13～20毫米，花被筒较直，裂片长3～4毫米；花丝丝状，近平滑至具乳头状突起，花药长约4毫米；子房长3～4毫米，花柱长10～14毫米。浆果蓝黑色，直径7～10毫米，具7～9粒种子。花期5～6月，果期7～9月。

生于海拔500～3000米的林下或山野阴坡。

解剖图

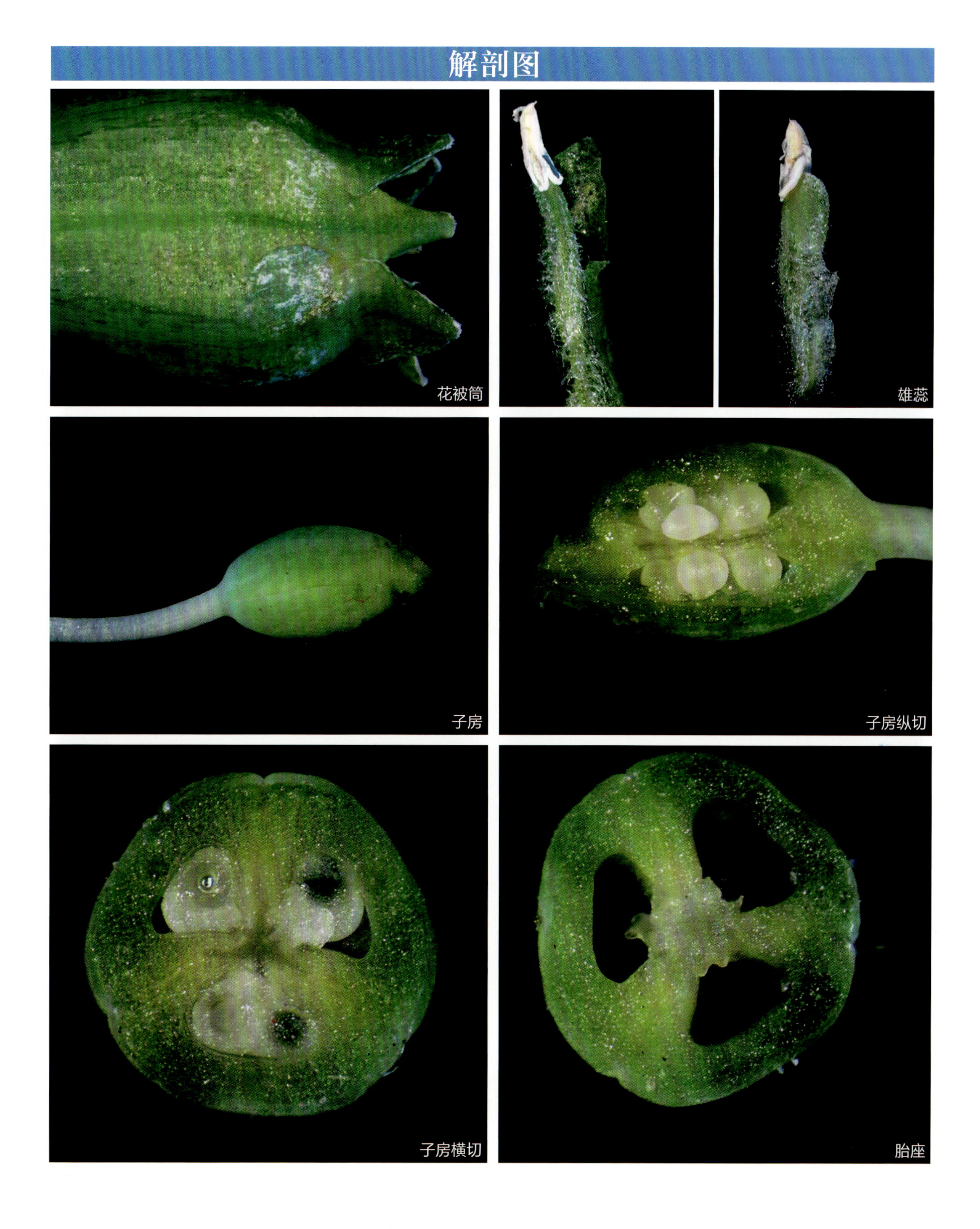

60 百合科 Liliaceae | 407

花被筒　雄蕊
子房　子房纵切
子房横切　胎座

鸭跖草科 Commelinaceae

一年生或多年生草本。茎有明显的节和节间。叶互生，有明显的叶鞘；叶鞘开口或闭合。花通常在蝎尾状聚伞花序上，聚伞花序单生或集成圆锥花序；顶生或腋生，腋生的聚伞花序有的穿透包裹它的那个叶鞘而钻出鞘外；花两性，极少单性；萼片 3，分离或仅在基部联合，常为舟状或龙骨状，有的顶端盔状；花瓣 3，分离；雄蕊 6，全育或仅 2～3 能育而有 1～3 退化雄蕊；花丝有念珠状长毛或无毛；花药并行或稍稍叉开，纵缝开裂，罕见顶孔开裂；退化雄蕊顶端各式（4 裂成蝴蝶状，或 3 全裂，或 2 裂叉开成哑铃状，或不裂）；子房 3 室，或退化为 2 室，每室有 1 至数颗直生胚珠。果实大多为室背开裂的蒴果，稀为浆果状而不裂。种子大而少数，富含胚乳，种脐条状或点状，胚盖（脐眼一样的东西，胚就在它的下面）位于种脐的背面或背侧面。

全球约 40 属 600 种，主产全球热带，少数种生于亚热带，仅个别种分布到温带。我国有 13 属 53 种，主产云南、广东、广西和海南。东北地区产 3 属 3 种。

61.1 鸭跖草 Commelina communis L.

一年生披散草本。茎匍匐生根，多分枝，长可达1米，下部无毛，上部被短毛。叶披针形至卵状披针形，长3～9厘米，宽1.5～2厘米。总苞片佛焰苞状，有1.5～4厘米的柄，与叶对生，折叠状，展开后为心形，顶端短急尖，基部心形，长1.2～2.5厘米，边缘常有硬毛；聚伞花序，下面一枝仅有花1朵，具长8毫米的梗，不孕；上面一枝具花3～4朵，具短梗，几乎不伸出佛焰苞；花梗花期长仅3毫米，果期弯曲，长不过6毫米；萼片膜质，长约5毫米，内面2枚常靠近或合生；花瓣深蓝色；内面2枚具爪，长近1厘米。蒴果椭圆形，长5～7毫米，2室，2爿裂，有种子4粒。种子长2～3毫米，棕黄色，一端平截、腹面平，有不规则窝孔。花期6～8月，果期7～9月。

常见生于湿地。

解剖图

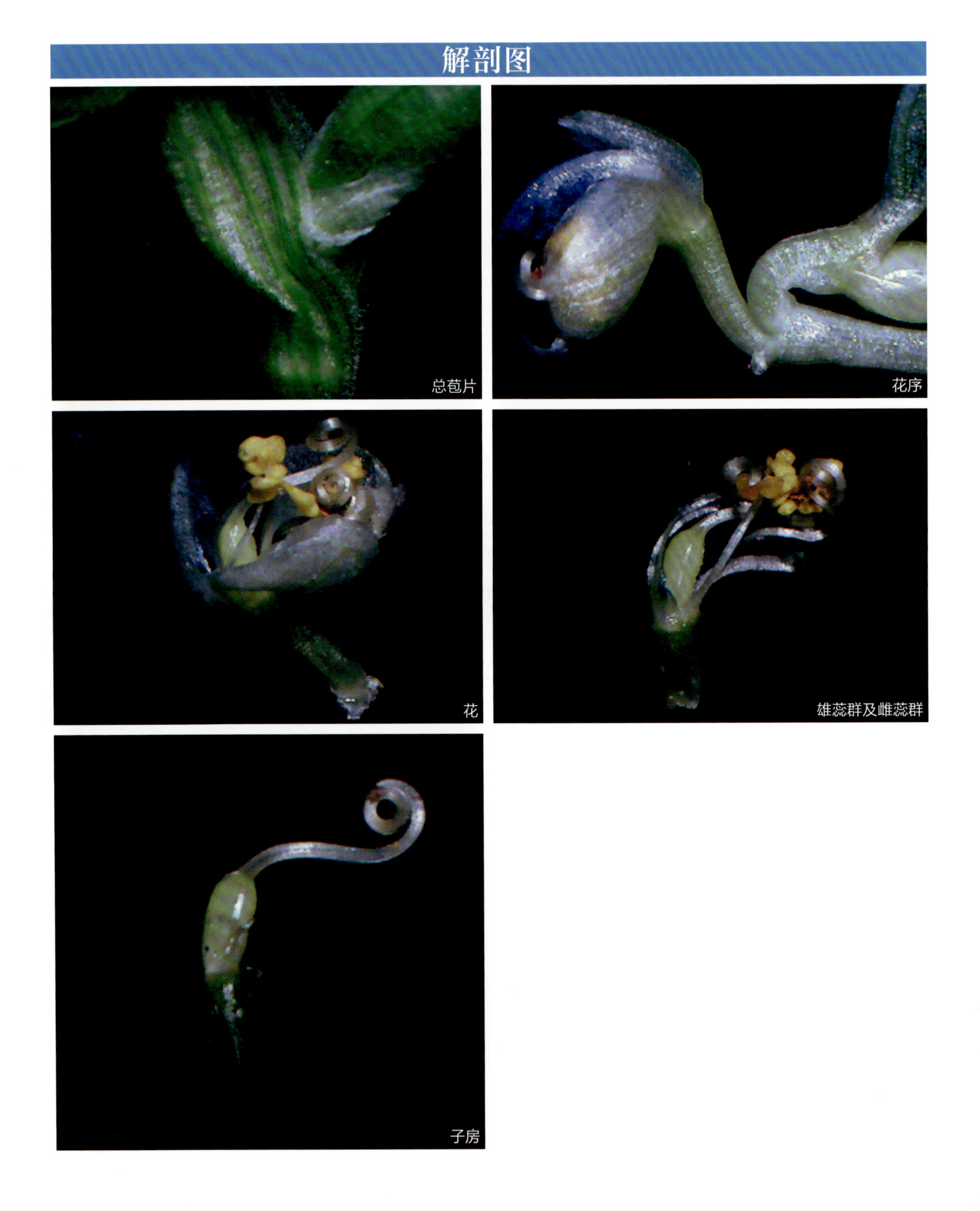

禾本科 Gramineae

植物体木本或草本。根的类型绝大多数为须根。茎多为直立，通常在其基部容易生出分蘖条，一般明显地具有节与节间两部分；节间中空，常为圆筒形，或稍扁，髓部贴生于空腔之内壁。叶为单叶互生，一般可分 3 部分：叶鞘；叶舌；叶片。花风媒，只有罕见虫媒传粉；花常无柄，在小穗轴上交互排列为 2 行以形成小穗，由它们再组合成为各式各样的复合花序，小穗轴实为一极短缩的花序轴，在其节处均可生有苞片和先出叶；一朵两性小花有：外稃；内稃；鳞被（亦称浆片）；雄蕊；雌蕊。果实通常多为颖果，其果皮质薄而与种皮愈合，此外亦可有其他类型的果实而具游离或部分游离的果皮。种子通常含有丰富的淀粉质胚乳及一小形胚体。

全球已知约 700 属近 10 000 种，世界广布 。除引种的外来种类不计外，我国有 200 余属 1500 种以上，全国各地均产。东北地区产 89 属 222 种 19 变种 1 变型。

62.1 华北剪股颖 *Agrostis clavata* Trin.

多年生草本，具细弱根茎。秆丛生，直立或基部微膝曲，高35～90厘米，直径1～2毫米，平滑，具3～4节。叶鞘无毛，一般短于节间；叶舌膜质，长2～4毫米，先端钝或撕裂，背面微粗糙；叶片扁平，线形，长6～15厘米，宽1.5～3（～5）毫米，微粗糙。圆锥花序疏松开展，长10～24厘米，宽5～10厘米，分枝纤细，微粗糙，向上伸展，每节具分枝2至多数；小穗黄绿色或带紫色，长达2.2毫米，一般为2毫米；两颖近等长，第一颖较第二颖长达0.2毫米，脊上粗糙，外稃长约1.8毫米，与颖近等长，先端钝，无芒，脉不明显，基盘两侧具长0.2毫米之毛；内稃长0.2～0.5毫米，似倒卵形，先端平截，明显具齿；花药长0.4～0.6毫米。颖果扁平，纺锤形，长约1.2毫米。花果期夏秋季。

生于林下、林边、丘陵、河沟及路旁潮湿地。

解剖图

62.2 菵草 Beckmannia syzigachne (Steud.) Fern.

一年生直立草本。秆直立，高 15 ～ 30 厘米。叶鞘无毛，叶舌长 1.5 ～ 3 毫米；叶片扁平，宽 3 ～ 10 毫米。圆锥花序狭窄，长 10 ～ 30 厘米，由多数直立、长为 1 ～ 5 厘米的穗状花序稀疏排列而成；倒卵圆形，灰绿色，长 2.5 ～ 2.8 毫米，宽 1.2 ～ 1.4 毫米，成覆瓦状排列于穗轴的一侧，含 1 小花，脱节于颖之下；颖等长，厚草质，有淡绿色横脉；外稃披针形，具 5 脉，内稃稍短于外稃。花果期 4 ～ 10 月。

多生于海拔 3700 米以下的水边和潮湿地。

解剖图

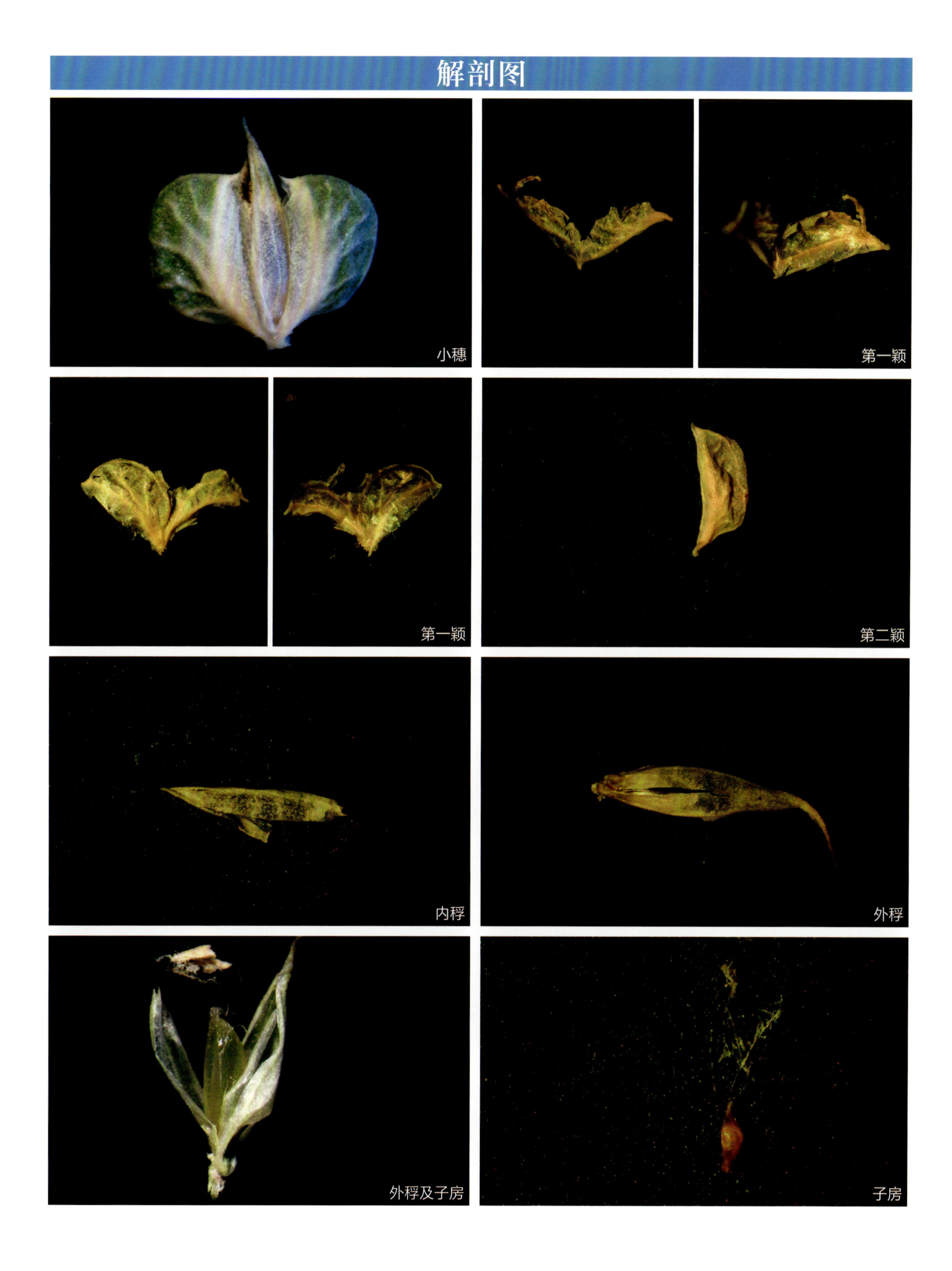
小穗
第一颖
第一颖
第二颖
内稃
外稃
外稃及子房
子房

62.3 拂子茅 Calamagrostis epigeios (L.) Roth

多年生草本，具根状茎。秆直立，高 50 ～ 100 厘米，有时高达 200 厘米，通常较粗壮，具 2 ～ 4 节，花序以下部分常粗糙。叶鞘稍平滑或粗糙；叶舌膜质，长 14 ～ 20 厘米，少有达 30 厘米，宽 4 ～ 13 毫米，表面粗糙，背面光滑。圆锥花序长圆形，劲直，较密而窄，长 20 ～ 35 厘米，宽 2 ～ 6 厘米；小穗线性，长 5 ～ 7 毫米，灰绿色或带淡紫色；颖草质，近等长，顶端长渐尖，长 5 ～ 7 毫米；外稃膜质，长约为颖的 1/2，顶端 2 齿，背部平滑，基盘的毛几与颖等长，背的中部或稍上伸出一细芒，其长约与外稃以至与颖等长；内稃为外稃的 1/2 ～ 2/3，顶端细齿裂；小穗轴不延伸或仅有痕迹；雄蕊 3，花药黄色，长约 1.5 毫米。花果期 7 ～ 9 月。

多生于低湿处、潮湿草地、林缘及林内草地。

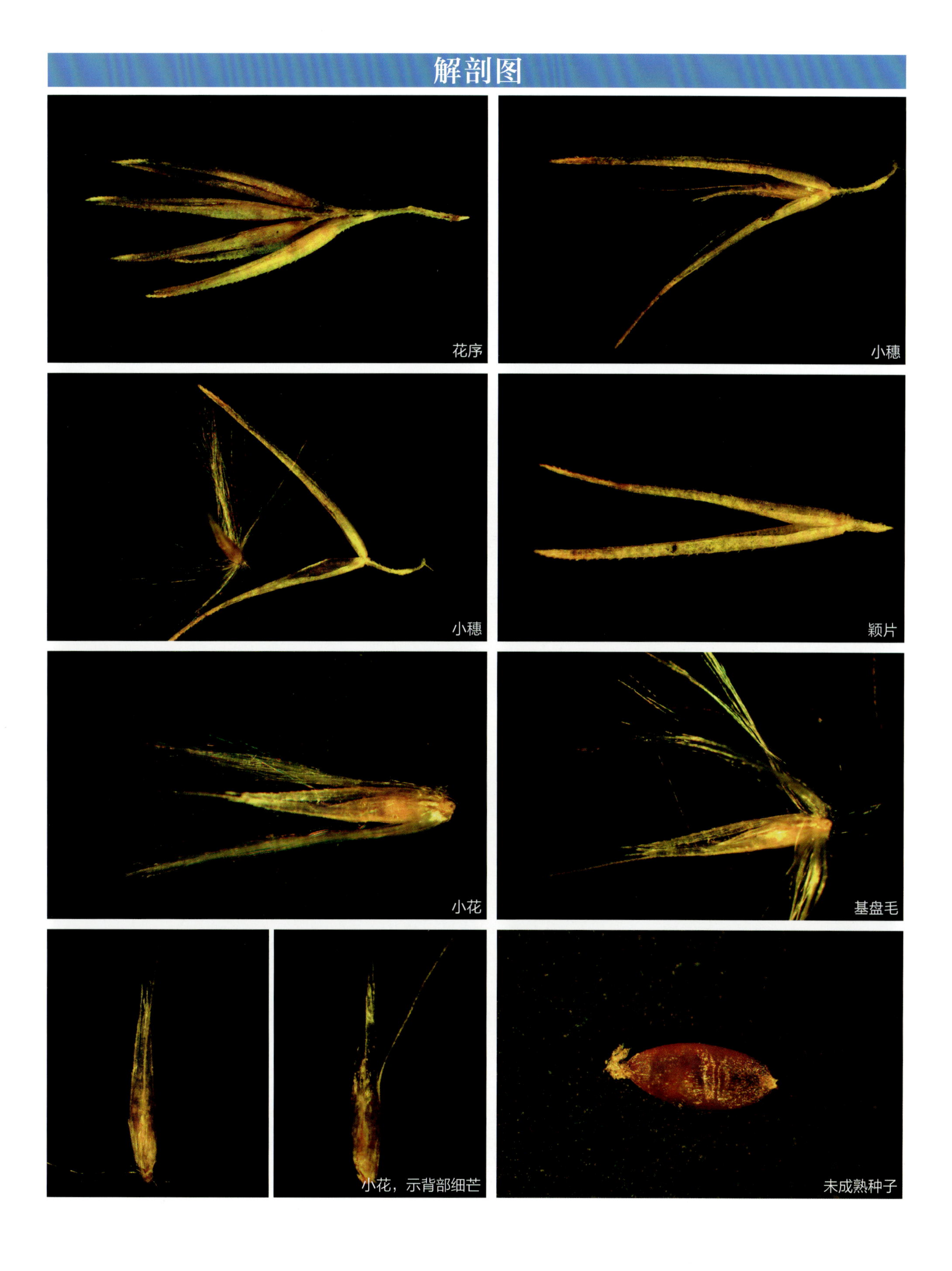
解剖图
花序
小穗
小穗
颖片
小花
基盘毛
小花，示背部细芒
未成熟种子

62.4 虎尾草 Chloris virgata Sw.

一年生草本。秆直立或基部膝曲，高 12 ～ 75 厘米，径 1 ～ 4 毫米，光滑无毛。叶鞘背部具脊，包卷松弛，无毛；叶舌长约 1 毫米，无毛或具纤毛；叶片线形，两面无毛或边缘及上面粗糙。穗状花序 5 至 10 余枚，指状着生于秆顶，常直立而并拢成毛刷状，有时包藏于顶叶之膨胀叶鞘中，成熟时常带紫色；颖膜质，1 脉；第一颖长约 1.8 毫米，第二颖等长或略短于小穗，中脉延伸成长 0.5 ～ 1 毫米的小尖头；第一小花两性，外稃纸质，两侧压扁，呈倒卵状披针形，长 2.8 ～ 3 毫米，3 脉，沿脉及边缘被疏柔毛或无毛，两侧边缘上部 1/3 处有长 2 ～ 3 毫米的白色柔毛，顶端尖或有时具 2 微齿，芒自背部顶端稍下方伸出，长 5 ～ 15 毫米；内稃膜质，略短于外稃，具 2 脊，脊上被微毛；基盘具长约 0.5 毫米的毛；第二小花不孕，长楔形，仅存外稃，长约 1.5 毫米，顶端截平或略凹，芒长 4 ～ 8 毫米，自背部边缘稍下方伸出。颖果纺锤形，淡黄色，光滑无毛而半透明，胚长约为颖果的 2/3。花果期 6 ～ 10 月。

多生于海拔可达 3700 米的路旁荒野、河岸砂地、土墙及房顶上。

解剖图

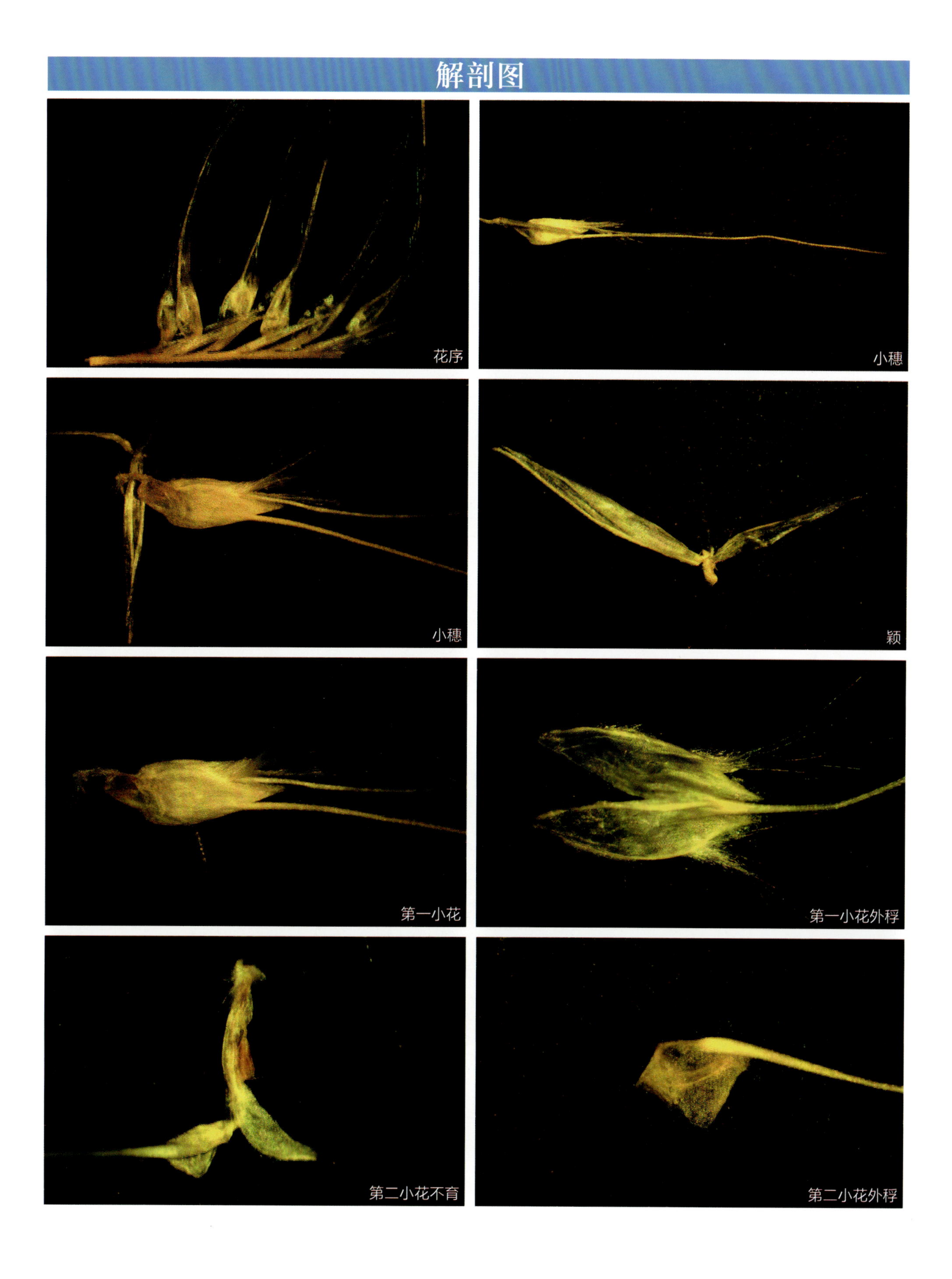

62.5 大叶章 Deyeuxia purpurea (Trin.) Kunth

多年生草本，具横走根状茎。秆直立，平滑无毛，高 90 ～ 150 厘米，径 1 ～ 4 毫米，通常具分枝。叶鞘多短于节间，平滑无毛；叶舌长圆形，长 6 ～ 10 毫米，先端钝或易破碎；叶片线形，扁平，长 15 ～ 30 厘米，宽 3 ～ 8 毫米，两面稍糙涩。圆锥花序疏松开展，近于金字塔形，长 10 ～ 20 厘米，宽 5 ～ 10 厘米，分枝细弱，粗糙，开展或上升，长 2 ～ 8 厘米，中部以下常裸露；小穗长 4 ～ 5 毫米，黄绿色带紫色或成熟之后呈黄褐色；颖片披针形，先端尖或渐尖，质薄，边缘呈膜质，两颖近等长或第二颖稍短，具 1 脉，第二颖具 3 脉，中脉具短纤毛；外稃膜质，长 3 ～ 4 毫米，顶端 2 裂，基盘两侧的柔毛近等长或稍长于稃体，芒自稃体背中部附近伸出，细直，长 3 ～ 4 毫米；内稃长为外稃的 1/2 或 2/3，延伸小穗轴长约 0.5 毫米，与其所被柔毛共长达 4 毫米；花药长 2 ～ 2.5 毫米，淡褐色。花果期 7 ～ 9 月。

生于海拔 700 ～ 3600 米的山坡草地、林下、沟谷潮湿草地。

解剖图

62.6 马唐 Digitaria sanguinalis (L.) Scop.

一年生草本。秆斜倚，高 40 ～ 100 厘米，径粗 1 ～ 3 毫米，光滑无毛。叶鞘短于节间，疏松，多少生疣基柔毛；叶舌长 1 ～ 3 毫米；叶片条状披针形，长 3 ～ 17 厘米，宽 3 ～ 12 毫米；基部圆，边缘较厚，微粗糙，具柔毛或无毛。总状花序 3 ～ 10，指状排列或下部的近于轮生；小穗长 3 ～ 3.5 毫米；第一颖微小但明显；第二颖长为小穗的 1/2 ～ 3/4，边缘有纤毛；第一外稃具 5 ～ 7 脉，脉上微粗糙，脉间距离不匀；第二外稃色淡，边缘膜质，覆盖内稃；花药长约 1 毫米。花果期 6 ～ 9 月。

生于草地及荒野路旁。

解剖图

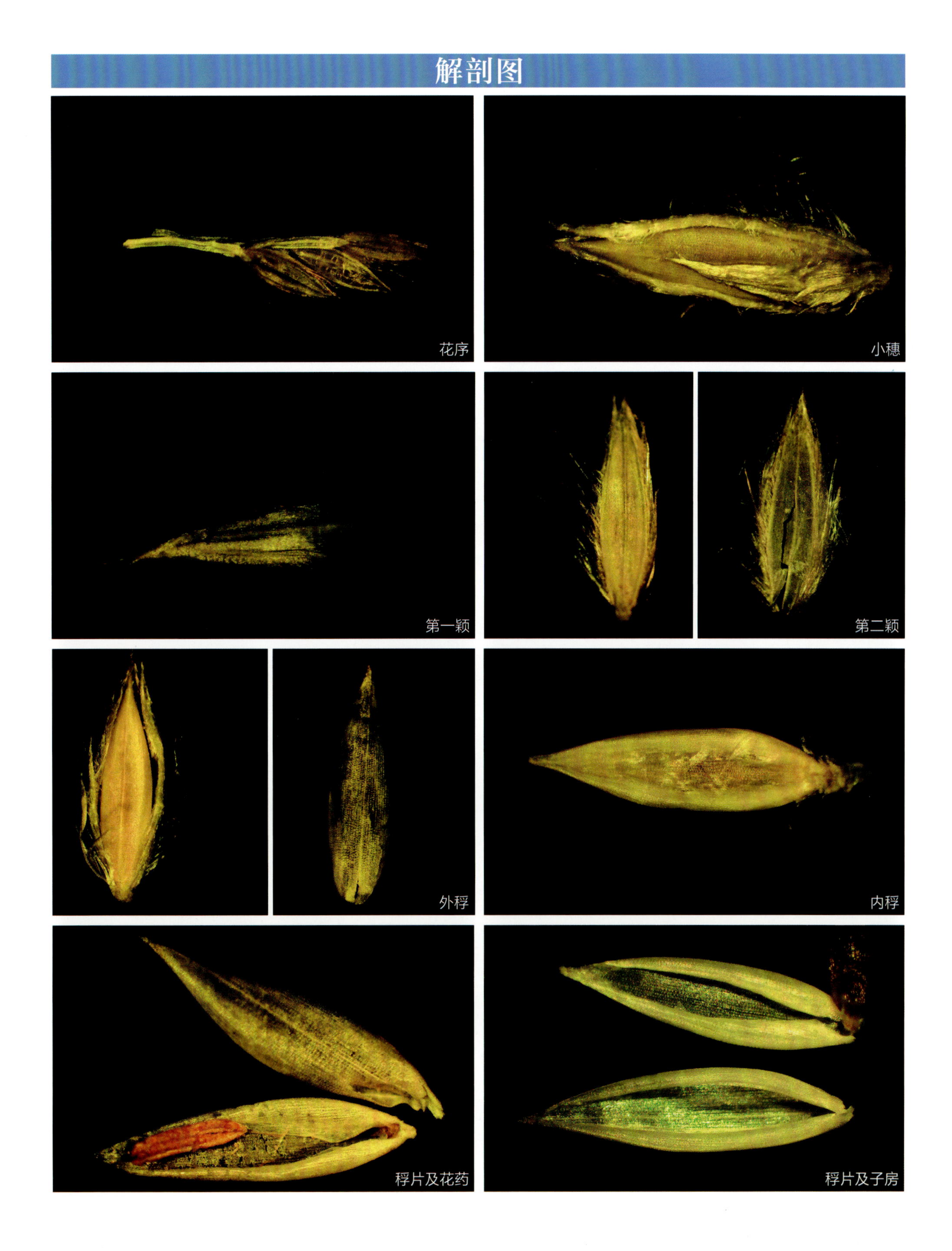

62.7 野稗 Echinochloa crusgalli (L.) Beauv.

一年生草本。秆斜升，高 50 ～ 160 厘米。叶片条形，长 10 ～ 36 厘米，宽 5 ～ 20 毫米，无毛，边缘粗糙；叶鞘疏松裹茎，平滑无毛；叶舌无。圆锥花序直立或下垂，呈不规则的塔形，长 6 ～ 20 厘米，主轴粗壮有棱，分枝斜上或贴生，分枝可再有小分枝，上部紧而下部松；穗轴粗糙，小穗卵形，密集于穗轴的一侧；长约 5 毫米，有硬疣毛；颖具 3 ～ 5 脉；第一外稃具 5 ～ 7 脉，有长 5 ～ 30 毫米的芒；第二外稃顶端有小尖头并且粗糙，边缘卷抱内稃。花果期 6 ～ 9 月。

湿生植物。生于沼泽、水湿处。

解剖图

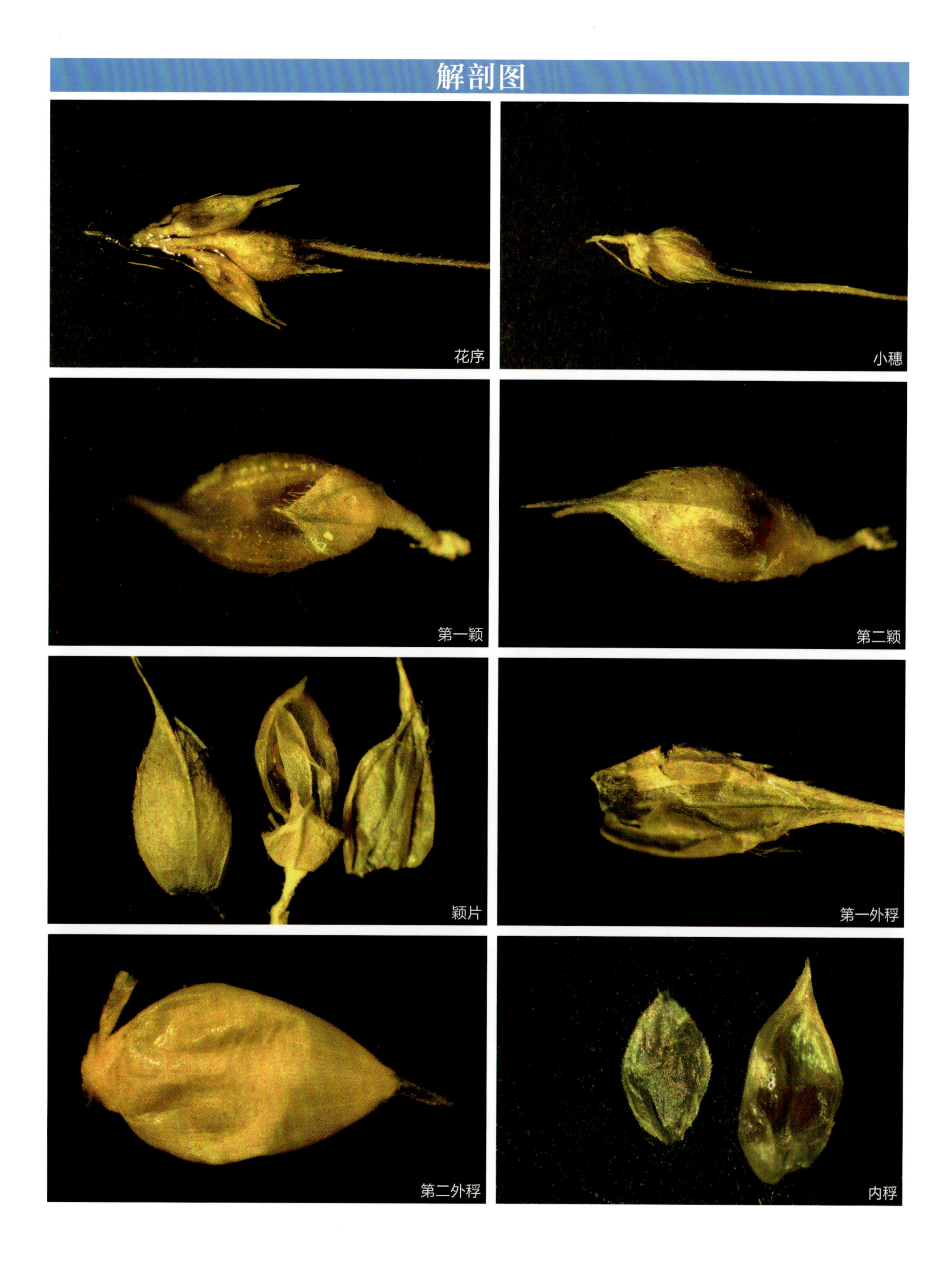

62.8 羊草 **Leymus chinensis** (Trin.) Tzvel.

多年生草本，具下伸或横走根茎；须根具沙套。秆散生，直立，高40～90厘米，具4～5节。叶鞘光滑，基部残留叶鞘呈纤维状，枯黄色；叶舌截平，顶具裂齿，纸质，长0.5～1毫米；叶片长7～18厘米，宽3～6毫米，扁平或内卷，上面及边缘粗糙，下面较平滑。穗状花序直立，长7～15厘米，宽10～15毫米；穗轴边缘具细小睫毛，节间长6～10毫米，最基部的节长可达16毫米；小穗长10～22毫米，含5～10小花，通常2枚生于1节，或在上端及基部者常单生，粉绿色，成熟时变黄；小穗轴节间光滑，长1～1.5毫米；颖锥状，长6～8毫米，等于或短于第一小花，不覆盖第一外稃的基部，质地较硬，具不显著3脉，背面中下部光滑，上部粗糙，边缘微具纤毛；外稃披针形，具狭窄膜质的边缘，顶端渐尖或形成芒状小尖头，背部具不明显的5脉，基盘光滑，第一外稃长8～9毫米；内稃与外稃等长，先端常微2裂，上半部脊上具微细纤毛或近于无毛；花药长3～4毫米。花果期6～8月。

生于平原绿洲。

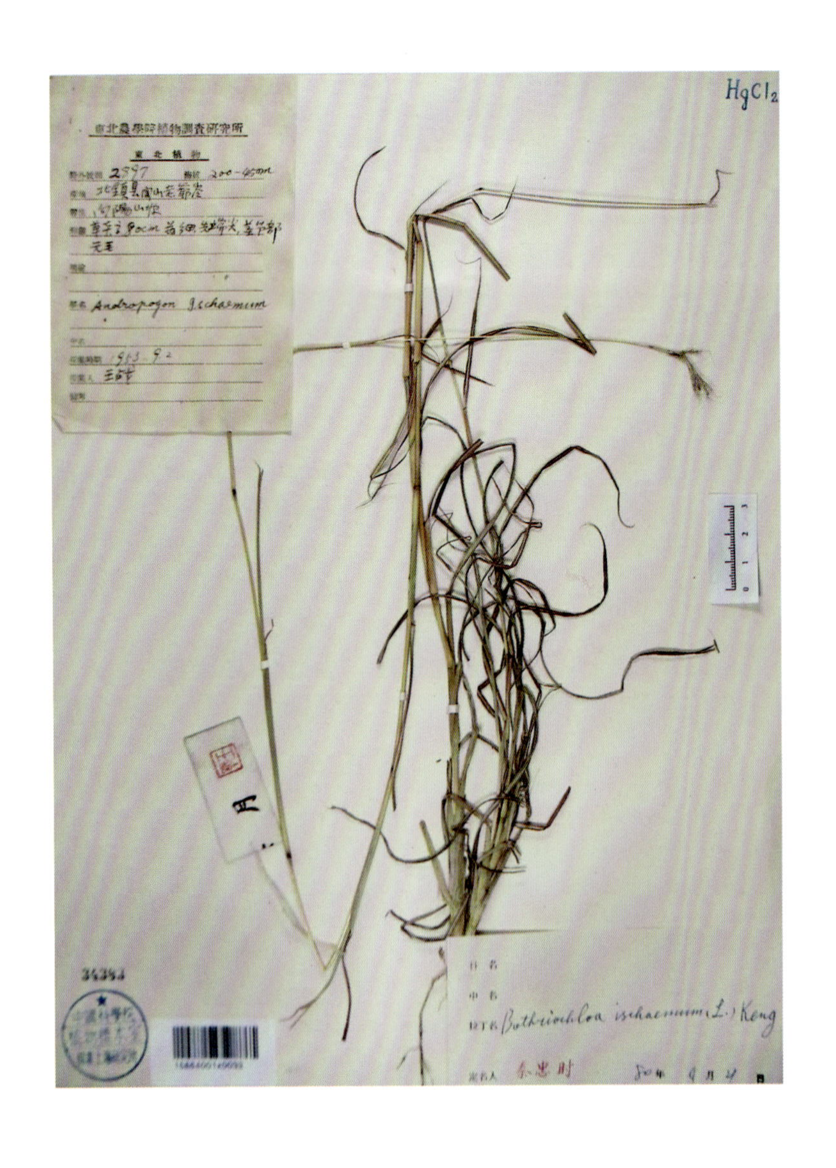

解剖图

62.9 林地早熟禾 Poa nemoralis L.

多年生草本，疏丛，不具根状茎。秆高 30 ～ 70 厘米，直立或铺散。具 3 ～ 5 节，花序以下部分微粗糙，细弱，径约 1 毫米。叶鞘平滑或糙涩，稍短或稍长于其节间，基部者带紫色，顶生叶鞘长约 10 厘米，近 2 倍短于其叶片；叶舌长 0.5 ～ 1 毫米，截圆或细裂；叶片扁平，柔软，长 5 ～ 12 厘米，宽 1 ～ 3 毫米，边缘和两面平滑无毛。圆锥花序狭窄柔弱，长 5 ～ 15 厘米，分枝开展，2 ～ 5 枚着生主轴各节，疏生 1 ～ 5 小穗，微粗糙，下部长裸露，基部主枝长约 5 厘米；小穗披针形，多含 3 朵小花，长 4 ～ 5 毫米；小穗轴具微毛；颖披针形，具 3 脉，边缘膜质，先端渐尖，脊上部糙涩，长 3.5 ～ 4 毫米，第一颖较短而狭窄；外稃长圆状披针形，先端具膜质，间脉不明显，脊中部以下与边脉下部 1/3 具柔毛，基盘具少量绵毛，第一外稃长约 4 毫米；内稃长约 3 毫米，两脊粗糙；花药长约 1.5 毫米。花期 5 ～ 6 月，果期 7 ～ 9 月。

生于海拔 1000 ～ 4200 米的山坡林地，喜阴湿生境，常见于林缘、灌丛草地。

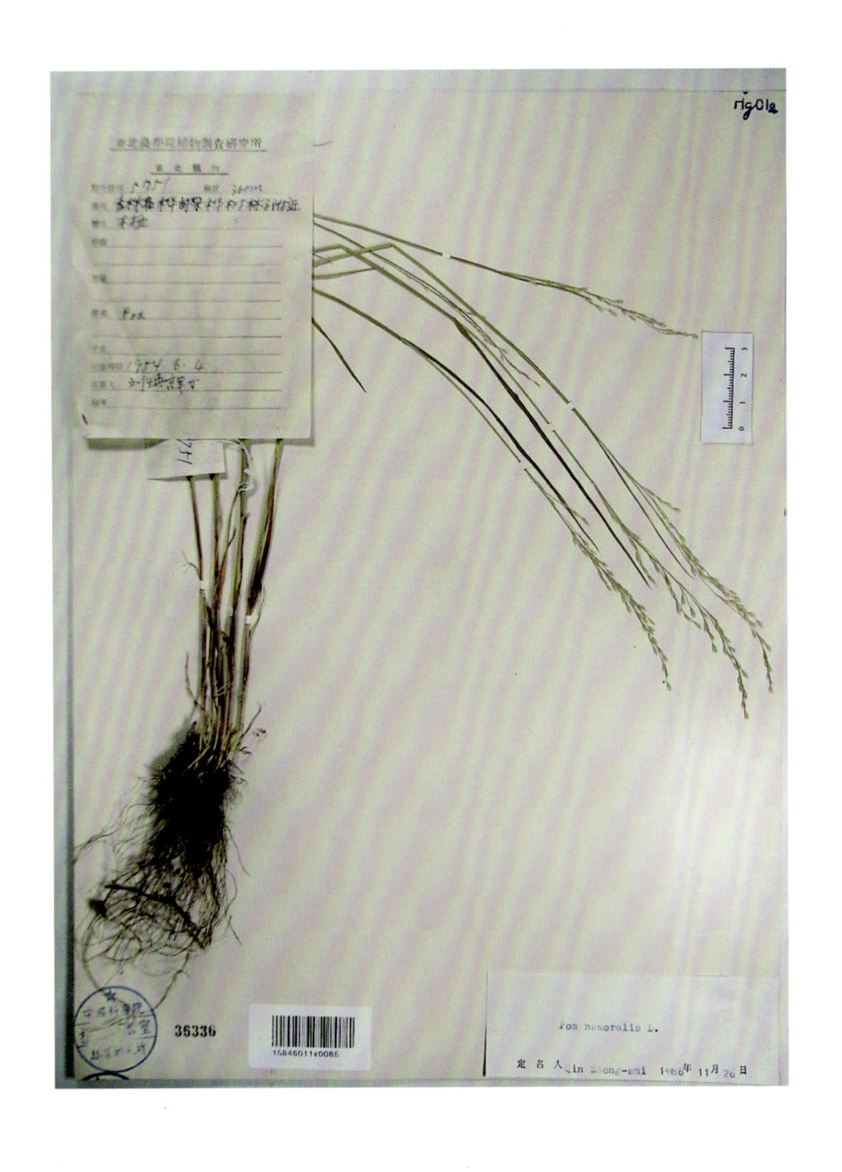

解剖图

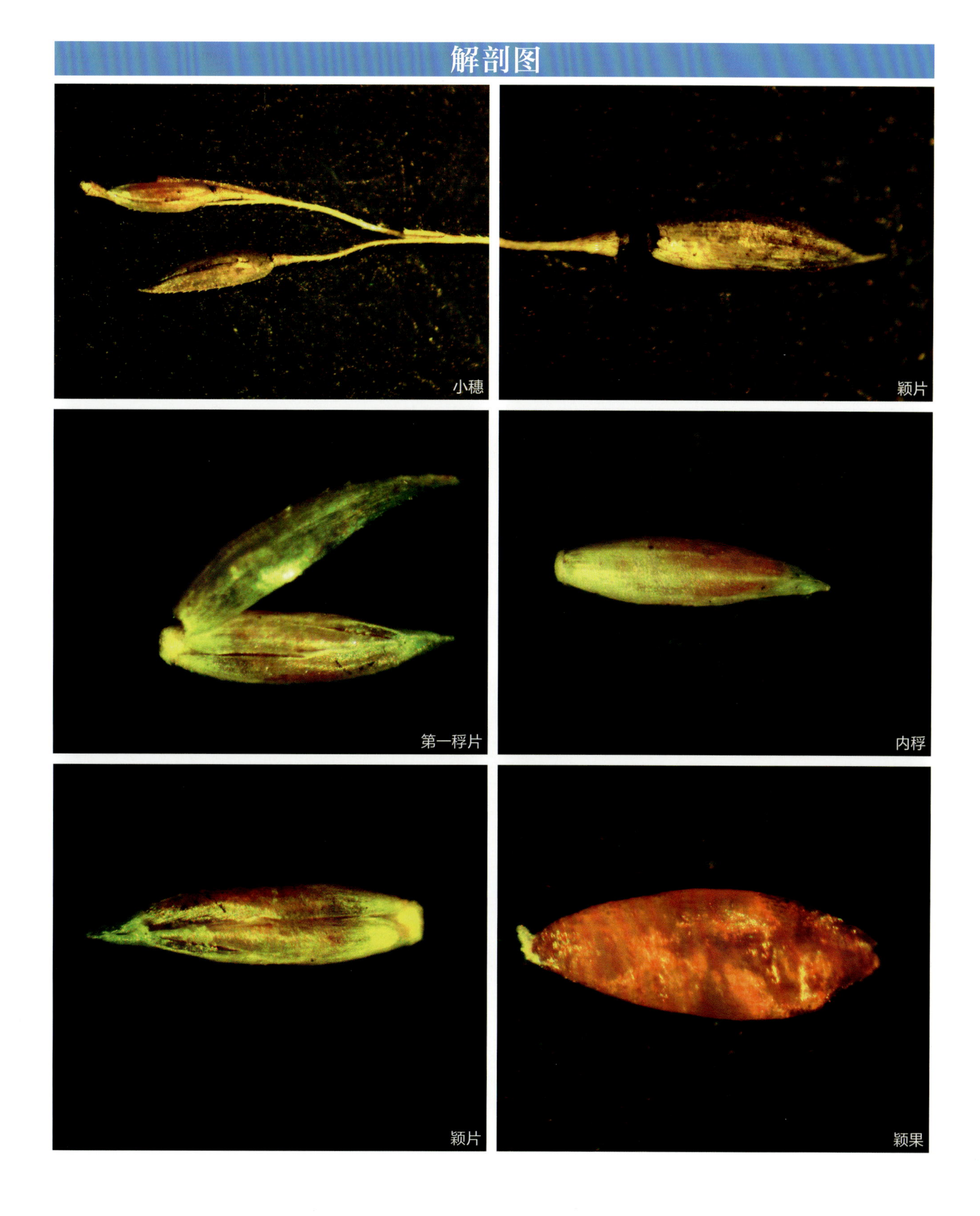

62.10 硬质早熟禾 Poa sphondylodes Trin.

多年生，密丛型草本。秆高 30～60 厘米，具 3～4 节，顶节位于中部以下，上部长裸露，紧接花序以下和节下均多少糙涩。叶鞘基部带淡紫色，顶生者长 4～8 厘米，长于其叶片；叶舌长约 4 毫米，先端尖；叶片长 3～7 厘米，宽 1 毫米，稍粗糙。圆锥花序紧缩而稠密，长 3～10 厘米，宽约 1 厘米；分枝长 1～2 厘米，4～5 枚着生于主轴各节，粗糙；小穗柄短于小穗，侧枝基部即着生小穗；小穗绿色，熟后草黄色，长 5～7 毫米，含 4～6 小花；颖具 3 脉，先端锐尖，硬纸质，稍粗糙，长 2.5～3 毫米，第一颖稍短于第二颖；外稃坚纸质，具 5 脉，间脉不明显，先端极窄膜质下带黄铜色，脊下部 2/3 和边脉下部 1/2 具长柔毛，基盘具中量绵毛，第一外稃长约 3 毫米；内稃等长或稍长于外稃，脊粗糙具微细纤毛，先端稍凹；花药长 1～1.5 毫米。颖果长约 2 毫米，腹面有凹槽。花果期 6～8 月。

生于山坡草原干燥沙地。

解剖图

62.11 纤毛鹅观草 **Elymus ciliaris** (Trin. ex Bunge) Tzvelev

多年生草本。秆单生或成疏丛，直立，基部节常膝曲，高 40 ～ 80 厘米，平滑无毛，常被白粉。叶鞘无毛，稀可基部叶鞘于接近边缘处具有柔毛；叶片扁平，长 10 ～ 20 厘米，宽 3 ～ 10 毫米，两面均无毛，边缘粗糙。穗状花序直立或多少下垂，长 10 ～ 20 厘米；小穗通常绿色，长 15 ～ 22 毫米（除芒外），含（6 ～）7 ～ 12 小花；颖椭圆状披针形，先端常具短尖头，两侧或一侧常具齿，具 5 ～ 7 脉，边缘与边脉上具有纤毛，第一颖长 7 ～ 8 毫米，第二颖长 8 ～ 9 毫米；外稃长圆状披针形，背部被粗毛，边缘具长而硬的纤毛，上部具有明显的 5 脉，通常在顶端两侧或 1 侧具齿，第一外稃长 8 ～ 9 毫米，顶端延伸成粗糙反曲的芒，长 10 ～ 30 毫米；内稃长为外稃的2/3，先端钝头，脊的上部具少许短小纤毛。花期 5 ～ 6 月，果期 6 ～ 7 月。

生于路旁或潮湿草地及山坡上。

解剖图

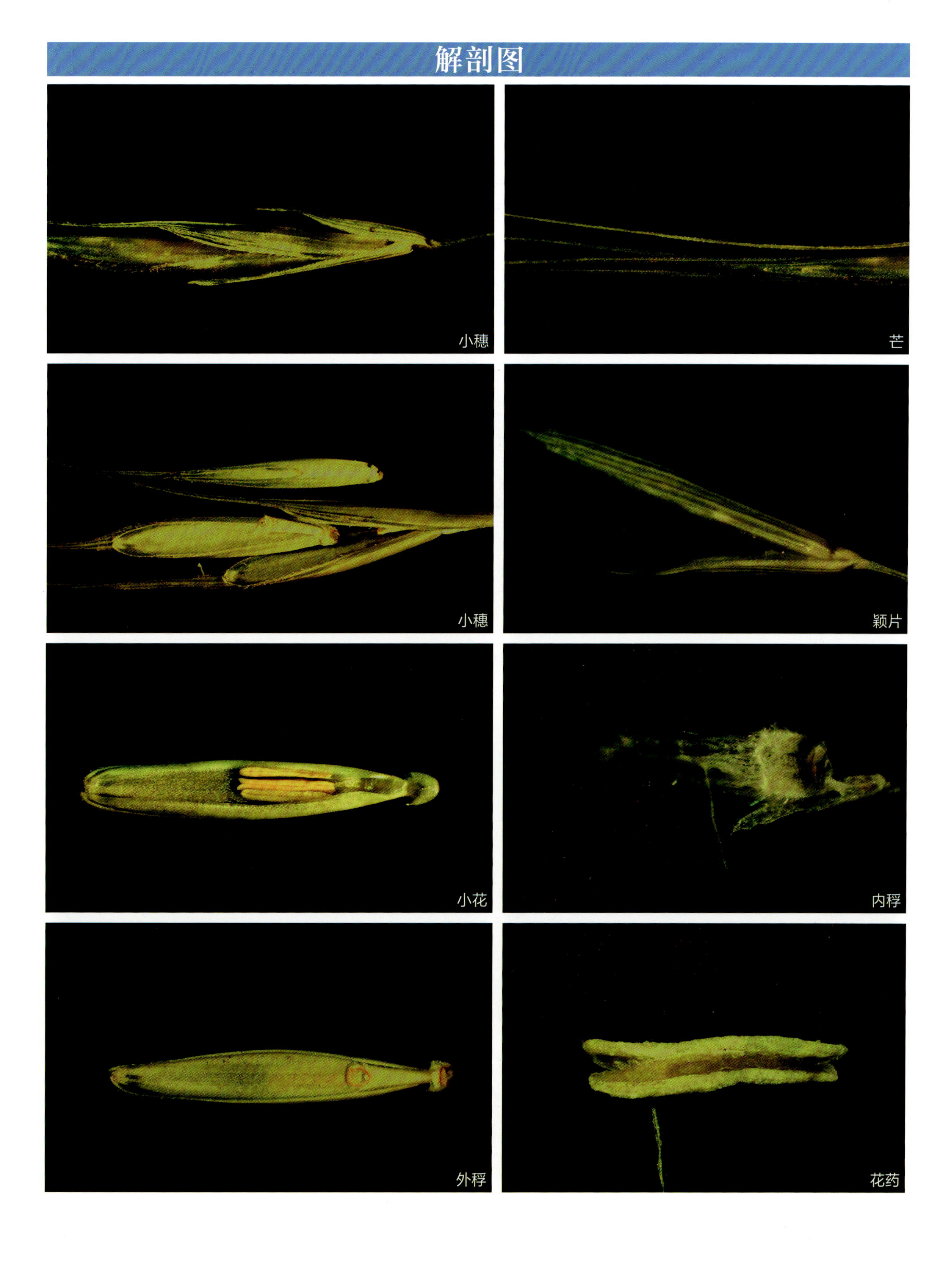

62.12 狗尾草 *Setaria viridis* (L.) P. Beauv.

一年生草本。秆直立，基部膝曲并有支持根，高 10 ～ 100 厘米，基部径 3 ～ 7 毫米。叶片条状披针形，基部钝圆，长 3 ～ 25 厘米，宽 2 ～ 10 厘米，无毛；叶鞘松弛，无毛或具柔毛，边缘具较长柔毛；叶舌较短，有 1 ～ 2 毫米的纤毛。圆锥花序紧密呈柱状，长 2 ～ 15 厘米；小穗长 2 ～ 2.5 毫米，2 至数枚成簇生于缩短的分枝上，基部有刚毛状小枝 1 ～ 6，成熟后与刚毛分离而脱落；第一颖长为小穗的 1/3；第二颖与小穗等长或稍短；第二外稃有细点状皱纹，成熟时背部稍隆起，边缘卷抱内稃。颖果灰白色。花果期 5 ～ 10 月。

生于海拔 4000 米以下的荒野、道旁。

解剖图

62.13 西伯利亚三毛草 Trisetum sibiricum Rupr.

多年生草本，具短根茎。秆直立或基部稍膝曲，光滑，少数丛生，具 3 ～ 4 节。叶鞘基部多少闭合，上部松弛，光滑无毛或粗糙，基部者长于节间，上部者短于节间；叶舌膜质，先端不规则齿裂；叶片扁平，绿色，粗糙或上面具短柔毛。圆锥花序狭窄且稍疏松，狭长圆形或长卵圆形；小穗黄绿色或褐色，有光泽，含 2 ～ 4 小花；小穗轴节间长 1.5 ～ 2 毫米，被长 0.5 ～ 1.5 毫米的毛；两颖不等，先端渐尖，有时为褐色或紫褐色，光滑无毛，第一颖长 4 ～ 6 毫米，具 1 脉，第二颖长 5 ～ 8 毫米，具 3 脉；外稃硬纸质，褐色，顶端 2 微齿裂，背部粗糙，第一外稃长 5 ～ 7 毫米，基盘钝，具短毛或毫毛，自稃体顶端以下约 2 毫米处伸出 1 芒，其芒长 7 ～ 9 毫米，有时为紫色（常生于海拔 3500 米以上者），向外反曲，下部直立或微扭转；内稃略短于外稃，顶端微 2 裂，具 2 脊，脊上粗糙；鳞被 2，透明膜质，卵形或矩圆形，长 0.5 ～ 1 毫米，顶端不规则齿裂；雄蕊 3，花药黄色或顶端为紫色，长 2 ～ 3 毫米。花果期 6 ～ 8 月。

生于海拔 750 ～ 4200 米的山坡草地、草原上或林下、灌丛中潮湿处。

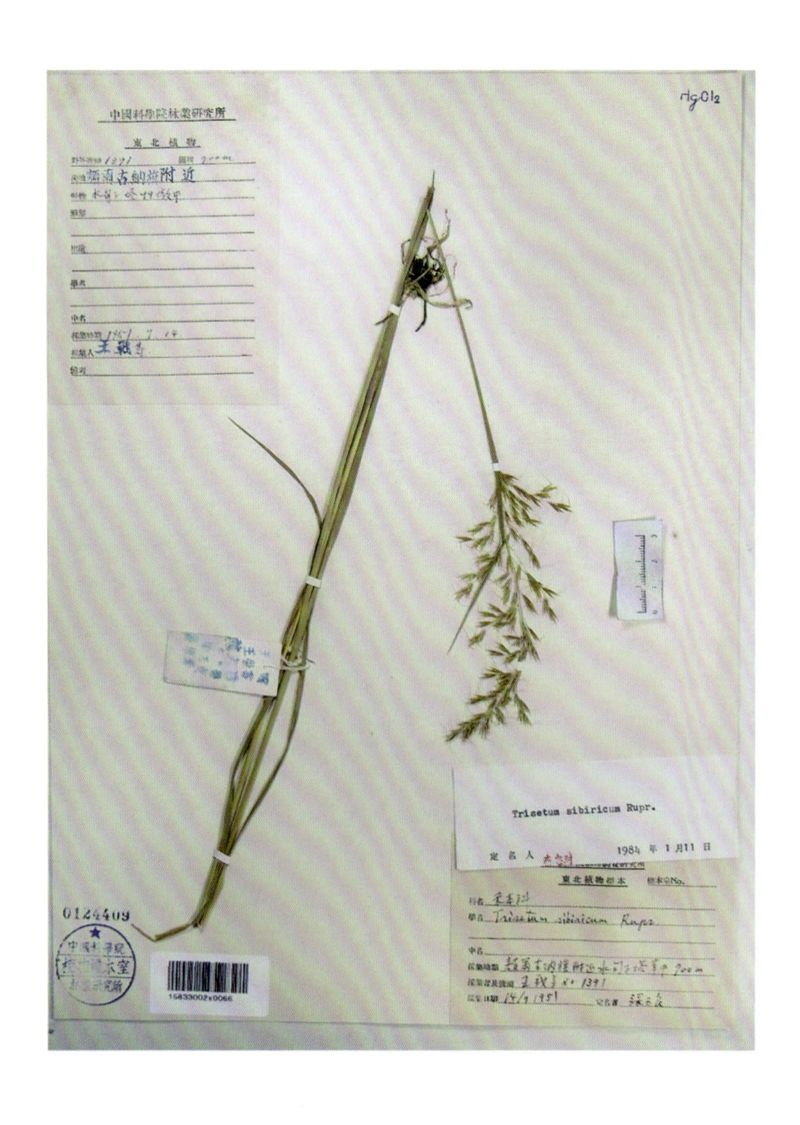

解剖图

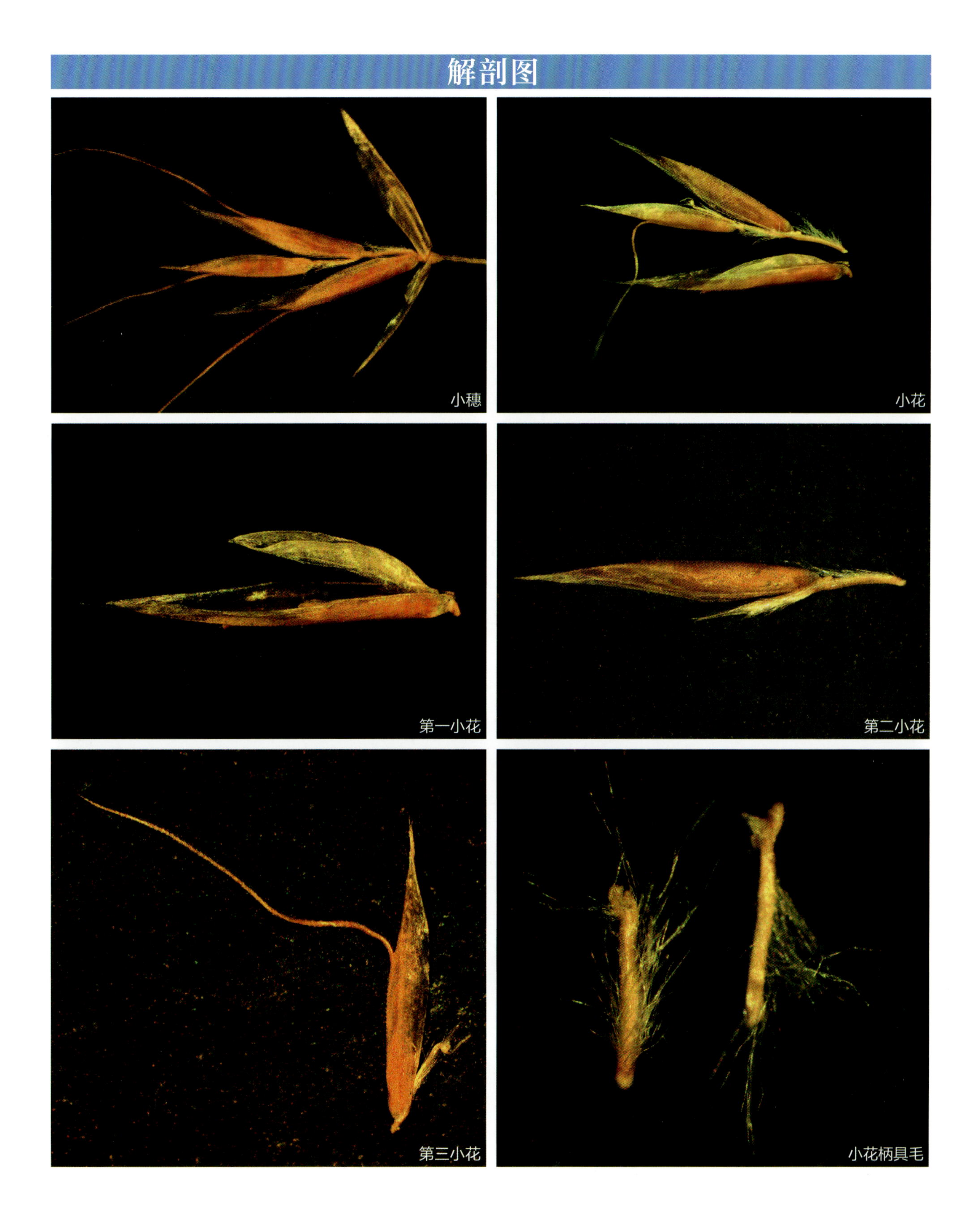
小穗
小花
第一小花
第二小花
第三小花
小花柄具毛

63

天南星科 Araceae

草本植物，具块茎或伸长的根茎；稀为攀援灌木或附生藤本，富含苦味水汁或乳汁。叶单一或少数，通常基生，叶柄基部或一部分鞘状；叶片全缘时多为箭形、戟形，或掌状、鸟足状、羽状或放射状分裂；大都具网状脉，稀具平行脉。花小或微小，常极臭，排列为肉穗花序；花序外面有佛焰苞包围；花两性或单性；花单性时雌雄同株（同花序）或异株；两性花有花被或否；雄蕊通常与花被片同数且与之对生、分离；花药 2 室；花粉分离或集成条；假雄蕊（不育雄蕊）常存在；子房上位或稀陷入肉穗花序轴内，1 至多室，基底胎座、顶生胎座、中轴胎座或侧膜胎座，胚珠直生、横生或倒生，1 至多；花柱不明显，宿存或脱落。果为浆果，极稀紧密结合而为聚合。种子 1 至多数，外种皮肉质，内种皮光滑，有窝孔，具疣或肋状条纹。

全球 115 属 2000 余种，分布于热带和亚热带，92%的属是热带的，绝大多数的属不是限于东半球，即是限于西半球。我国有 35 属 205 种，其中有 4 属 20 种系引种栽培，南北均产。东北地区产 7 属 11 种 2 变种 5 变型。

63.1 东北天南星 *Arisaema amurense* Maxim.

多年生草本。块茎小，近球形，直径1～2厘米。鳞叶2，线状披针形，锐尖，膜质，内面的长9～15厘米。叶1，叶柄下部1/3具鞘，紫色；叶片鸟足状分裂，裂片5，倒卵形，倒卵状披针形或椭圆形，先端短渐尖或锐尖，基部楔形，中裂片具长0.2～2厘米的柄，侧裂片具长0.5～1厘米共同的柄，与中裂片近等大；侧脉脉距0.8～1.2厘米，集合脉距边缘3～6毫米，全缘。佛焰苞长约10厘米，管部漏斗状，白绿色，长5厘米，上部粗2厘米，喉部边缘斜截形，狭外，卷；檐部直立，卵状披针形，渐尖，绿色或紫色具白色条纹；肉穗花序单性，雄花序长约2厘米，上部渐狭，花疏；雌花序短圆锥形；各附属器具短柄，棒状，基部截形，粗4～5毫米，向上略细，先端钝圆；雄花具柄，花药2～3，药室近圆球形，顶孔圆形；雌花：子房倒卵形，柱头大，盘状，具短柄。浆果红色。种子4粒，红色，卵形。肉穗花序轴常于果期增大，基部粗可达2.8厘米，果落后紫红色。花期5月，果成熟期9月。

生于海拔50～1200米的林下和沟旁。

解剖图

莎草科 Cyperaceae

多年生草本，较少为一年生，多数具根状茎少有兼具块茎，大多数具有三棱形的秆。叶基生和秆生，一般具闭合的叶鞘和狭长的叶片，或有时仅有鞘而无叶片。花序多种多样，有穗状花序，总状花序，圆锥花序，头状花序或长侧枝聚伞花序；小穗单生，簇生或排列成穗状或头状，具 2 至多数花，或退化至仅具 1 花；花两性或单性，雌雄同株，少有雌雄异株，着生于鳞片（颖片）腋间，鳞片复瓦状螺旋排列或 2 列，无花被或花被退化成下位鳞片或下位刚毛，有时雌花为先出叶所形成的果囊所包裹；雄蕊 3，少有 1～2，花丝线形，花药底着；子房 1 室，具 1 胚珠，花柱单一，柱头 2～3。果实为小坚果，三棱形，双凸状，平凸状，或球形。

全球 80 余属 4000 余种，世界广布。我国有 28 属 500 余种，广布于全国，多生于潮湿处或沼泽中。东北地区产 14 属 199 种 15 变种 5 变型。

64.1 大穗薹草 Carex rhynchophysa C. A. Mey.

多年生草本。根状茎较粗，具地下匍匐茎。秆高60～100厘米，粗壮，三棱形，下部平滑，上端稍粗糙，基部包以棕色或稍带红棕色的叶鞘。叶长于秆，平张，稍坚挺，具短的横隔节，具叶鞘。苞片叶状，长于秆，最下面的苞片具短鞘，上面的苞片无鞘；小穗7～11个，上端的3～7个为雄小穗，间距短，较密集，狭圆柱形；其余为雌小穗，长圆柱形，密生多数花；雄花鳞片长圆状披针形，膜质，淡黄褐色，具1条中脉；雌花鳞片长圆状披针形，顶端急尖，无短尖，膜质，淡棕色或淡黄褐色，上部边缘为白色半透明，具1条中脉；花柱细长，常多回扭曲，基部不增粗，柱头3，较花柱短得多。果囊成熟时水平张开，长于鳞片，圆卵形或宽卵形，很鼓胀，无毛，具多条脉，基部急缩成近圆形，具短柄，顶端急狭成稍长的喙，喙口具两齿；小坚果很松地包于果囊内，倒卵形，三棱形，基部具短柄。花果期6～7月。

生于沼泽地、河边、湖边潮湿地。

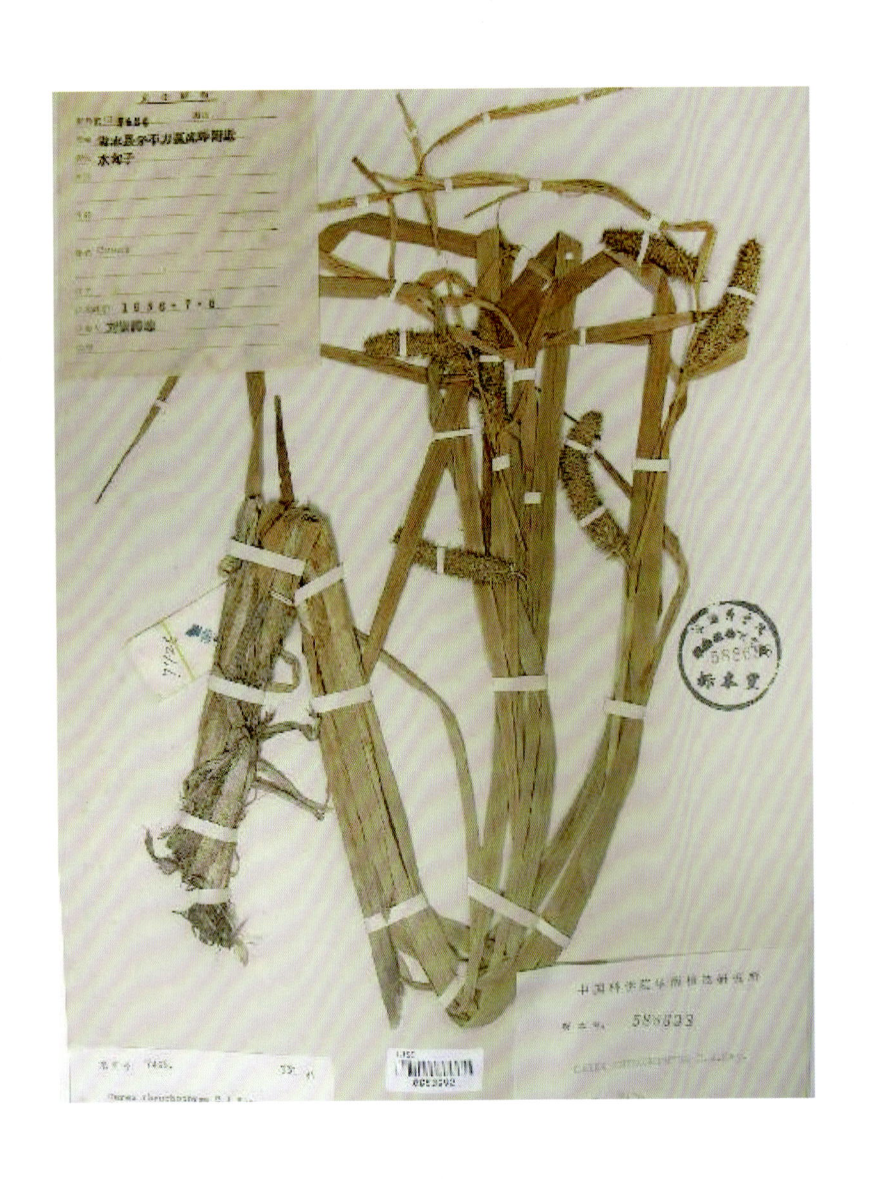

解剖图

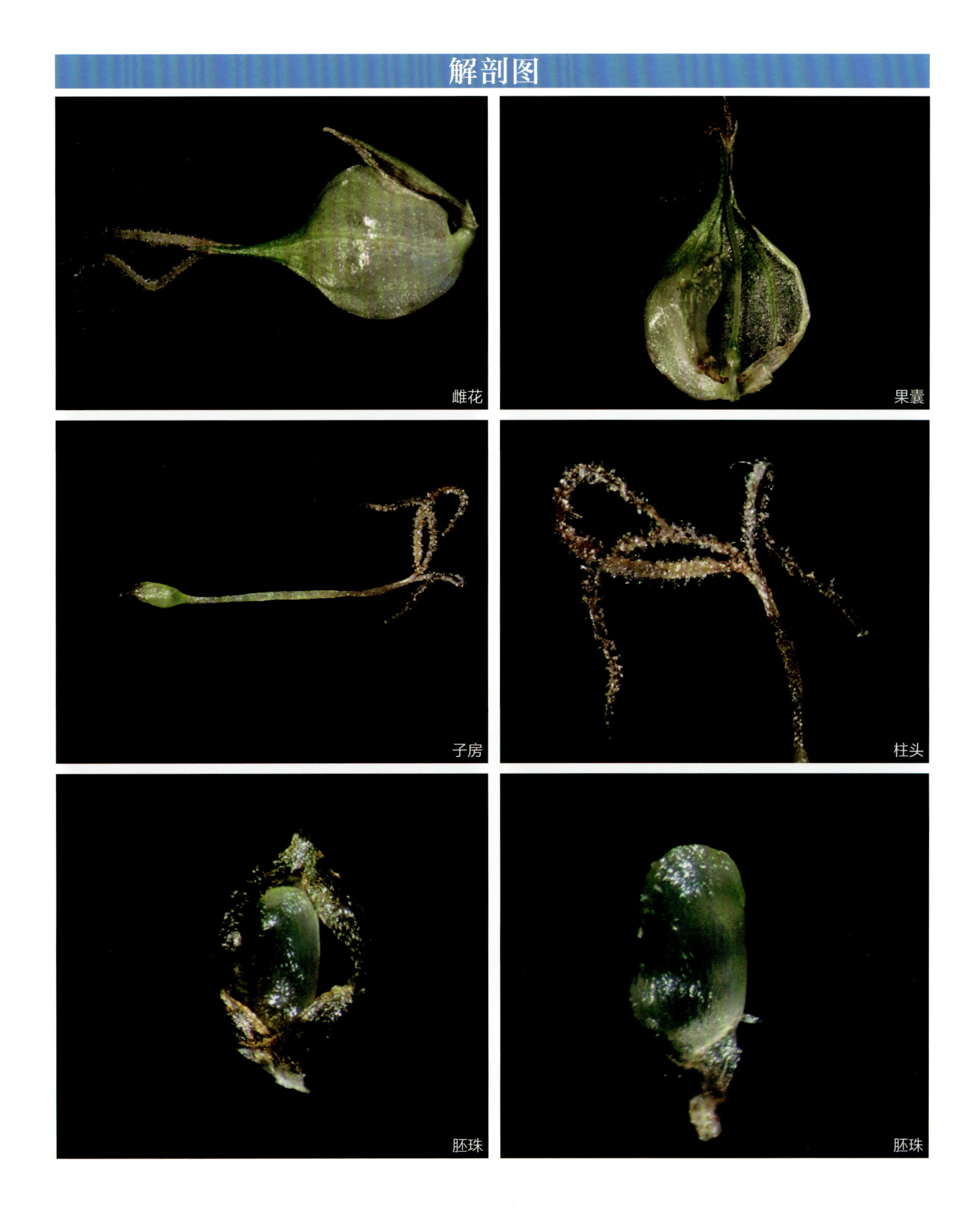

64.2 牛毛毡 **Heleocharis yokoscensis** (Franch. et Sav.) Ts. Tang et F. T. Wang

多年生草本，匍匐根状茎非常细。秆多数，细如毫发，密丛生如牛毛毡，高 2 ～ 12 厘米。叶鳞片状，具鞘，鞘微红色，膜质，管状，高 5 ～ 15 毫米。小穗卵形，顶端钝，长 3 毫米，宽 2 毫米，淡紫色，只有几朵花，所有鳞片全有花；鳞片膜质，在下部的少数鳞片近 2 列，在基部的一片长圆形，顶端钝，背部淡绿色，有 3 条脉，两侧微紫色，边缘无色，抱小穗基部一周，长 2 毫米，宽 1 毫米；其余鳞片卵形，顶端急尖，长 3.5 毫米，宽 2.5 毫米，背部微绿色，有 1 条脉，两侧紫色，边缘无色，全部膜质；下位刚毛 1 ～ 4，长为小坚果两倍，有倒刺；花柱基稍膨大呈短尖状，直径约为小坚果宽的 1/3，柱头 3。小坚果狭长圆形，无棱，呈浑圆状，顶端缢缩，不包括花柱基在内长 1.8 毫米，宽 0.8 毫米，微黄玉白色，表面细包呈横矩形网纹，网纹隆起，细密，整齐，因而呈现出纵纹 15 条和横纹约 50 条。花果期 4 ～ 11 月。

多半生于海拔 0 ～ 3000 米的水田中、池塘边或湿黏土中。

解剖图

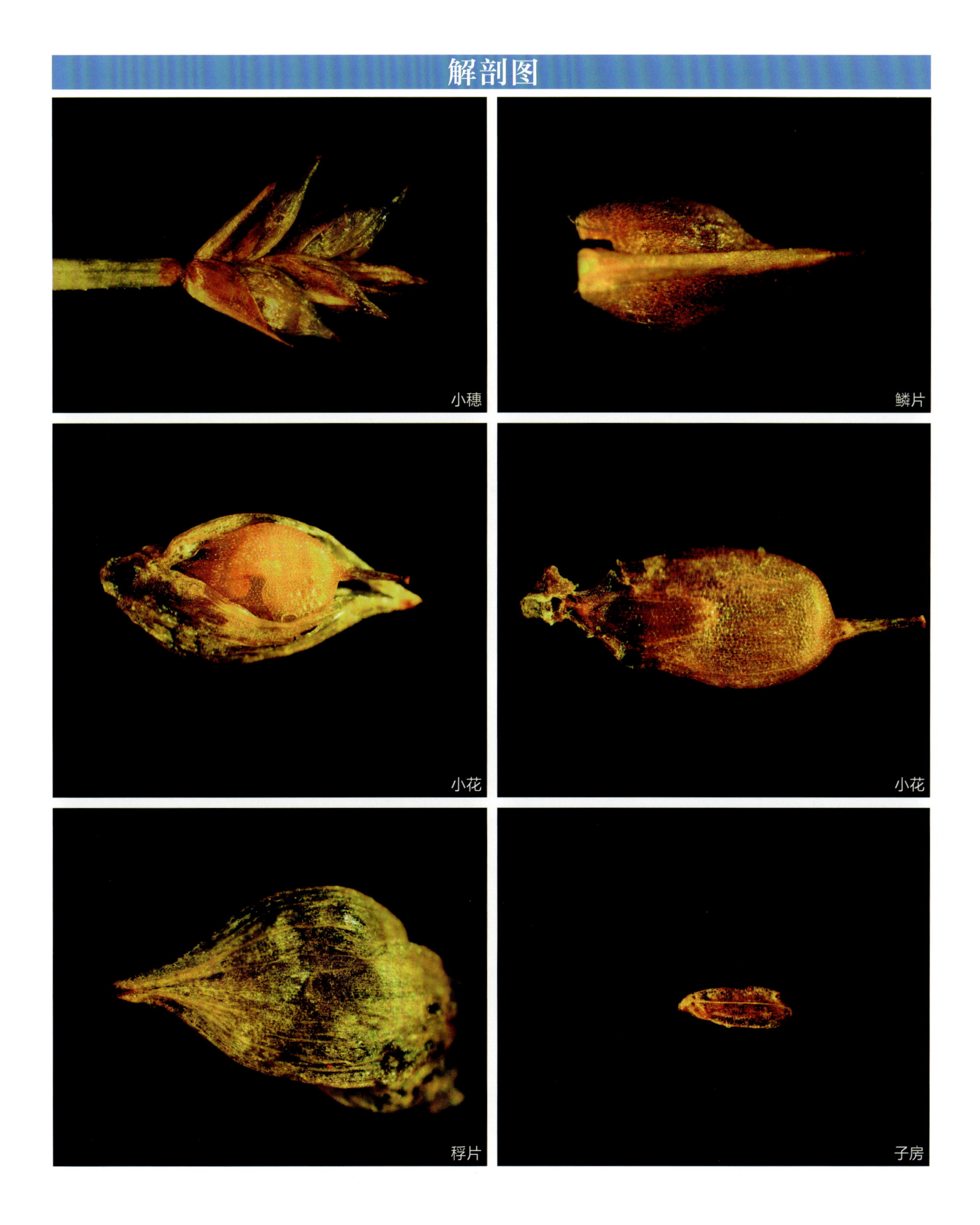

64 莎草科 Cyperaceae | 445

小穗　　鳞片
小花　　小花
稃片　　子房

64.3 扁秆藨草 **Schoenoplectus planiculmis** (F. Schmidt) Egorova

多年生草本，具匍匐根状茎和块茎。秆高 60 ～ 100 厘米，一般较细，三棱形，平滑，靠近花序部分粗糙，基部膨大，具秆生叶。叶扁平，宽 2 ～ 5 毫米，向顶部渐狭，具长叶鞘。叶状苞片 1 ～ 3，常长于花序，边缘粗糙；长侧枝聚伞花序短缩成头状，或有时具少数辐射枝，通常具 1 ～ 6 小穗；小穗卵形或长圆状卵形，锈褐色，长 10 ～ 16 毫米，宽 4 ～ 8 毫米，具多数花；鳞片膜质，长圆形或椭圆形，长 6 ～ 8 毫米，褐色或深褐色，外面被稀少的柔毛，背面具一条稍宽的中肋，顶端或多或少缺刻状撕裂，具芒；下位刚毛 4 ～ 6，上生倒刺，长为小坚果的 1/2 ～ 2/3；雄蕊 3，花药线形，长约 3 毫米，药隔稍突出于花药顶端；花柱长，柱头 2。小坚果宽倒卵形，或倒卵形，扁，两面稍凹，或稍凸，长 3 ～ 3.5 毫米。花期 5 ～ 6 月，果期 7 ～ 9 月。

生于海拔 2 ～ 1600 米的湖边、河边近水处。

解剖图

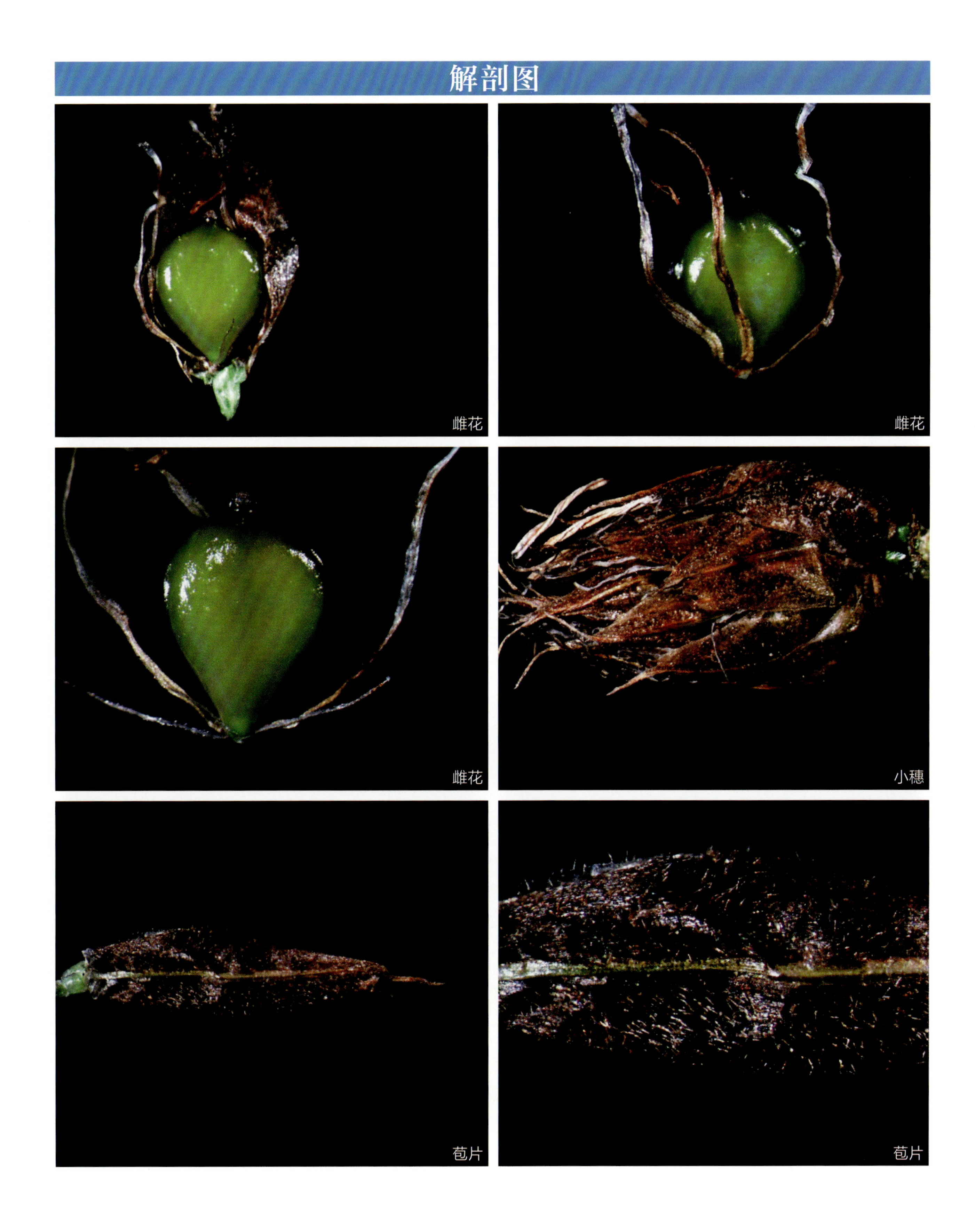

64.4 水葱 **Schoenoplectus tabernaemontani** (Gmel.) Palla

多年生草本。匍匐根状茎粗壮，具许多须根。秆高大，圆柱状，高1～2米，平滑，基部具3～4个叶鞘，鞘长可达38厘米，管状，膜质，最上面一个叶鞘具叶片。叶片线形，长1.5～11厘米。苞片1，为秆的延长，直立，钻状，常短于花序，极少数稍长于花序；长侧枝聚伞花序简单或复出，假侧生，具4～13或更多个辐射枝；辐射枝长可达5厘米，一面凸，一面凹，边缘有锯齿；小穗单生或2～3簇生于辐射枝顶端，卵形或长圆形，顶端急尖或钝圆，长5～10毫米，宽2～3.5毫米，具多数花；鳞片椭圆形或宽卵形，顶端稍凹，具短尖，膜质，长约3毫米，棕色或紫褐色，有时基部色淡，背面有铁锈色突起小点，脉1，边缘具缘毛；下位刚毛6，等长于小坚果，红棕色，有倒刺；雄蕊3，花药线形，药隔突出；花柱中等长，柱头2，罕3，长于花柱。小坚果倒卵形或椭圆形，双凸状，少有三棱形，长约2毫米。花果期6～9月。

生长在湖边或浅水塘中。

解剖图

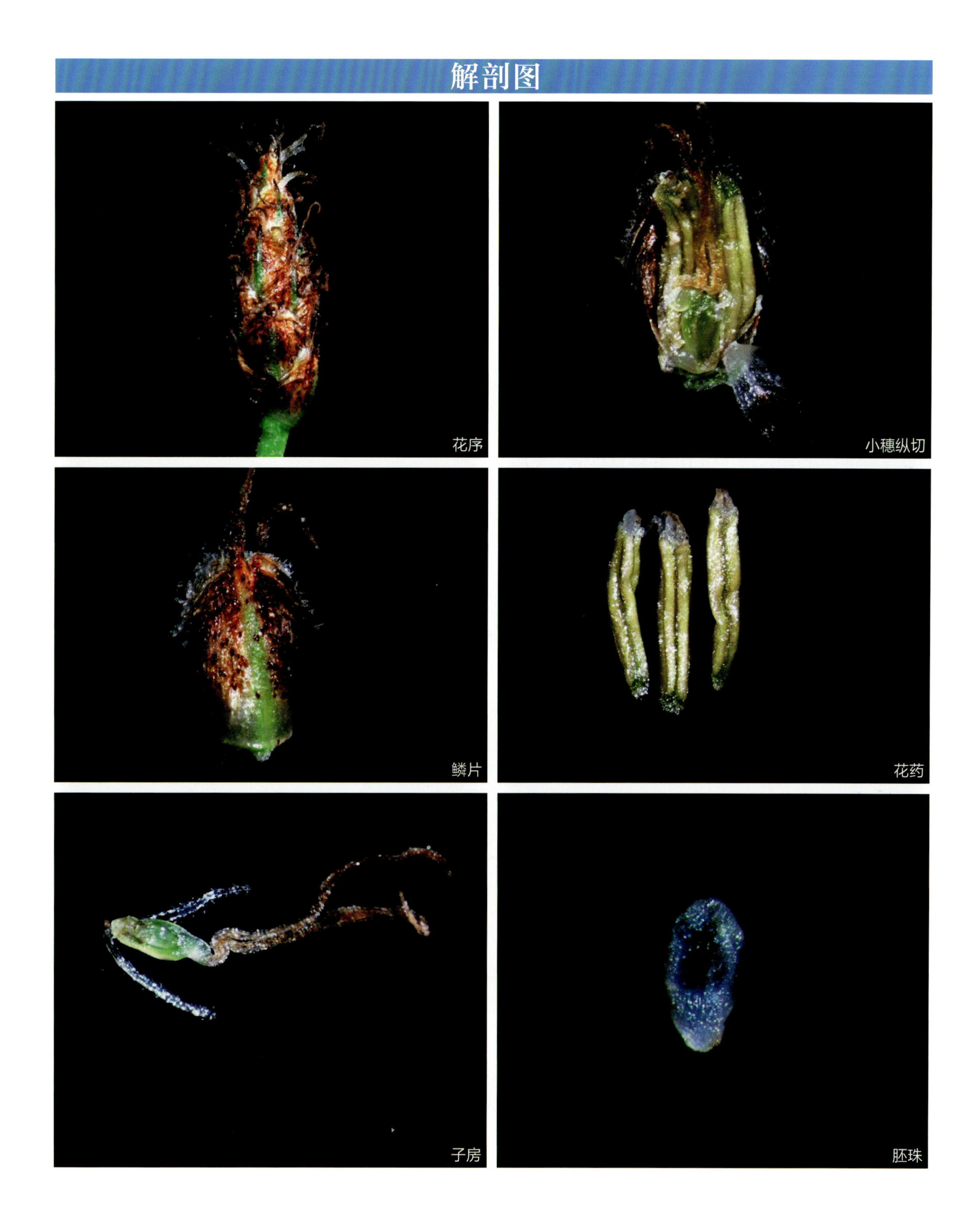

主要参考文献

董厚德. 2011. 辽宁植被与植被区划. 沈阳: 辽宁大学出版社.

董世林, 等. 1992a. 黑龙江省植物志. 第四卷. 哈尔滨: 东北林业大学出版社.

董世林, 等. 1992b. 黑龙江省植物志. 第五卷. 哈尔滨: 东北林业大学出版社.

傅沛云. 1995. 东北植物检索表. 第二版. 北京: 科学出版社.

傅沛云. 1998. 东北草本植物志. 第十二卷. 北京: 科学出版社.

李冀云. 2004. 东北草本植物志. 第九卷. 北京: 科学出版社.

李建东, 吴榜华, 盛连喜. 2001. 吉林植被. 长春: 吉林科学技术出版社.

李晶, 苍晶, 张金龙. 2014. 黑龙江常见野生植物图鉴. 北京: 高等教育出版社.

李书心, 刘淑珍, 曹伟. 2005. 东北草本植物志. 第八卷. 北京: 科学出版社.

刘慎谔. 1959. 东北植物检索表. 北京: 科学出版社.

刘慎谔, 等. 1955. 东北木本植物图志. 北京: 科学出版社.

毛子军, 王秀华, 穆丽蔷, 等. 2001. 黑龙江省植物志. 第八卷. 哈尔滨: 东北林业大学出版社.

聂绍荃, 张艳华, 等. 1998. 黑龙江省植物志. 第六卷. 哈尔滨: 东北林业大学出版社.

石福臣, 姜丽芬, 陈维君. 2003. 黑龙江省植物志. 第七卷. 哈尔滨: 东北林业大学出版社.

袁晓颖. 1993. 黑龙江省植物志. 第十一卷. 哈尔滨: 东北林业大学出版社.

张贵一, 等. 1998. 黑龙江省植物志. 第九卷. 哈尔滨: 东北林业大学出版社.

中国科学院林业土壤研究所. 1958. 东北草本植物志. 第一卷. 北京: 科学出版社.

中国科学院林业土壤研究所. 1959. 东北草本植物志. 第二卷. 北京: 科学出版社.

中国科学院林业土壤研究所. 1980. 东北草本植物志. 第四卷. 北京: 科学出版社.

中国科学院林业土壤研究所. 1981. 东北草本植物志. 第七卷. 北京: 科学出版社.

中国科学院林业土壤研究所. 2004. 东北草本植物志. 第十卷. 北京: 科学出版社.

中国科学院沈阳应用生态研究所. 1995. 东北植物检索表. 北京: 科学出版社.

中国科学院植物研究所. 1972. 中国高等植物图鉴. 第一册. 北京: 科学出版社.

中国科学院植物研究所. 1974. 中国高等植物图鉴. 第三册. 北京: 科学出版社.

中国科学院中国植物志编辑委员会. 1959 ~ 2004. 中国植物志(第1 ~ 80卷). 北京: 科学出版社.

周以良. 2002. 黑龙江省植物志. 第十卷. 哈尔滨: 东北林业大学出版社.

周以良, 等. 1997. 中国东北植被地理. 北京: 科学出版社.

Beck C B. 2010. An introduction to plant structure and development: plant anatomy for the twenty-first century. Cambridge: Cambridge University Press.

Cutler D F, Botha T, Stevenson D W. 2008. Plant anatomy: an applied approach. Malden, MA, USA, etc.: Blackwell Publishing.

Esau K. 1965. Plant anatomy. 2nd Edition. Plant Anatomy.

Evert R F. 2006. Esau's plant anatomy: meristems, cells, and tissues of the plant body: their structure, function, and development. John Wiley & Sons.

Flora of China Editorial Committee. 1994 ~ 2013. Flora of China. Vol. 2 ~ 25. Beijing: Science Press.

Haberlandt G. 1914. Physiological plant anatomy. London, UK: Macmillan and Co., Ltd.

中文名索引

拉丁名索引